HFSS

电磁仿真设计

从入门到精通

■ 易迪拓培训 李明洋 刘敏 编著

人民邮电出版社

北京

图书在版编目（ＣＩＰ）数据

HFSS电磁仿真设计从入门到精通 / 李明洋，刘敏编
著. -- 北京：人民邮电出版社，2013.1
ISBN 978-7-115-29472-2

Ⅰ. ①H… Ⅱ. ①李… ②刘… Ⅲ. ①电磁场－计算机
仿真－应用软件 Ⅳ. ①O441.4-39

中国版本图书馆CIP数据核字(2012)第220873号

内 容 提 要

本书是一本注重工程实践的 HFSS 电磁仿真设计教程，全书共 17 章，分上下两篇，上篇全面介绍了 HFSS 的设计流程、各种设计功能和具体操作方法。下篇主要通过实际工程设计实例，讲解 HFSS 在微波器件设计、天线设计、天线阵分析设计、高速数字信号完整性分析、谐振腔分析设计和 SAR 计算、雷达散射截面分析、时域瞬态求解器和 HFSS-IE 求解器的工程应用等方面的具体应用。

本书体系完整、可读性和工程应用性强，适合 Ansoft HFSS 初学者学习参考和具有一定 HFSS 使用基础的读者学习提高，也可供高等院校、研究院所、公司企业等从事微波射频与电子通信领域的工程技术人员参阅。

HFSS 电磁仿真设计从入门到精通

◆ 编 著 易迪拓培训 李明洋 刘 敏
　 责任编辑 张 涛

◆ 人民邮电出版社出版发行　北京市丰台区成寿寺路 11 号
　 邮编 100164 电子邮件 315@ptpress.com.cn
　 网址 http://www.ptpress.com.cn
　 固安县铭成印刷有限公司印刷

◆ 开本：787×1092　1/16
　 印张：22.25　　　　　　2013 年 1 月第 1 版
　 字数：614 千字　　　　　2024 年 7 月河北第 50 次印刷

ISBN 978-7-115-29472-2

定价：69.90 元

读者服务热线：(010)81055410　印装质量热线：(010)81055316
反盗版热线：(010)81055315

前　　言

　　HFSS 是美国 Ansoft 公司开发的，基于电磁场有限元法分析微波工程问题的全波三维电磁仿真软件。经过多年的发展，现今 HFSS 以其无与伦比的仿真精度和可靠性、快捷的仿真速度、方便易用的操作界面、稳定成熟的自适应网格剖分技术，已经成为三维电磁仿真设计的首选工具和行业标准，被广泛地应用于航空、航天、电子、半导体、计算机、通信等多个领域，帮助工程师高效地设计各种微波、高频无源器件。

　　近年来看到很多年轻的工程师渴求学习 HFSS，却苦于找不到一本合适的教材，于是就萌生一个想法，就是将笔者多年来学习、使用 HFSS 的工作经验共享出来，帮助微波射频和天线设计领域的学生、老师和工程技术人员更好、更快地掌握 HFSS，并把 HFSS 真正应用到实际工程设计工作中。

　　全书自始至终坚持以较强的可阅读性和可操作性为写作指导，做到从一个初学者的角度看问题，从工程应用的角度讲解问题，理论介绍和工程实践相结合，图文并茂，帮助没有 HFSS 使用基础的初学者毫无障碍地进入 HFSS 设计领域，通过对本书循序渐进地学习，然后从陌生到熟悉，从熟悉到精通。

　　学习的目的就是为了工程应用，学会并能把 HFSS 真正应用到实际工程设计工作中去是本书的唯一目标。笔者是有着多年 HFSS 使用经验的资深工程师，因此，在讲解时尽量摒弃繁琐的理论推导、抽象的概念，多从工程实践的角度出发，采用通俗易懂的语言和直观的工程实例，不仅要让读者学习到怎么操作、怎么使用 HFSS，还要让读者明白为什么要这么操作。知其然并知其所以然，才能熟练掌握、举一反三、活学活用。

与《HFSS 电磁仿真设计应用详解》一书的关系

　　本人编写的《HFSS 电磁仿真设计应用详解》一书自两年前出版以来，广受读者好评，并很快售罄。本书是《HFSS 电磁仿真设计应用详解》一书的充实和修订版本，书中使用的软件版本由原来的 HFSS 11.0 更新为 HFSS 13.0，增加了雷达散射截面分析、时域瞬态求解器和 HFSS-IE 求解器的工程应用内容，使得内容更加全面、翔实。同时，本书也更正了《HFSS 电磁仿真设计应用详解》一书中存在的错误。

本书相关资源

　　本书各章节中所涉及的工程设计，笔者都提供了完整的 HFSS 设计文件供读者学习参考，读者可以自行到易迪拓培训官方网站下载，网址：http://www.edatop.com/hfss/。

　　另外，为了帮助读者在最短的时间内迅速地掌握 HFSS 的设计应用，笔者还联合易迪拓培训推出了《两周学会 HFSS》、《HFSS 微波器件仿真分析实例》、《HFSS 天线设计入门》和《HFSS 雷达散射截面分析》等多套 HFSS 中文视频培训教程，视频培训课程全程中文语音讲解，图文并茂，音像俱全，和本书配合使用可以更加直观、生动、高效的方式帮助您在最短的时间内迅速掌握 HFSS 的设计应用。有关视频多媒体课程的具体介绍，读者可以登录易迪拓培训官方网站（http://www.edatop.com）查询，源程序下载地址为：www.ptpress.com.cn。联系邮箱为 **E-mail: mingyang.li@yahoo.com.cn**。

编者

目　录

上篇　基础篇

上篇

基 础 篇

　　本书分上、下两篇，上篇从第 1 章到第 8 章，主要介绍 HFSS 软件的工作界面、基本功能、设计流程、边界条件和激励方式等 HFSS 基本知识和基础概念，讲述的重点是要让读者能够迅速熟悉并掌握 HFSS 设计的各个环节，包括理论基础和使用操作两部分；学习的主要方法是在阅读、记忆的基础上，理解每个设计环节的内涵，并配合实际的操作、练习，达到熟练掌握 HFSS 的学习目标。用户只有熟练掌握了 HFSS 设计中的各个环节，才能把 HFSS 正确地应用到实际的工程设计中。

第1章 HFSS 概述

HFSS（High Frequency Simulator Structure）是原美国 Ansoft 公司开发的全波三维电磁仿真软件，其功能强大、界面友好、计算结果准确，是业界公认的三维电磁场设计和分析的工业标准。2008年7月，Ansoft 公司被 Ansys 公司收购，现在 HFSS 归属于 Ansys 旗下的电磁自动化设计产品，其当前最新版本为 13.0。本章将向读者介绍 HFSS 的主要功能和 HFSS 的设计流程。

1.1 HFSS 简介

HFSS 是美国 Ansoft 公司开发的全波三维电磁仿真软件，该软件采用有限元法，计算结果准确可靠，是业界公认的三维电磁场设计和分析的工业标准。

HFSS 采用标准的 Windows 图形用户界面，简洁直观；自动化的设计流程，易学易用；稳定成熟的自适应网格剖分技术，结果准确。使用 HFSS，用户只需要创建或导入设计模型，指定模型材料属性，正确分配模型的边界条件和激励，准确定义求解设置，软件便可以计算输出用户需要的设计结果。

HFSS 具有精确的场仿真器，强大的电性能分析能力和后处理功能可以用于分析、计算并显示下列参数。

- S、Y、Z 等参数矩阵。
- 电压驻波比（VSWR）。
- 端口阻抗和传播常数。
- 电磁场分布和电流分布。
- 谐振频率、品质因数 Q。
- 天线辐射方向图和各种天线参数，如增益、方向性、波束宽度等。
- 比吸收率（SAR）。

● 雷达反射截面（RCS）。

经过 20 多年的发展，现今 HFSS 以其无与伦比的仿真精度和可靠性、快捷的仿真速度、方便易用的操作界面、稳定成熟的自适应网格剖分技术，已经成为三维电磁仿真设计的首选工具和行业标准，被广泛地应用于航空、航天、电子、半导体、计算机、通信等多个领域，帮助工程师高效地设计各种微波、高频无源器件。借助于 HFSS，能够有效地降低设计成本，缩短设计周期，增强企业的竞争力。HFSS 的具体应用包括以下 8 方面。

1．射频和微波无源器件设计

HFSS 能够快速精确地计算各种射频、微波无源器件的电磁特性，得到 *S* 参数、传播常数、电磁特性，优化器件的性能指标，并进行容差分析，帮助工程师们快速完成设计并得到各类器件的准确电磁特性，包括波导器件、滤波器、耦合器、功率分配/合成器、隔离器、腔体和铁氧体器件等。

2．天线、天线阵列设计

HFSS 可为天线和天线阵列提供全面的仿真分析和优化设计，精确仿真计算天线的各种性能，包括二维、三维远场和近场辐射方向图，天线的方向性、增益、轴比、半功率波瓣宽度、内部电磁场分布、天线阻抗、电压驻波比、*S* 参数等。

3．高速数字信号完整性分析

随着信号工作频率和信息传输速度的不断提高，互联结构的寄生效应对整个系统的性能影响已经成为制约设计成功的关键因素。MMIC、RFIC 或高速数字系统需要精确的互联结构特性分析参数抽取，HFSS 能够自动和精确地提取高速互联结构和版图寄生效应，导出 SPICE 参数模型和 Touchstone 文件（即.snp 格式文件），结合 Ansoft Designer 或其他电路仿真分析工具去仿真瞬态现象。

4．EMC/EMI 问题分析

电磁兼容和电磁干扰（EMC/EMI）问题具有随机性和多变性的特点，因此，完整的"复现"一个实际工程中的 EMC/EMI 问题是很难做到的。Ansoft 提供的"自顶向下"的 EMC 解决方案可以轻松地解决这个问题。HFSS 强大的场后处理功能为设计人员提供丰富的场结果。整个空间的场分布情况可以以色标图的方式直观地显示出来，让设计人员对系统的场分布全貌有所认识；进一步通过场计算器（Field Calculator），可以给出电场/磁场强度的最强点，并能输出详细的场强值和坐标值。

5．电真空器件设计

在电真空器件如行波管、速调管、回旋管设计中，HFSS 本征模求解器结合周期性边界条件，能够准确地仿真分析器件的色散特性，得到归一化相速与频率的关系以及结构中的电磁场分布，为这类器件的分析和设计提供了强有力的手段。

6．目标特性研究和 RCS 仿真

雷达散射截面（RCS）的分析预估一直是电磁理论研究的重要课题，当前人们对电大尺寸复杂目标的 RCS 分析尤为关注。HFSS 中定义了平面波入射激励，结合辐射边界条件或 PML 边界条件，可以准确地分析器件的 RCS。

3

7. 计算 SAR

比吸收率（SAR）是单位质量的人体组织所吸收的电磁辐射能量，SAR 的大小表明了电磁辐射对人体健康的影响程度。随着信息技术的发展，大众在享受无线通信设备带来的各种便利之时，也日益关注无线通信终端对人体健康的影响。使用 HFSS 可以准确地计算出指定位置的局部 SAR 和平均 SAR。

8. 光电器件仿真设计

HFSS 的应用频率能够达到光波波段，精确仿真光电器件的特性。

1.2 启动 HFSS

HFSS 软件安装完成后，在桌面和程序菜单中都会建有快捷方式。可以通过两种方法来启动 HFSS 软件：一是双击桌面快捷方式 ，启动 HFSS；二是在 Windows 开始程序菜单中，单击【所有程序】→【Ansoft】→【HFSS 13.0】→【HFSS 13.0】命令，启动 HFSS13.0，如图 1.1 所示。HFSS 启动后的用户界面如图 1.2 所示。

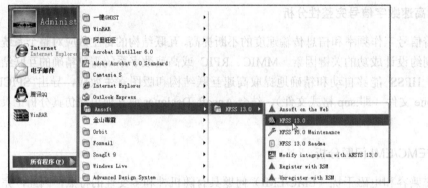

▲图 1.1 启动 HFSS 操作

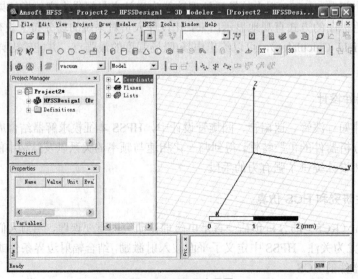

▲图 1.2 HFSS 用户界面

1.3　HFSS 工程的通用设置

　　HFSS 软件启动后，单击 HFSS 工作界面主菜单栏的【Tools】→【Options】→【General Options】命令，可以打开图 1.3 所示的 General Options 对话框。在该对话框中，用户可以根据需要设置 HFSS 设计工程的通用工作环境，以便符合自己的使用习惯。

1.3.1　设置工程文件的默认路径

　　在图 1.3 所示 General Options 对话框的 Project Options 选项卡界面，可以设置 HFSS 工程文件、临时工程文件和材料库文件的存放路径。

　　在图示对话框中，Directories 栏下 Project 和 Temp 项右侧的文本框分别显示 HFSS 工程文件和临时工程文件默认存放路径，用户可以自行设置。图示中，HFSS 工程文件和和临时工程文件默认存放路径分别为 E:\HFSS\Project 文件夹和 E:\HFSS\Project_temp 文件夹。Directories 栏下 SysLib、UserLib 和 PersonalLib 项右侧文本框是显示材料库文件的存放路径，一般材料库文件保留默认路径不变。

　　这里需要**重点强调**的是，HFSS 工程文件、临时工程文件和材料库文件的存放路径**不能**包含中文字符，否则软件在运行仿真计算时会出现错误信息。

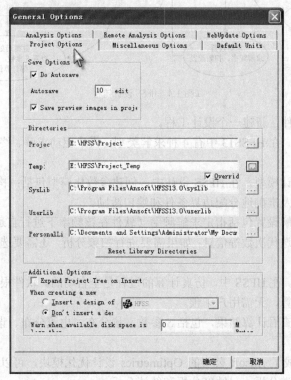

▲图 1.3　General Options 对话框

1.3.2　新建设计文件设置

　　在图 1.3 所示对话框的下侧有一对 "Insert a design of" 和 "Don't insert a design" 单选按钮，用于设置在新建 HFSS 工程时是否自动新建一个设计文件。其中，选中 "Don't insert a design" 单选按钮，表示在新建 HFSS 工程时不需要自动新建设计文件；而选中"Insert a design of"单选按钮，则表示在新建 HFSS 工程时，自动在新建的 HFSS 工程下新建一个设计文件。同时，在该单选按钮右侧的下拉列表中指定新建设计文件的默认类型，有 HFSS 和 HFSS-IE 两种设计类型。

1.4 HFSS 设计流程

使用 HFSS 进行电磁分析和高频器件设计的简要流程如图 1.4 所示。各个步骤简述如下。

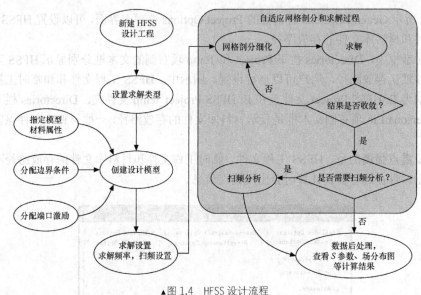

▲图 1.4　HFSS 设计流程

（1）启动 HFSS 软件，新建一个设计工程。

（2）选择求解类型。在 HFSS13 中有 4 种求解类型：模式驱动求解、终端驱动求解、本征模求解和时域瞬态求解。

（3）创建参数化设计模型。在 HFSS 设计中，创建参数化模型包括：构造出准确的几何模型，指定模型的材料属性以及准确地分配边界条件和端口激励。

（4）求解设置。求解设置包括指定求解频率（软件在该频率下进行自适应网格剖分计算）、收敛误差和网格剖分最大迭代次数等信息；如果需要进行扫频分析，还需要选择扫频类型并指定扫频范围。

（5）运行仿真计算。在 HFSS 中，仿真计算的过程是全自动的。软件根据用户指定的求解设置信息，自动完成仿真计算，无需用户干预。

（6）数据后处理，查看计算结果，包括 S 参数、场分布、电流分布、谐振频率、品质因数 Q、天线辐射方向图等。

另外，HFSS 还集成了 Ansoft 公司的 Optimetrics 设计优化模块，可以对设计模型进行参数扫描分析、优化设计、调谐分析、灵敏度分析和统计分析。

第 2 章　入门实例——T 形波导的
内场分析和优化设计

通过第 1 章的简单介绍，大家对 HFSS 是什么、HFSS 能做什么已经有了一个最基本的认识。那么，本章就通过一个简单的 HFSS 工程设计分析实例，让初学者对 HFSS 的工作界面、操作步骤以及工作流程有一个整体的、直观的认知。

本章的目的在于向读者展示一下 HFSS 的完整设计流程，让初学者对 HFSS 仿真设计有个整体概念和直观的印象，所以读者在学习本章时，可以抱着"不求甚解"的态度，按照书本上的操作步骤，一步一步按部就班地完成整个工程设计，而不需要理解和深究每一步骤背后所表示的含义。

2.1　设计概述

本章所要分析的器件是图 2.1 所示的一个带有隔片的 T 形波导。其中，波导的端口 1 是信号输入端口，端口 2 和端口 3 是信号输出端口。正对着端口 1 一侧的波导壁上凹进去一块，相当于在此处放置了一个金属隔片。通过调节隔片的位置可以调节从端口 1 传输到端口 2，从端口 1 传输到端口 3 的信号能量大小，以及反射回端口 1 的信号能量大小。

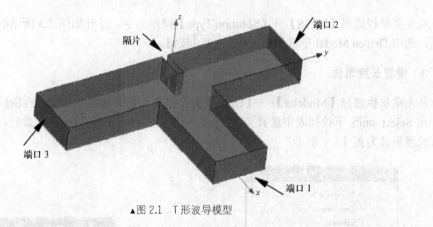

▲图 2.1　T 形波导模型

本章共分 3 节。第 1 节对设计实例做一个简要的介绍。第 2 节主要分析当隔片位于 T 形波导的正中央时，在 8~10GHz 的工作频段内，波导 3 个端口的 S 参数随频率变化的关系曲线，同时分析查看在 10GHz 时波导表面的电场分布。第 3 节主要介绍 HFSS 的参数扫描分析功能和优化设计功能的具体应用。首先，我们利用 HFSS 的参数扫描分析功能分析在 10GHz 处，波导 3 个端口的 S 参数随着隔片位置变量 Offset 变化的关系曲线；然后，使用 HFSS 的优化设计功能，分析找出当端口 3 的输出功率是端口 2 的输出功率的两倍时隔片所在的位置。

2.2 T 形波导内场分析

2.2.1 新建工程设置

1. 运行 HFSS 并新建工程

双击桌面上的 HFSS 快捷方式 ，启动 HFSS 软件。HFSS 启动后，会自动创建一个默认名称为 **Project1** 的新工程和名称为 **HFSSDesign1** 的新设计，如图 2.2 所示。

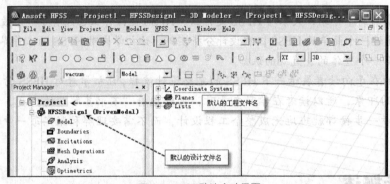

▲图 2.2　HFSS 默认启动界面

从主菜单栏选择【File】→【Save As】操作命令，把工程文件另存为 Tee.hfss。然后右键单击 **HFSSDesign1**，从弹出的菜单中选择【Rename】命令项，把设计文件 **HFSSDesign1** 重新命名为 **TeeModal**。

2. 选择求解类型

从主菜单栏选择【HFSS】→【Solution Type】操作命令，打开如图 2.3 所示的 Solution Type 对话框，选中 Driven Modal 单选按钮，单击 OK 按钮。

3. 设置长度单位

从主菜单栏选择【Modeler】→【Units】操作命令，打开如图 2.4 所示的 Set Model Units 对话框。在 Select units 下拉列表中选择英寸（in）单位，然后单击 OK 按钮。此时，设置了建模时的默认长度单位为英寸。

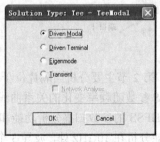

▲图 2.3　Solution Type 对话框

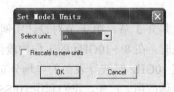

▲图 2.4　Set Model Units 对话框

2.2.2 创建 T 形波导模型

图 2.1 所示的 T 形波导模型可以分解开来，看做由 3 个相同大小的长方体叠加而成。这里首先

创建第一个长方体，并设置其材料属性和端口激励，然后通过复制操作命令创建第二和第三个长方体，最后通过合并操作命令创建完整的 T 形波导模型。

1. 创建长方体模型

（1）从主菜单栏选择【Tools】→【Options】→【Modeler Options】，打开 3D Modeler Options 对话框，选择 Drawing 选项卡，确认选中 Edit properties of new primitives 复选框，如图 2.5 所示，然后单击 确定 按钮。

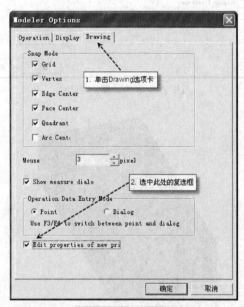

▲图 2.5　3D Modeler Options 对话框

（2）从主菜单栏选择【Draw】→【Box】，或者单击工具栏的 按钮，进入创建长方体模型的工作状态，移动鼠标光标到 HFSS 工作界面的右下角状态栏，在状态栏输入长方体的起始点坐标为（0，−0.45，0），如图 2.6 所示。

▲图 2.6　设置长方体起始点坐标

按下回车键确认后，在状态栏输入长方体的长（dX）、宽（dY）、高（dZ）分别为 2、0.9、0.4，如图 2.7 所示。

▲图 2.7　设置长方体的长宽高

再次按下回车键确认后，会弹出新建长方体的属性对话框，如图 2.8 所示；通过属性对话框可以设置和修改物体的位置、尺寸、名称、材料和透明度等属性。这里选择 Attribute 选项卡，将长方体名称项（Name）改为 Tee，长方体材料属性（Material）保持为真空（vacuum）不变；单击 Transparent 项的数值条，在弹出窗口中移动滑动条设置其值为 0.4，以提高长方体的透明度。

设置完成后，单击对话框下方的 确定 按钮，退出属性对话框。此时，即创建好了一个顶点位于（0，−0.45，0），长×宽×高为 2×0.9×0.4 立方英寸的长方体模型。按下快捷键 **Ctrl+D**，软件会适合窗口大小全屏显示所创建的物体模型；新建的长方体模型如图 2.9 所示。

▲图 2.8　长方体属性对话框

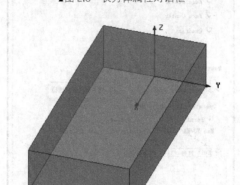

▲图 2.9　新建的长方体模型

2. 设置波端口激励

（1）单击键盘上的快捷键 **F**，或者在三维模型窗口内单击鼠标右键，从右键弹出菜单中选择【Select Faces】操作命令，切换到面选择状态。再单击选中长方体上位于 $x = 2$ 处平行于 yz 面的表面，选中的表面会高亮显示，如图 2.10 所示。

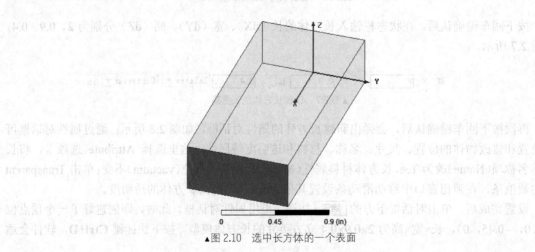

▲图 2.10　选中长方体的一个表面

（2）在三维模型窗口内单击右键，从弹出的快捷菜单中选择【Assign Excitation】→【Wave Port】，打开波端口设置对话框，如图 2.11 所示。在打开的对话框中，Name 项输入端口名称 Port1，单击 下一步(N) > 按钮；在新窗口中单击 Integration Line 下方的 None，然后从下拉列表框选择 New Line 选项，设置该波端口的积分校准线，如图 2.12 所示。

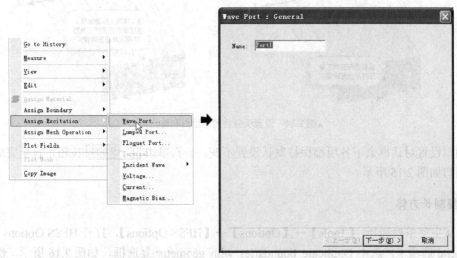

▲图 2.11　打开波端口设置对话框操作

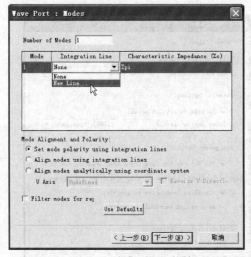

▲图 2.12　波端口设置对话框

▲图 2.13　定义了积分线后的波端口设置对话框

（3）选中并单击图 2.12 所示的 New Line 后，会返回到三维模型窗口，进入端口积分线绘制状态。此时移动鼠标光标到前面所选中表面的下边缘的中间位置，当鼠标光标形状变成▲时，表示鼠标捕捉到该表面下边缘的终点位置，查看工作界面右下侧的状态栏，确认此时状态栏显示的位置坐标为（2，0，0）。此时单击鼠标左键，确定积分线的起始点；然后再沿着 z 轴向上移动鼠标光标到所选表面的上边缘，当鼠标光标形状再次变成▲时，表示鼠标捕捉到了该表面上边缘的中点位置，确认此时状态栏显示的相对位置坐标为（0，0，0.4），并再次单击鼠标左键确定积分线的终止点。此时积分线设置完成并自动返回到波端口设置对话框，且波端口设置对话框的 Integration Line 项会由原先的 None 变成 Defined，如图 2.13 所示。积分线设置过程如图 2.14 所示。

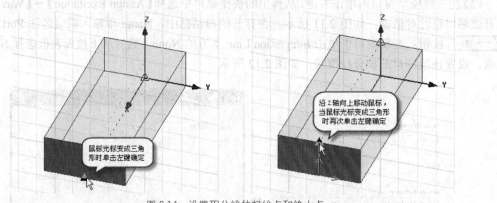

▲图 2.14　设置积分线的起始点和终止点

　　波端口设置对话框余下各项都保持默认设置不变，一直单击 下一步(N) > 按钮，直至完成。设置好的波端口如图 2.15 所示。

3. 复制长方体

　　（1）从主菜单栏选择 【Tools】→【Options】→【HFSS Options】，打开 HFSS Options 对话框，选择 General 选项卡，选中 Duplicate boundaries with geometry 复选框，如图 2.16 所示，然后单击 确定 按钮。

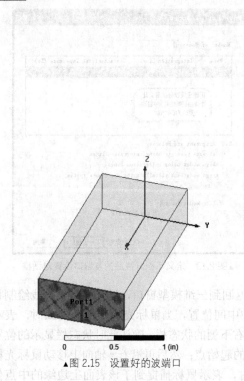

▲图 2.15　设置好的波端口

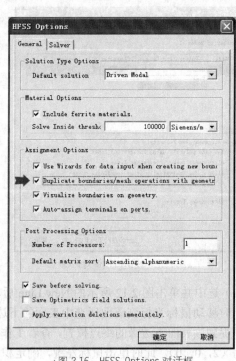

▲图 2.16　HFSS Options 对话框

　　（2）复制长方体创建 T 形波导的第二个臂。

　　展开操作历史树，单击选择 Tee 节点，即可选中刚刚新建的名称为 Tee 的长方体，如图 2.17 所示。

（3）复制长方体，生成第二个长方体，重复上面的步骤，在 Angle 项输入 -90 deg，

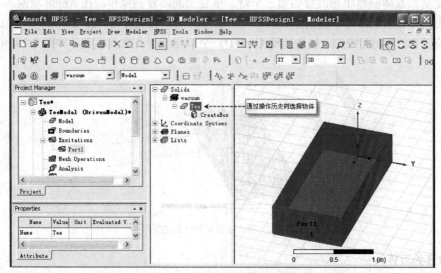

▲图 2.17　通过操作历史树选择物体

从主菜单栏选择【Edit】→【Duplicate】→【Around Axis】，打开 Duplicate Around Axis 对话框，进行复制物体的操作。对话框中的 Axis 项选择 Z，Angle 项输入 90deg，Total number 项输入 2，如图 2.18 所示，单击对话框下方的 OK 按钮，即可复制生成一个与 z 轴成 90°夹角、名称为 Tee_1 的长方体。该长方体继承了长方体 Tee 的所有属性，包括尺寸、材料属性、激励端口设置等。

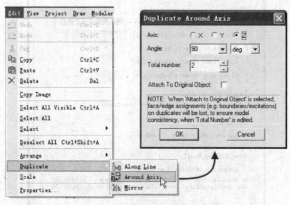

▲图 2.18　复制物体的操作设置

按下快捷键 **Ctrl+D**，全屏显示所有物体模型，如图 2.19 所示。

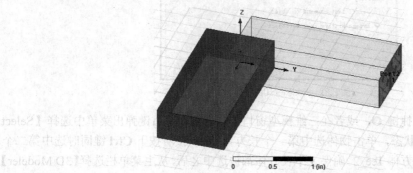

▲图 2.19　第一次复制操作后的模型

（3）复制长方体创建 T 形波导的第三个臂。重复上面的复制操作，在 Angle 项输入–90 deg，即可复制生成第三个长方体，复制生成的第三个长方体的默认名称为 Tee_2，Tee_2 是由 Tee 沿 z 轴顺时针旋转 90°复制而成的。按快捷键 **Ctrl+D**，全屏显示所有物体模型，如图 2.20 所示。

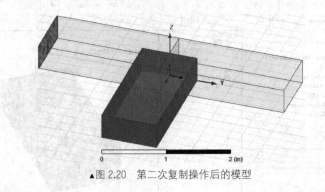

▲图 2.20　第二次复制操作后的模型

4. 合并长方体

（1）从主菜单栏选择【Tools】→【Options】→【Modeler Options】，打开 3D Modeler Options 对话框，选择 Operation 选项卡，确认 Clone tool objects before unite 复选框未被选中，如图 2.21 所示。

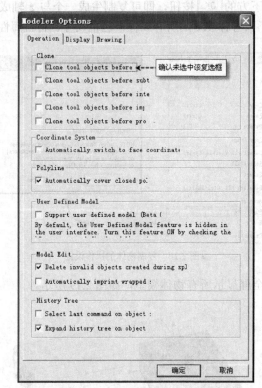

▲图 2.21　Modeler Options 对话框

（2）单击键盘上的快捷键 **O**，或者在三维模型窗口单击右键，从右键弹出菜单中选择【Select Faces】，切换到物体选择状态，单击物体选中第一个长方体 Tee，接着按下 **Ctrl** 键同时选中第二个长方体 Tee_1 和第三个长方体 Tee_2。确保 3 个长方体都被选中之后，从主菜单栏选择【3D Modeler】

→【Boolean】→【Unite】命令或者单击工具栏的 凹 按钮，执行合并操作，将 3 个长方体合并生成一个整体——即如图 2.22 所示的 T 形物体模型。合并后的物体名称和属性与第一个被选中的物体相同。

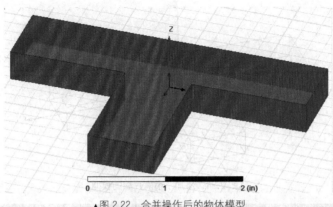

▲图 2.22　合并操作后的物体模型

5. 创建隔片

（1）创建一个长方体。从主菜单栏选择【Draw】→【Box】，或者单击工具栏的 回 按钮，进入新建长方体工作状态。移动鼠标光标在三维模型窗口任选一个基准点，在 xy 面展开成长方形，单击"确定"按钮；再沿着 z 轴移动鼠标光标展开成长方体，单击"确定"按钮，完成后会弹出新建长方体的属性对话框。

（2）设置长方体的位置和尺寸。在属性对话框的 Command 选项卡界面，Position 栏输入"–0.45in，Offset-0.05in，0in"，设置长方体的起始点位置（注意：此处 Offset 是个变量，由于尚未定义，所以数据输入时要带上单位 **in**），按回车键确定，此时会弹出如图 2.23 所示的 Add Variable 对话框，要求设置变量 Offset 的初始值，在 Value 栏处输入"0in"，然后单击 OK 按钮，返回属性对话框。

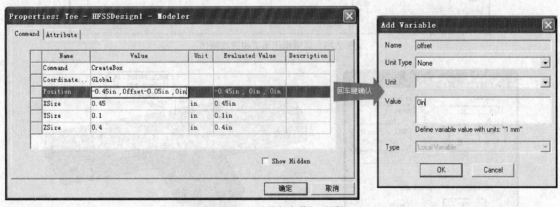

▲图 2.23　"添加变量"对话框

在 Xsize、Ysize 和 Zsize 栏处分别输入 0.45、0.1 和 0.4，设置长方体的长宽高分别为 0.45 英寸、0.1 英寸和 0.4 英寸。然后，选择属性对话框的左上方的 Attribute 选项卡，在 Name 栏处输入长方体的名称 Septum，单击 确定 完成。此时，在 T 形波导内部添加了一个小长方体，如图 2.24 所示。

（3）相减操作。展开操作历史树，首先选中 Tee，按下 **Ctrl** 键的同时再选中 Septum，确认 Tee 和 Septum 都被选中，如图 2.25 所示；之后，从主菜单栏选择【3D Modeler】→【Boolean】→【Subtract】

命令或者单击工具栏的 ▣ 按钮，打开如图 2.26 所示的相减操作对话框。确认对话框中 Tee 在 Blank Parts 栏，Septum 在 Tool Parts 栏，表明是从模型 Tee 中去掉模型 Septum。单击 OK 按钮执行相减操作。相减操作完成后，创建的完整的 T 形波导模型如图 2.27 所示。

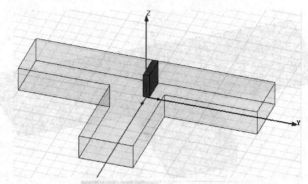

▲图 2.24　添加了小隔片后的模型

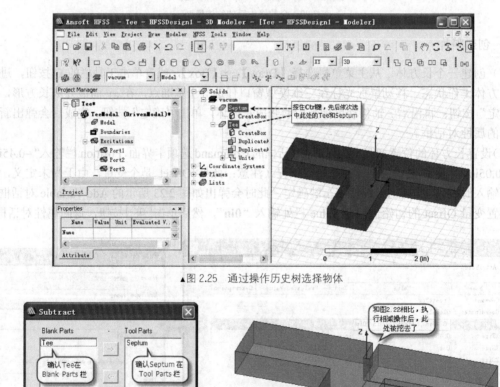

▲图 2.25　通过操作历史树选择物体

▲图 2.26　"相减操作"对话框　　　　　　　▲图 2.27　完整的 T 形波导模型

2.2.3　分析求解设置

（1）添加求解设置。

在工作界面左侧的工程管理窗口（Project Manager）中，展开 TeeModal 设计，选中 **Analysis** 节点，单击右键，在弹出的快捷菜单中单击【Add Solution Setup...】，打开"求解设置"对话框。

在该对话框中，Solution Frequency 项输入 10，默认单位为 GHz，其他项都保持默认设置不变，如图 2.28 所示，单击 确定 结束。此时，就在工程管理窗口 **Analysis** 节点下添加了一个名称为 **Setup1** 的求解设置项。

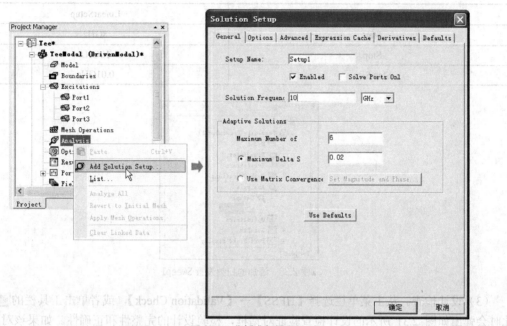

▲图 2.28　分析求解设置

（2）添加扫频设置。在工程管理窗口中，展开 **Analysis** 节点，右键单击前面添加的 Setup1 求解设置项，在弹出菜单中单击【Add Frequency Sweep...】，打开 Edit Sweep 对话框，如图 2.29 所示。

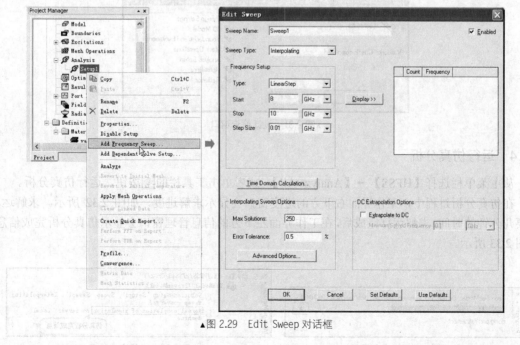

▲图 2.29　Edit Sweep 对话框

在该对话框中，Sweep Name 项输入 Sweep1，Sweep Type 项选择 Interpolating，Frequency Setup

项作如表 2.1 所示的设置。其他项保持默认设置不变，然后单击 Edit Sweep 对话框的 OK 按钮完成扫频设置，此时即在 Setup1 节点下添加了一个名称为 Sweep1 的扫频设置项，如图 2.30 所示。

表 2.1 扫频频率设置

Type	LinearSetup
Start	8GHz
Stop	10GHz
Step Size	0.01GHz

▲图 2.30 添加的扫频设置 Sweep1

（3）设计检查。从主菜单栏选择【HFSS】→【Validation Check】，或者单击工具栏的 按钮，此时会弹出如图 2.31 所示的设计检查验证对话框，检验设计的完整性和正确性。如果该对话框右侧各项都显示图标✔，表示当前设计完整且正确，此时单击 Close 结束。接下来就可以运行仿真分析计算了。

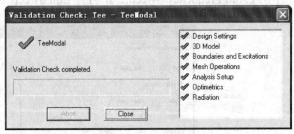

▲图 2.31 设计检查窗口

2.2.4 运行仿真分析

从主菜单栏选择【HFSS】→【Analyze All】，或者单击工具栏的 按钮，运行仿真分析。

在仿真分析过程中，工作界面右下方的进度窗口会显示求解进度，如图 2.32 所示。求解运算需要几分钟的时间，求解运算完成后，在工作界面左下方的信息管理窗口会显示仿真分析完成信息，如图 2.33 所示。

▲图 2.32 求解进度条显示

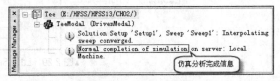

▲图 2.33 求解完成信息

2.2.5　查看分析计算结果

在仿真分析完成后，可以使用 HFSS 后处理模块查看各类分析结果。本例中，我们主要查看 S 参数的扫频结果和表面电场分布。

1. 图形化显示 S 参数计算结果

右键单击工程管理窗口中工程树下的 **Results** 项，在弹出的菜单中选择【Create Modal Solution Data Report】→【Rectangular Plot】，打开结果报告设置对话框，如图 2.34 所示的。

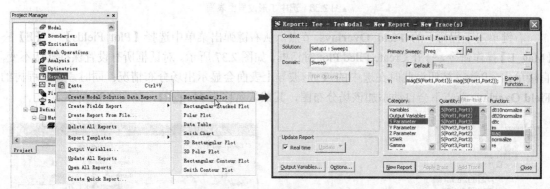

▲图 2.34　显示 S 参数结果设置

在对话框的左侧，Solution 项选择 Setup1:Sweep1，Domain 项选择 Sweep；在对话框的右侧，X 项选择 Freq，在 Category 栏选择 S Parameter，在 Quantity 栏按下 **Ctrl** 键的同时选择 S(Port1, Port1)、S(Port1, Port2)、S(Port1, Port3)项，在 Function 栏选择 mag，其他保持默认设置不变。然后单击 New Report 按钮，再单击 Close 按钮关闭报告设置对话框；此时即可绘制出 S_{11}、S_{12}、S_{13} 幅度随频率变化的曲线，结果如图 2.35 所示。

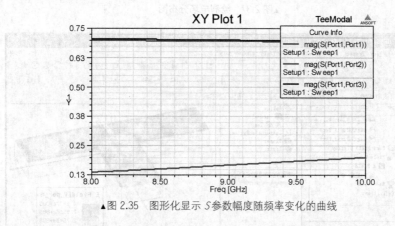

▲图 2.35　图形化显示 S 参数幅度随频率变化的曲线

绘制生成的结果显示报告名称会自动添加到工程树的 **Results** 节点下，其默认名称为 XY Plot 1。

2. 查看表面电场分布

双击工程树下的设计名称 TeeModal，返回三维模型窗口。在三维模型窗口中单击右键，从右键弹出菜单中选择【Select Faces】命令，进入面选择状态；单击选中 T 形波导模型的上表面。选中的模型表面会高亮显示，如图 2.36 所示。

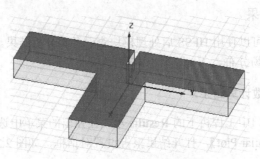

▲图 2.36　选中 T 形波导上表面

右键单击工程树下的 **Field Overlays** 节点，从右键弹出菜单中选择【Plot Fields】→【E】→【Mag_E】操作命令，打开 Create Filed Plot 对话框，如图 2.37 所示。对话框所有设置保持默认不变，直接单击 ┃ Done ┃ 按钮，此时在选中的 T 形波导上表面会显示出场分布情况；同时，在工程树的 **Field Overlays** 节点下会自动添加该场分布图，其默认名称为 **Mag_E1**，如图 2.38 所示。

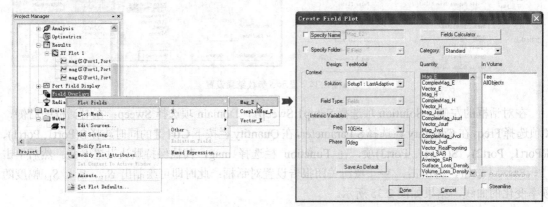

▲图 2.37　绘制电场分布图

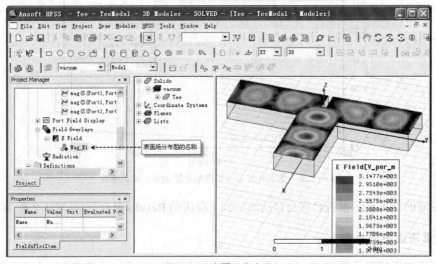

▲图 2.38　表面场分布图

3. 动态演示场分布图

在工程树的 Mag_E1 项上单击右键，从弹出菜单中选择【Animate】，打开如图 2.39 所示的动画演示设置对话框，对话框各项设置保持默认不变，单击 OK 按钮，则可以观察到 T 形波导表面的场分布开始动态变化。同时，在工作界面左上角的还会打开图 2.40 所示的 Animation 对话框，通过该对话框可以控制动态显示的进程，包括停止、开始和演示速度等。最后，单击 Animation 对话框上的 Close 按钮，退出对话框。

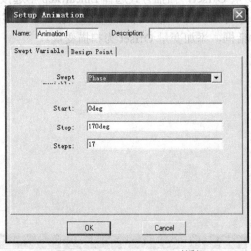

▲图 2.39　Setup Animation 对话框

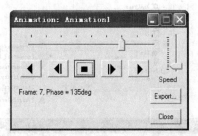

▲图 2.40　Animation 对话框

2.2.6　保存设计并退出 HFSS

至此，我们完成了 T 形波导的内场分析工作。单击工具栏的 ■ 按钮，保存设计，然后从主菜单栏选择【File】→【Exit】，退出 HFSS。

2.3　T 形波导的优化分析

这一节主要讲解 HFSS 参数扫描分析和优化设计的使用。利用参数扫描分析功能。分析在工作频率为 10GHz 时，T 形波导 3 个端口的信号能量大小随着隔片位置变量 Offset 的变化关系。利用 HFSS 的优化设计功能，找出隔片的准确位置，使得在 10GHz 工作频点，T 形波导端口 3 的输出功率是端口 2 输出功率的两倍。

2.3.1　新建一个优化设计工程

（1）从主菜单栏选择【File】→【Open】，或者直接单击工具栏的 按钮，打开上一节所保存的工程文件 Tee.hfss；然后从主菜单栏选择【File】→【Save As】，把工程文件另存为 OptimTee.hfss。

（2）因为本节只在 10GHz 频点上进行参数扫描分析和优化设计，所以首先需要删除在上一节中添加的扫频设置项。展开工程树下的 Analysis 节点，再展开 Analysis 节点下的 Setup1 项，选中 Sweep1 项，然后单击工具栏的 ✕ 按钮，删除扫频设置。

2.3.2　参数扫描分析设置和仿真分析

使用 HFSS Optimetrics 模块的参数扫描分析功能，分析 T 形波导端口的输出功率和隔片位置之间的关系。

1. 添加参数扫描分析项

右键单击工程树下的 Optimetrics 节点，从弹出菜单中选择【Add 】→【Parametric】命令，打开 Setup Sweep Analysis 对话框；单击该对话框中的 Add... 按钮，打开 Add/Edit Sweep 对话框，如图 2.41 所示。在该对话框中，Variable 项选择变量 Offset，扫描方式选择 LinearStep 单选按钮，Start、Stop 和 Step 项分别输入 0、1、0.1，单位为英寸（in），然后单击 Add >> 按钮；上述操作完成后，单击 OK 按钮，关闭 Add/Edit Sweep 对话框，添加变量 Offset 为扫描变量。

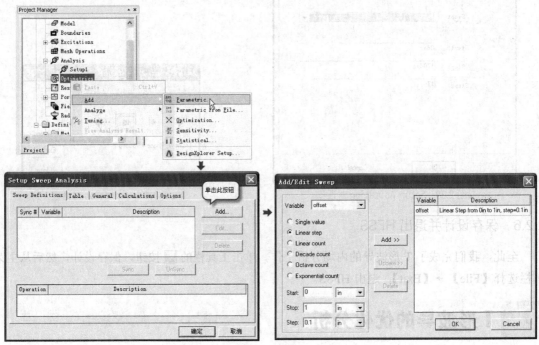

▲图 2.41 扫频频率设置

2. 定义输出变量

定义 3 个输出变量 Power11、Power21 和 Power31，分别代表端口 1、端口 2 和端口 3 的输入/输出功率。选择 Setup Sweep Analysis 对话框的 Calculations 选项卡，单击 tup Calculations. （Setup Calculations）按钮，打开 Add/Edit Calculation 对话框，保持该对话框默认设置不变，单击 Output Variables... 按钮，打开 Output Variables 对话框，定义和添加输出变量，上述操作过程如图 2.42 所示。

首先定义输出变量 Power11。具体操作步骤如下。

（1）在图 2.42 所示 Output Variables 对话框的 Name 栏文本框中输入 Power11，在 Category 栏下拉列表中选择 S Parameter，在 Quantity 栏选择 S(Port1, Port1)，在 Function 栏选择 mag，然后单击 Insert Into Expression 按钮；

（2）此时即在 Expression 栏文本框中添加了 mag(S(Port1, Port1)) 表达式；然后，在该表达式末尾输入乘号"*"，再次单击 Insert Into Expression 按钮，则 Expression 栏的表达式显示为 mag(S(Port1, Port1)) * mag(S(Port1, Port1))；

（3）最后，单击 Add 按钮，即在对话框的顶部添加了输出变量 Power11 及其表达式。

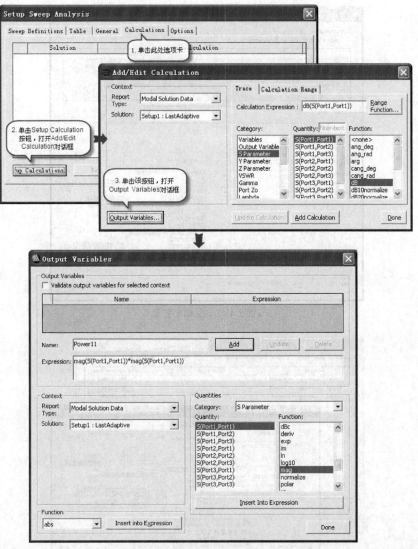

▲图 2.42　定义输出变量的过程

重复上述步骤，分别定义输出变量 Power21 和 Power31。其中，Power21 的表达式为 mag(S(Port2, Port1)) * mag(S(Port2, Port1))，Power31 的表达式为 mag(S(Port3, Port1)) * mag(S(Port3, Port1))，完成后的结果如图 2.43 所示。

此时，单击 Done 按钮，回到 Add/Edit Calculation 对话框。在 Add/Edit Calculation 对话框的 Category 栏选择 Output Variables，则在 Quantity 栏会列出前面所定义的输出变量 Power11、Power21 和 Power31。分别选中 Power11，然后单击 Add Calculation 按钮；选中 Power21，然后单击 Add Calculation 按钮；选中 Power31，然后单击 Add Calculation 按钮；添加上述 3 个输出变量到 Setup Sweep Analysis 对话框的 Calculations 选项卡界面，如图 2.44 所示。最后，单击 Add/Edit Calculation 对话框的 Done 按钮返回 Setup Sweep Analysis 对话框，再单击 确定 按钮，完成整个参数扫描分析设置。新定义的参数扫描分析项会自动添加到工程树的 **Optimetrics** 节点下，其默认名称为 ParametricSetup1。

▲图 2.43　定义输出变量

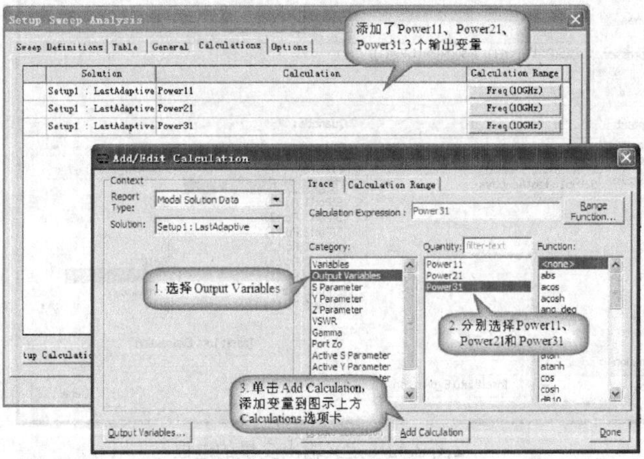

▲图 2.44　添加输出变量

3．运行参数扫描分析

上面的工作完成后，单击工具栏的 按钮，进行设计检查。检查没有错误后，就可以运行仿真计算了。

右键单击工程树 Optimetrics 节点下的 ParametricSetup1 项，从弹出菜单中选择【Analyze】命令，运行参数扫描分析。

参数扫描分析过程中，工作界面右下角的进程窗口会显示分析进度。分析完成后，进程窗口进度条会消失，并在信息管理窗口会给出完成提示信息。

2.3.3　查看参数扫描分析结果

1．创建功率分配随变量 Offset 变化的关系图

（1）右键单击工程树中的 **Results** 项，从弹出菜单中选择【**Create Modal Solution Data Report**】

→【Rectangular Plot】，打开如图 2.45 所示的报告设置对话框。

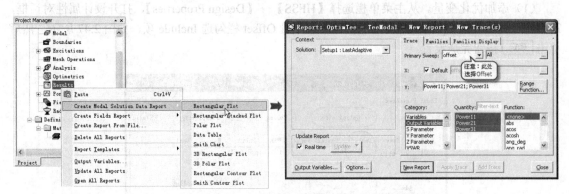

▲图 2.45　"创建图形化结果"对话框

（2）在该对话框中，X 项选择 Offset；Category 栏选择 Output Variables，Quantity 栏通过按下 **Ctrl** 键同时选择 Power11、Power21 和 Power31 三项，Function 栏选择 none。

（3）单击 New Report 按钮，绘制出输出变量 Power11、Power21、Power31 与变量 Offset 的关系曲线报告，如图 2.46 所示。

同时，该结果报告会自动添加到工程树的 **Results** 节点下，其默认名称为 **XY Plot 1**。单击报告设置对话框的 Close 按钮，关闭该对话框。

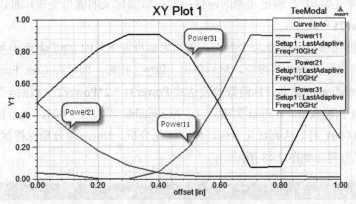

▲图 2.46　输出变量随变量 Offset 变化的关系图

从图 2.46 所示的结果报告中可以看出，当变量 Offset 值逐渐变大，即隔片位置向端口 2 移动时，端口 2 的输出功率逐渐减小，端口 3 的输出功率逐渐变大；当隔片位置变量 Offset 超过 0.3 英寸时，端口 1 的反射明显增大，端口 3 的输出功率开始减小。因此，在后面的优化设计中，可以设置变量 Offset 优化范围的最大值为 0.3 英寸。同时，从图 2.45 还可以看出，在 offset=0.1 英寸时，端口 3 的输出功率约为 0.65，端口 2 的输出功率略大于 0.3，此处端口 3 的输出功率约为端口 2 输出功率的两倍。因此，在优化设计时，可以设置变量 Offset 的优化初始值为 0.1 英寸。另外，变量 Offset 优化范围的最小值可以取 0 英寸。

注意　在优化设计中，选择适当的优化范围，可以极大地减少运算量，节约计算时间。

2.3.4　优化设计

添加优化设计项，进行优化设计，找出隔片的准确位置，使得端口 3 的输出功率是端口 2 输出功率的两倍。

（1）添加优化变量。从主菜单栏选择【HFSS】→【Design Properties】，打开设计属性对话框，选中对话框上方的 Optimization 单选按钮，在变量 Offset 栏勾选 Include 项，如图 2.47 所示，然后单击 确定 按钮完成设置。

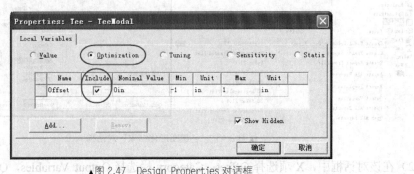

▲图 2.47　Design Properties 对话框

（2）右键单击工程树下的 Optimetrics 节点，在弹出菜单中选择【Add】→【Optimization】命令，打开优化设置对话框。在该对话框的 Goals 选项卡界面，优化器 Optimizer 栏选择 Quasi Newton，Max. No. of Iterations 栏保持默认的 1000 不变。

（3）添加目标函数（Cost Function）。这里优化设计要达到目标是：当工作频率为 10GHz 时，端口 3 的输出功率是端口 2 输出功率的两倍；使用前面定义的输出变量，可以设置目标函数为 **Power31－2*Power21 = 0**。

在优化设置对话框的 Goals 选项卡界面，单击对话框左下角的 tup Calculations. 按钮，在弹出对话框中首先单击 Add Calculation 按钮，然后单击 Done 按钮，即可在 Cost Function 表中添加了新的一栏。在 Calculation 列输入目标函数的表达式 Power31－2*Power21，按回车键确认，Condition 项选择"="，Goal 列输入 0，Weight 列输入 1。Acceptable 项输入 0.001，表示目标函数的值小于或者等于设定的 0.0001 时，达到优化目标，停止优化分析。Noise 项分别保持默认 0.0001 不变。设置完成后的对话框界面如图 2.48 所示。

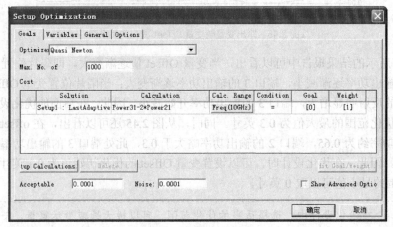

▲图 2.48　添加优化目标函数

（4）设置优化变量的取值范围。选择 Variables 选项卡，当前设计中只定义了 Offset 一个变量，在 Override 列勾选变量 Offset 对应的复选框，在 Starting Value 列输入 0.1，勾选 Include 列下面的复选框，分别在 Min 和 Max 列输入 0 和 0.3，设定变量 Offset 的优化范围为 0～0.3 英寸。完成后的界面如图 2.49 所示。

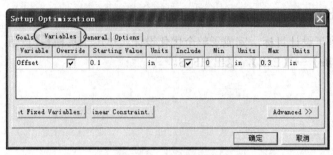

▲图 2.49　设置优化变量

（5）优化设置完成后，优化设置项会自动添加到工程树的 **Optimetrics** 节点下，其默认名称为 **OptimizationSetup1**。

（6）运行优化分析。右键单击工程树 **Optimetrics** 节点下的 OptimizationSetup1，从弹出菜单中选择【Analyze】命令，运行优化分析，整个优化过程需要持续几分钟的时间。

2.3.5　查看优化结果

在 HFSS 优化分析过程中，可以实时显示每一次迭代计算的变量值和目标函数值，观察目标函数是否收敛以及何时达到优化目标。查看每一次迭代计算对应的变量值和目标函数值的步骤如下。

右键单击工程树 **OptimizationSetup1** 项，从弹出菜单中选择【View Analysis Result】命令，打开 Post Analysis Display 对话框。在该对话框中，单击 Table 单选按钮，以数值列表形式显示优化计算的迭代次数，每次迭代的变量值和目标函数值，如图 2.50 所示。

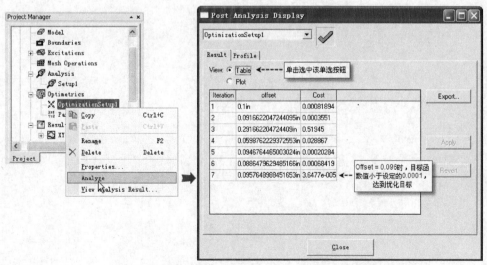

▲图 2.50　显示优化分析过程中的变量值和目标函数值

优化分析完成后，在 Table 列表里会列出变量 Offset 优化后的最佳值。本例中，从图 2.50 所示的优化结果中可以看出，当变量 Offset = 0.96 英寸时，目标函数值（Cost）小于设定的目标值 0.0001，达到优化目标。即当变量 Offset = 0.96 英寸时，T 形波导端口 3 的输出功率是端口 2 输出功率的两倍。最后，单击 Close 按钮，关闭对话框。

2.3.6 保存并退出 HFSS

至此，我们达到了设计目标，完成了整个优化设计。单击工具栏 按钮，保存设计；然后，从主菜单栏选择【File】→【Exit】，退出 HFSS。

第3章 HFSS 工作界面

工作界面也称为用户界面，是 HFSS 软件使用者的工作环境；了解、熟悉这个工作环境是掌握 HFSS 软件的第一步。本章将对 HFSS 的工作环境做一个全面的介绍，帮助读者快速熟悉 HFSS 的工作环境，了解 HFSS 的工作界面组成、各个工作窗口的主要功能以及 HFSS 主菜单中各项操作命令对应的功能，为掌握 HFSS 的仿真设计做好充分的准备。

在本章，读者可以学到以下内容。

- HFSS 工作界面的组成。
- HFSS 工作界面中各个子窗口的作用。
- HFSS 主菜单栏所有操作命令对应的功能。
- 工具栏快捷按钮的添加和删除以及重新排列。
- 什么是工程树，什么是操作历史树。
- 三维模型窗口中栅格和坐标系的显示设置。

3.1 HFSS 工作界面

HFSS 工作界面采用标准 Windows 的菜单与风格。打开 HFSS 后，可以看到其典型的工作界面，如图 3.1 所示。整个工作界面由菜单栏、工具栏、工程管理窗口、属性窗口、三维模型窗口、信息管理窗口、进程窗口和状态栏组成。

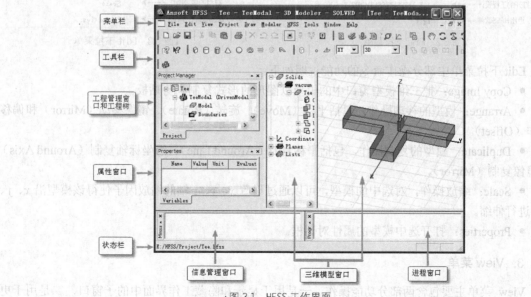

▲图 3.1 HFSS 工作界面

3.1.1 主菜单栏

主菜单栏位于 HFSS 工作界面的最上方,包含 File、Edit、View、Project、Draw、Modeler、HFSS、Tools、Window 和 Help 共 10 个下拉菜单,这些下拉菜单包含了 HFSS 的所有操作命令。下面就来简要介绍每个菜单命令的主要功能。

1. File 菜单

File 菜单用于管理 HFSS 工程设计文件,包括工程文件的新建、打开、保存以及打印等操作。File 下拉菜单包含的所有操作命令以及每个操作命令的简要描述如图 3.2 所示。

2. Edit 菜单

Edit 菜单主要用于编辑和修改 HFSS 中三维模型的操作,Edit 下拉菜单包含的所有操作命令以及每个操作命令的简要描述如图 3.3 所示。

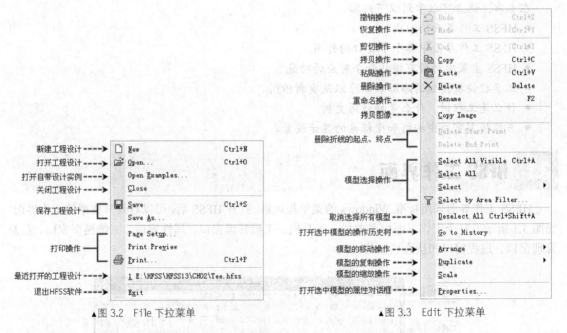

▲图 3.2 File 下拉菜单　　　　　　　　▲图 3.3 Edit 下拉菜单

Edit 下拉菜单中部分操作命令的功能说明如下。

● Copy Image:把三维模型窗口中的模型以图形的形式复制到剪贴板。

● Arrange:模型的移动操作,包括平移(Move)、旋转(Rotate)、镜像移动(Mirror)和偏移操作(Offset)。

● Duplicate:模型的复制操作,包括平移复制(Around Line)、沿坐标轴复制(Around Axis)和镜像复制(Mirror)。

● Scale:缩放操作,对选中的模型,可以通过设置 x、y、z 轴的缩放因子使得该模型沿 x、y、z 轴进行伸缩。

● Properties:打开选中模型的属性对话框。

3. View 菜单

View 菜单主要包含两部分功能操作,一是用于显示和隐藏工作界面中的子窗口,二是用于更改三维模型窗口中物体模型的显示方式。View 下拉菜单包含的所有操作命令以及每个操作命令的简要描述如图 3.4 所示。

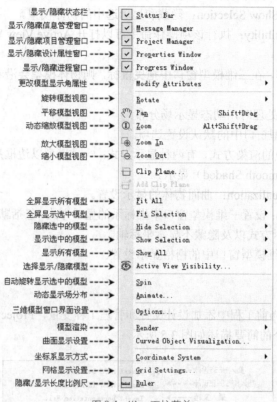

显示/隐藏状态栏 ----▶ Status Bar
显示/隐藏信息管理窗口 ----▶ Message Manager
显示/隐藏项目管理窗口 ----▶ Project Manager
显示/隐藏设计属性窗口 ----▶ Properties Window
显示/隐藏进程窗口 ----▶ Progress Window
更改模型显示属性 ----▶ Modify Attributes ▶
旋转模型视图 ----▶ Rotate ▶
平移模型视图 ----▶ Pan   Shift+Drag
动态缩放模型视图 ----▶ Zoom   Alt+Shift+Drag
放大模型视图 ----▶ Zoom In
缩小模型视图 ----▶ Zoom Out
 ----▶ Clip Plane...
 Add Clip Plane
全屏显示所有模型 ----▶ Fit All ▶
全屏显示选中模型 ----▶ Fit Selection ▶
隐藏选中的模型 ----▶ Hide Selection
显示选中的模型 ----▶ Show Selection ▶
显示所有模型 ----▶ Show All ▶
选择显示/隐藏模型 ----▶ Active View Visibility...
自动旋转显示选中的模型 ----▶ Spin
动态显示场分布 ----▶ Animate...
三维模型窗口界面设置 ----▶ Options...
模型渲染 ----▶ Render ▶
曲面显示设置 ----▶ Curved Object Visualization...
坐标系显示方式 ----▶ Coordinate System ▶
网格显示设置 ----▶ Grid Settings...
隐藏/显示长度比例尺 ----▶ Ruler

▲图 3.4 View 下拉菜单

View 下拉菜单中部分操作命令的功能说明如下。

下拉菜单的前 5 个操作命令——Status Bar、Message Manager、Project Manager、Properties Window 和 Progress Window 分别用于显示或隐藏 HFSS 工作界面中的状态栏、信息管理窗口、工程管理窗口、属性窗口和进程窗口。在下拉菜单中，单击可以选中或取消相应的操作命令；操作命令选中之后，在操作命令的左侧会显示 ☑ 图标，表示 HFSS 工作界面中显示该子窗口；反之，则在 HFSS 工作界面中隐藏该子窗口。

● Modify Attributes：设置和更改三维模型窗口中物体模型的显示视角属性，包括设置视角方向、光照效果和背景颜色等；实际工作中，使用默认设置即可。

● Rotate：模型视图的旋转操作，包括模型视图沿着模型中心旋转（ 🔄Rotate model center）、模型视图沿着三维模型窗口屏幕中心旋转（ 🔄Rotate screen center）和模型视图沿着当前坐标原点旋转（ 🔄Rotate current axis）3 个操作。选择相应的操作命令，在三维模型窗口拖曳鼠标可以分别以模型中心、屏幕中心和坐标原点为中心旋转模型视图，实现从不同的角度观察物体模型。

● 🖐Pan：模型视图的平移操作，选择该操作命令，在三维模型窗口拖曳鼠标可以使物体模型和坐标系在三维模型窗口内随着鼠标拖曳方向移动。

● ⓘZoom：模型视图动态缩放操作，选择该操作命令，在三维模型窗口拖曳鼠标可以动态放大或缩小显示物体模型；鼠标向上拖曳为放大显示，鼠标向下拖曳为缩小显示。

● ⊕Zoom In 和 ⊖Zoom Out：模型视图的放大和缩小操作，选择该操作命令，用鼠标左键在三维模型窗口中拉出一个矩形框，则 Zoom In 操作会放大显示该矩形框里的所有物体模型，Zoom out 操作会按照该矩形框在整个三维模型窗口所占的比例将模型缩小显示。

- Fit All：在三维模型窗口中全屏显示所有可见物体模型的全貌。
- Fit Selection：在三维模型窗口中全屏显示被选中的物体模型的全貌。
- Hide Selection 和 Show Selection：隐藏和显示选中的物体模型。
- ☻Active View Visibility：执行该项操作命令可以打开 Active View Visibility 对话框，选择显示或隐藏物体模型。
- Spin：选择该操作，在三维模型窗口中拖曳鼠标，则物体模型会沿着鼠标拖曳的方向动态旋转显示。
- Animate：数据后处理时，动态显示场分布。
- Options：三维模型窗口中的默认设置选项。
- Render：物体模型的渲染方式，有两种显示方式：一是模型以边框形式（Wire Frame）显示，二是模型以实体形式（Smooth Shaded）显示。
- Curved Object Visualization：曲面物体的显示设置。
- Coordinate System：设置三维模型窗口中坐标系的显示方式，包括默认的大坐标轴显示方式、窗口右下角小坐标轴显示方式以及隐藏不显示坐标轴。
- Grid Settings：三维模型窗口中的栅格显示设置。

4. Project 菜单

Project 菜单用于向当前工程中添加设计文件和管理工程变量，Project 下拉菜单包含的所有操作命令以及每个操作命令的简要描述如图 3.5 所示。

▲图 3.5 Project 下拉菜单

Project 下拉菜单中操作命令的功能说明如下。

- ☷Insert HFSS Design：在当前工程中插入一个新的 HFSS 设计。
- ☷Insert HFSS-IE Design：在当前工程中插入一个新的 HFSS-IE 设计。
- Insert Documentation File：在当前工程中插入一个文档，用于该工程设计的技术说明文档。
- Analyze All：运行所有仿真分析。
- Project Variables：添加和编辑工程变量。
- Datasets：根据用户添加的 x、y 数组拟合函数，可用于设置与频率相关的端口阻抗、与频率相关的工程变量以及定义边界条件等。
- Remove Unused Definitions：删除用户自定义的而当前工程中未使用的材料。

5. Draw 菜单

Draw 菜单主要用于创建基本物体模型（Primitives）的相关操作，Draw 下拉菜单包含的所有操作命令以及每个操作命令的简要描述如图 3.6 所示。

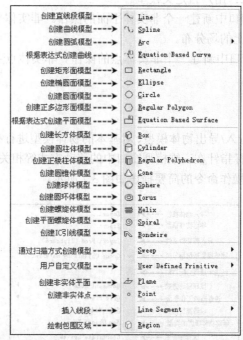

创建直线段模型----→ Line

创建曲线模型----→ Spline

创建圆弧模型----→ Arc

根据表达式创建曲线----→ Equation Based Curve

创建矩形面模型----→ Rectangle

创建椭圆面模型----→ Ellipse

创建圆面模型----→ Circle

创建正多边形面模型----→ Regular Polygon

根据表达式创建平面模型----→ Equation Based Surface

创建长方体模型----→ Box

创建圆柱体模型----→ Cylinder

创建正棱柱体模型----→ Regular Polyhedron

创建圆锥体模型----→ Cone

创建球体模型----→ Sphere

创建圆环体模型----→ Torus

创建螺旋体模型----→ Helix

创建平面螺旋体模型----→ Spiral

创建IC引线模型----→ Bondwire

通过扫描方式创建模型----→ Sweep

用户自定义模型----→ User Defined Primitive

创建非实体平面----→ Plane

创建非实体点----→ Point

插入线段----→ Line Segment

绘制包围区域----→ Region

▲图 3.6　Draw 下拉菜单

Draw 下拉菜单中部分操作命令的功能说明如下。

• 新建一维线模型操作：包括新建直线段（Line）、曲线（Spline）、圆弧（Arc）模型和表达式定义（Equation Based Curve）线模型的操作。

• 新建二维平面模型操作：包括新建矩形面（Rectangle）、椭圆面（Ellipse）、圆形面（Circle）、正多边形面（Regular Polygon）模型和表达式定义（Equation Based Surface）平面模型的操作。

• 新建三维物体模型操作：包括新建长方体（Box）、圆柱体（Cylinder）、正多棱柱体（Regular Polyhedron）、圆锥体（Cone）、球体（Sphere）、圆环体（Torus）、螺旋体（Helix）和平面螺旋体（Spiral）模型的操作。对于新建螺旋体模型和平面螺旋体模型，下面单独列出来做个简要说明。

• Helix：新建螺旋结构模型的操作。该操作命令首先需要选中一个线模型或者一个二维平面模型后才能激活；激活后单击该操作命令，HFSS 以选中的线模型或者面模型为横截面，沿着指定的方向螺旋上升生成螺旋物体模型；其中，选中一维线模型生成的是中空的螺旋体，选中二维平面模型生成的是实心的螺旋体。

• Spiral：新建平面螺旋结构模型的操作。和 Helix 操作命令一样，该操作命令也需要选中一个线模型或者一个二维平面模型才能激活；激活后单击该操作命令，HFSS 以选中的线模型或者面模型为横截面，沿着指定的方向旋转生成平面螺旋物体模型；其中，选中一维线模型生成的是中空的平面螺旋体，选中二维平面模型生成的是实心的平面螺旋体。

• Bondwire：新建 IC 芯片引线模型的操作。引线是在 IC 芯片封装内部连接金属焊盘和芯片之间的细金属线，HFSS 中可以通过 Bondwire 操作命令建立标准的 JEDEC 四点引线模型和 JEDEC 五点引线模型。

• Sweep：通过扫描的方式创建物体模型，选中一维线模型通过该操作命令可以创建生成二维平面模型，选中二维平面模型通过该操作方式可以创建生成三维立体模型；扫描的方式有 3 种，分别为绕坐标轴扫描（Around Axis）、沿着指定向量方向扫描（Along Vector）和沿着指定路径扫描（Along Path）。

● User Defined Primitive：用户自定义模型。

● Plane：在三维模型窗口中新建一个非实体平面的操作。非实体平面主要用于在数据后处理时计算和显示在该平面位置上的场分布。

● Point：在三维模型窗口中新建一个非实体点的操作。非实体点主要用于在数据后处理时计算和显示在该位置的矢量场。

6．Modeler 菜单

Modeler 菜单主要用于导入/导出物体模型、对基本的物体模型进行布尔操作生成复杂的物体模型、创建坐标系以及设定鼠标指针在三维模型窗口中的移动方式等相关操作。Modeler 下拉菜单包含的所有操作命令以及每个操作命令的简要描述如图 3.7 所示。

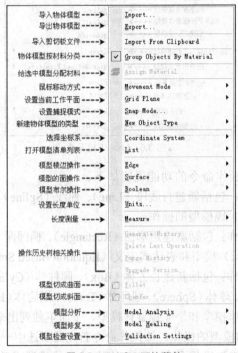

▲图 3.7　Modeler 下拉菜单

Modeler 下拉菜单中部分操作命令的功能说明如下。

● Import：导入物体模型操作，将外部物体模型（如 AutoCAD、ProE 等软件创建的模型）导入 HFSS 中。

● Export：导出物体模型操作，将 HFSS 工作环境中创建的物体模型导出为.dxf、.iges 等格式，供其他软件如 AutoCAD、ProE 使用；也可以将模型导出为简单的图片文件。

● Group Objects By Material：执行该操作后，操作历史树中的物体模型将按材料分类排列。

● Assign Material：给选中的三维物体模型分配材料属性，该操作需要选中三维物体模型后才能激活。

● Movement Mode：鼠标指针在三维模型窗口中的移动方式，通过该操作可以限定鼠标指针在某一平面内或者只沿着某一坐标轴方向移动。

● Grid Plane：指定当前用于创建物体模型的工作平面，可以选择 *xy* 面、*yz* 面或 *xz* 面。

● Snap Mode：鼠标指针捕捉模式。在创建物体模型的过程中，设置不同状态的捕捉模式后，鼠标指针在三维模型窗口移动时，可以自动捕捉到相应类型的特殊点。

● **New Object Type**：选择新建物体模型的种类，有实体模型（Model）和非实体模型（Non Model）两种；非实体模型（Non Model）不影响要分析的物体模型结构，主要用于在数据后处理时显示电磁场、电流等的分布。

● **Coordinate System**：新建或编辑局部坐标系以及设置当前工作坐标系的操作。HFSS 中有两种类型坐标系：全局坐标系和局部坐标系，其中局部坐标系又分为相对坐标系和面坐标系两种。

● **Edge**：模型棱边操作。

● **Surface**：模型的面操作。

● **Boolean**：模型的布尔运算操作，HFSS 中复杂的模型结构可以由基本模型通过布尔运算操作生成；布尔运算包括合并操作（ Unite）、相减操作（ Subtract）、相交操作（ Intersect）、分裂操作（ Split）和铭刻操作（ Imprint）。

● **Units**：设置建模时默认的长度单位。

● **Measure**：测量操作。通过该操作，可以给出模型的位置坐标，测量模型的长度、面积和体积。

● **Purge History**：清除操作历史树中的操作记录。

● **Generate History**：和 Purge History 相对应，是恢复操作历史树中的操作记录。

● **Fillet 和 Chamfer**：这两项操作需要选中物体模型的一条棱边（Edge）后才能激活；执行 Fillet 操作是把与选中棱边相邻的两个面切成曲面，执行 Chamfer 操作是把与选中棱边相邻的两个面切成斜面。

● **Model Analysis**：物体模型分析，帮助评估物体模型在网格剖分时可能出现的问题。

● **Model Healing**：物体模型修复，帮助修复物体存在的问题

7. HFSS 菜单

HFSS 菜单主要用于添加、编辑管理与当前设计相关的分析设置操作，包括添加和管理设计变量，设置求解类型、边界条件、端口激励以及数据的后处理等操作；HFSS 菜单中的大部分操作命令都会出现在工程管理窗口中的工程树下。HFSS 下拉菜单包含的所有操作命令以及每个操作命令的简要描述如图 3.8 所示。

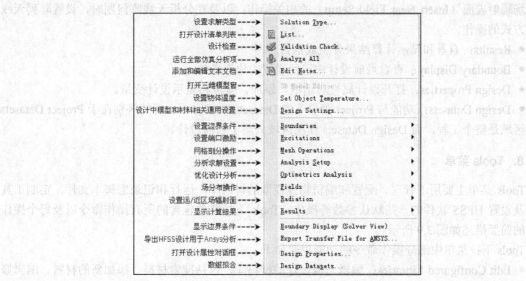

设置求解类型 ---->	Solution Type...
打开设计清单列表 ---->	List...
设计检查 ---->	Validation Check...
运行全仿真分析项 ---->	Analyze All
添加和编辑文本文档 ---->	Edit Notes...
打开三维模型窗口 ---->	3D Model Editor
设置物体温度 ---->	Set Object Temperature...
设计中模型和材料相关通用设置 ---->	Design Settings...
设置边界条件 ---->	Boundaries ▶
设置端口激励 ---->	Excitations ▶
网格剖分操作 ---->	Mesh Operations ▶
分析求解设置 ---->	Analysis Setup ▶
优化设计分析 ---->	Optimetrics Analysis ▶
场分布操作 ---->	Fields ▶
设置远/近区场辐射面 ---->	Radiation ▶
显示计算结果 ---->	Results ▶
显示边界条件 ---->	Boundary Display (Solver View)
导出HFSS设计用于Ansys分析 ---->	Export Transfer File for ANSYS...
打开设计属性对话框 ---->	Design Properties...
数组拟合 ---->	Design Datasets...

▲图 3.8　HFSS 下拉菜单

HFSS 下拉菜单中部分操作命令的功能说明如下。

- Solution Type：设置求解类型，可供选择的求解类型有模式驱动求解类型（Driven Modal）、终端驱动求解类型（Driven Terminal）、本征模求解类型（Eigenmode）和瞬态求解器（Transient）。
- 📖List：显示设计清单，列出当前设计中包含的所有模型、边界条件、激励端口、网格剖分设置和分析设置等信息。
- ✅Validation Check：设计检查，用于检查当前工程设计的正确性和完整性。执行该操作命令后，会弹出设计检查窗口，给出 Design Setting、3D Modal、Boundaries and Excitations、Mesh Operation、Analysis Setup、Optimetrics 和 Radiation 7 项设置检查结果，当某项设置前显示对号时，表示该项设置是正确的。
- 🎤Analyze All：运行所有仿真分析项。
- 📄Edit Notes：添加和编辑文本文档，用于记录该工程的描述信息。
- 3D Model Editor：打开三维模型窗口。HFSS 工作界面中的三维模型窗口被关闭后，通过该项操作可以重新打开三维模型窗口。
- Set Object Temperature：设置模型的温度特性。
- Design Setting：该操作包括"Set Material Override"和"Lossy Dielectrics"两项设置。通常情况下，建模时如果两个物体有重合，HFSS 会报错或者给出警告信息；通过"Set Material Override"可以设置当金属物体和介质物体重合时，是否允许重合部分以金属物体覆盖介质物体。
- Boundaries：分配和设置边界条件。
- Excitations：分配和设置激励方式。
- Mesh Operations：网格剖分设置，利用此功能可以手动设置网格剖分。
- Analysis Setup：求解设置，主要用来设置自适应网格剖分、求解频率、收敛误差和扫频信息等。
- Optimetrics Analysis：优化分析设置，包括参数扫描分析（🔢Add Parametric）、优化设计（🎯Add Optimization）、灵敏度分析（📊Add Sensitivity）、统计分析（📊Add Statistical）和调谐分析（🎚Tune）。
- Fields：数据后处理时，计算和显示场分布的相关操作。
- Radiation：在辐射问题的分析和数据后处理时，设置远场辐射表面（Insert Far Field Setup）和近场辐射表面（Insert Near Field Setup）的相关操作；以及在分析天线阵问题时，设置阵列天线排列方式的操作。
- Results：查看和显示计算结果并生成报告。
- Boundary Display：查看当前设计中已经设置的边界条件。
- Design Properties：打开设计属性对话框，添加、编辑和显示设计变量。
- Design Datasets：功能与 Project 菜单下的 Datasets 项相同，二者的区别在于 Project Datasets 作用区域是整个工程，而 Design Datasets 作用区域只限于当前设计。

8. Tools 菜单

Tools 菜单主要用于管理、配置和编辑物体模型的材料库，运行和记录宏脚本文件，定制工具栏以及设置 HFSS 软件的一些默认参数等操作；Tools 下拉菜单包含的所有操作命令以及每个操作命令的简要描述如图 3.9 所示。

Tools 下拉菜单中部分操作命令的功能说明如下。

- Edit Configured Libraries：编辑当前设计的材料库，包括搜索材料、添加新的材料、编辑修改已有材料的属性等操作。

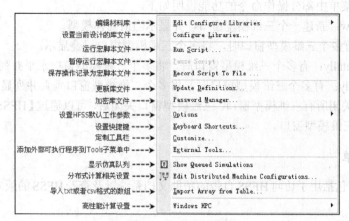

▲图 3.9　Tools 下拉菜单

- **Configure Libraries**：设置当前设计的库文件，可以显示和设置当前可用的系统材料库文件、用户材料库文件和当前设计专用材料库文件。

- **Run Script**：运行 HFSS 宏脚本文件。

- **Pause Script**：暂停运行 HFSS 宏脚本文件。

- **Record Script**：保存所有操作记录到宏脚本文件中。

- **Update Definitions**：更新材料库文件。

- **Password Manager**：加密库文件。通过该操作，可以为库文件设置密码，加密后的库文件只能在输入正确的密码后才能查看、编辑和使用。

- **Options**：HFSS 工作环境和默认工作参数设置。

- **Keyboard Shortcuts**：设置操作命令的快捷键。

- **Customize**：定制工具栏操作，通过该操作可以向工具栏中添加和删除各种快捷方式。

- **External Tools**：添加外部可执行程序到 Tools 下拉菜单中。执行该操作可以选择把其他应用程序的快捷方式添加到 Tools 下拉菜单里。

- **Ⓠ Show Queued Simulations**：显示仿真计算队列，当设计中有多个分析设置在做仿真计算时，通过该操作可以查看每个仿真计算的当前状态、指定仿真计算的先后次序或者移除某个仿真计算进程。

- **Edit Distributed Machine Configurations**：设置和管理多台计算机进行分布式仿真分析时的相关配置。

- **Windows HPC**：设置 HFSS 高性能计算（**High Performance Computing**）的操作命令。

9. Window 菜单

Window 菜单包含用于新建、关闭三维模型窗口，设置多个三维模型窗口排列方式等相关操作，Window 下拉菜单包含的所有操作命令以及每个操作命令的简要描述如图 **3.10** 所示。

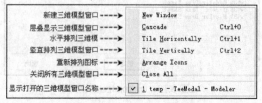

▲图 3.10　Window 下拉菜单

Window 下拉菜单中部分操作命令的功能说明如下。

- New Window：新建一个三维模型窗口，并显示当前物体模型。
- Cascade：有多个三维模型窗口时，将多个三维模型窗口层叠显示。
- Tile Horizontally：有多个三维模型窗口时，将多个三维模型窗口水平并列显示。
- Tile Vertically：有多个三维模型窗口时，将多个三维模型窗口垂直并列显示。
- Close All：关闭所有三维模型窗口。三维模型窗口关闭后，可以通过【HFSS】→【3D Modeler Editor】重新打开三维模型窗口。

10. Help 菜单

Help 菜单主要包括用于访问 HFSS 自带的帮助文档系统以及查看 HFSS 的版本信息等的操作命令。

3.1.2 工具栏

工具栏位于主菜单栏的下方，在工具栏里列出了 HFSS 中常用操作命令的快捷方式按钮，如图 3.11 所示。单击这些按钮可以快速地执行相应的操作命令。把鼠标指针停留在工具栏的快捷方式按钮上，鼠标指针的下方会显示出该按钮的功能说明。工具栏中的所有快捷方式所对应的操作命令都包含在主菜单的下拉菜单里。

▲图 3.11 工具栏

HFSS 默认设置下，多数常用操作命令的快捷方式都已经显示在工具栏上了。同时，HFSS 也允许用户可以根据使用习惯自己添加、删除工具栏中的快捷方式按钮，或者更改工具栏中快捷按钮的排列方式。定制快捷方式按钮有两种方式：一是从主菜单栏选择【Tools】→【Customize…】命令，打开如图 3.12 所示的 Customize 对话框，选择对话框的 Toolbars 选项卡，然后通过勾选/取消勾选相关操作命令的复选框来添加/删除工具栏上相应的快捷方式按钮；二是移动鼠标光标到工具栏上，单击右键，此时会弹出所有快捷方式的分组列表，单击列表名称添加/删除工具栏上相应的快捷方式按钮。

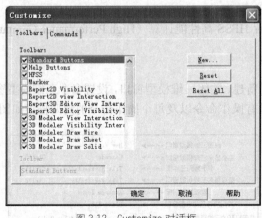

▲图 3.12 Customize 对话框

另外，在工具栏里每组快捷方式按钮前，都有图标▌，移动鼠标到该图标上，然后按住左键、拖曳鼠标，可以移动该组快捷按钮到工具栏的其他位置，更改快捷按钮的位置。

用户在重新定制了工具栏后，如果想回到工具栏的默认设置状态，可以单击图 3.12 所示对话框的 Reset All 按钮，此时即可重新恢复到默认的设置状态。

3.1.3　工程管理窗口

工程管理窗口显示所有打开的 HFSS 工程设计，包括工程名称和设计名称；每个设计在工程管理窗口中都有一个工程树（Project Tree），显示当前设计的结构，如图 3.13 所示。通过工程树可以便捷地访问当前工程设计的各个结构单元，如设计的结构模型、物体的材料属性、设置的边界条件、求解设置项和分析结果数据等。单击工程树中左侧的⊞和⊟按钮，可以展开和收缩工程树。

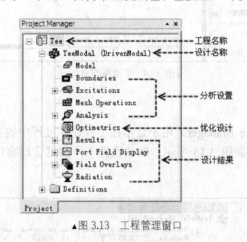

▲图 3.13　工程管理窗口

从主菜单栏选择【View】→【Project Manager】操作命令，可以显示/关闭工程管理窗口。

3.1.4　属性窗口

属性窗口（Properties Window）用于查看、编辑和修改当前选中的物体模型属性以及查看、编辑和修改当前选中的工程和设计所包含的变量属性。默认设置下，属性窗口位于工程管理窗口的正下方。属性窗口显示的信息会随着选中目标的改变而改变。

从主菜单栏选择【View】→【Properties Window】操作命令，可以显示/关闭属性窗口。

3.1.5　三维模型窗口

三维模型窗口（3D Modeler Window）是创建、编辑和显示物体模型的区域，位于工程管理窗口的右侧，由操作历史树（History Tree）和模型编辑显示区两部分组成，如图 3.14 所示。

操作历史树列出了当前设计中的所有物体模型，以及创建这些物体模型的所有操作记录。每次在创建一个物体之后，系统自动添加该物体以及与创建该物体相关的操作命令到操作历史树中。同时，在操作历史树的 Coordinate Systems 节点下，还会列出当前设计中创建的所有局部坐标系和全局坐标系，并标明当前使用的工作坐标系。

如果工作界面没有显示三维模型窗口，可以从主菜单栏选择【HFSS】→【3D Modeler Editor】操作命令，打开三维模型窗口。

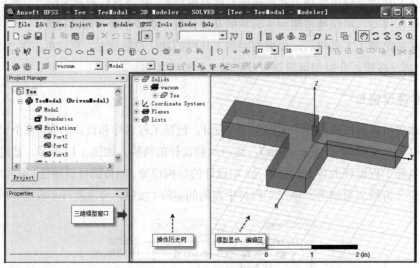

▲图 3.14　三维模型窗口

3.1.6　信息管理窗口

信息管理窗口（Message Manager）用于显示在工程设计过程中的各项信息，如错误提示、警告信息、求解完成信息等，如图 3.15 所示。默认设置下，信息管理窗口位于 HFSS 工作界面的左下方。

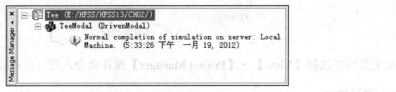

▲图 3.15　信息管理窗口

从主菜单栏选择【View】→【Message Manager】操作命令，可以显示/关闭信息管理窗口。

3.1.7　进程窗口

运行仿真计算后，进程窗口（Progress Window）会显示当前设计的仿真分析的进度，如图 3.16 所示。通过进程窗口也可以终止或者取消正在运行的仿真分析。默认设置下，进程窗口和信息管理窗口并列位于 HFSS 工作界面的右下方。

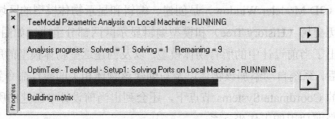

▲图 3.16　进程窗口

从主菜单栏选择【View】→【Progress Window】操作命令，可以显示/关闭进程窗口。

3.1.8　状态栏

状态栏（Status Bar）位于 HFSS 工作界面的底部，用于显示当前选择的操作命令的说明信息或者执行当前选择的操作命令。例如，在创建物体模型时，可以在状态栏输入模型的位置坐标，如图 3.17 所示。

▲图 3.17　状态栏

3.2　栅格显示和栅格平面

在三维模型窗口，通常使用栅格（Grid）来辅助建模和定位；HFSS 允许用户设置栅格显示的大小、类型和风格。从主菜单栏选择【View】→【Grid Settings】命令，打开图 3.18 所示的 Grid Spacing 对话框，进行相关设置。栅格类型（Grid type）可以选择笛卡尔（Cartesian）坐标系，也就是直角坐标系，或者极化（Polar）坐标系两种，一般选择默认的笛卡尔坐标系类型。显示风格（Grid style）可以选择点状栅格或者线状（Line）栅格。Auto adjust density to 复选框用于控制栅格间距；选中该复选框后，在三维模型窗口放大/缩小物体模型的过程中，屏幕上显示的栅格大小也会随之自动该改变；如果不选中 Auto adjust density to 复选框，其下方的灰色文本框会被激活，用户需要在此设置固定的栅格间距。在对话框的最下方是 Grid Visibility 栏，该栏有 Show、Hide 和 Auto 3 个单选按钮，用于设置在三维模型窗口是否显示栅格。

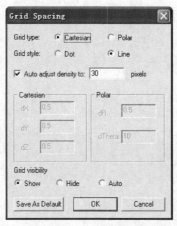

▲图 3.18　Grid Spacing 对话框

HFSS 中，为了方便建模工作，还定义了栅格平面。栅格平面就是三维模型窗口的当前绘图平面，从主菜单选择【Modeler】→【Grid Plane】操作命令，或者单击工具栏的 XY 按钮，可以选择当前栅格平面为 xy 平面、xz 平面或者 yz 平面。需要说明的是，使用栅格平面并不会把用户操作限制于选中的二维平面，它只是为了方便创建基本的物体模型。

3.3　显示坐标系

在三维模型窗口，HFSS 系统默认设置下会显示出当前工作坐标系，用于辅助模型的创建。从主菜单栏选择【View】→【Coordinate System】操作命令，在其下拉子菜单里可以控制三维模型窗口中坐标系的显示与隐藏以及设置三维模型窗口中坐标系的显示方式。下拉菜单中的 Large、Small、Hide 和 Triad 命令分别表示在三维模型窗口中显示大坐标系、显示小坐标系、隐藏坐标系和在三维模型窗口的左下角显示辅助坐标系。

3.4 本章小结

本章主要介绍了 HFSS 的工作界面和工作环境，通过本章的学习，读者可以熟悉和掌握 HFSS 工作界面的组成、各个工作窗口的主要功能、HFSS 主菜单中各项操作命令对应的功能，以及三维模型窗口栅格和坐标轴的显示设置。

第4章　HFSS中的建模操作

设计建模是 HFSS 仿真设计工作的第一步，HFSS 中提供了创建曲线、矩形面、圆面、长方体、圆柱体和球体等多种基本模型（Primitive）的操作命令，这些基本模型通过几何变换操作和布尔操作可以生成用户所需要的各种复杂的物体模型。

本章首先讲解创建基本模型的具体操作步骤，然后讲解与创建复杂模型相关的几何变换操作和布尔运算操作。为了让读者能更好地掌握建模操作，更加便捷地创建物体模型，本章还讲解了与建模相关的各种设置和操作，包括鼠标光标捕捉模式的设置、改变模型视图的操作、选择物体的操作、相对坐标系的使用操作等。通过本章的学习，希望读者能够使用 HFSS 熟练地创建出各种物体模型。

在本章，读者可以学到以下内容。

- 创建基本模型的操作过程和具体步骤。
- 螺旋结构（Helix）和平面螺旋体模型（Spiral）的创建。
- 物体属性对话框设置。
- 如何添加、定义新材料。
- 几何变换操作。
- 布尔运算操作。
- 如何定义、使用相对坐标系和面坐标系。
- 捕捉模式的设置。
- 如何从不同的视角查看物体模型。
- 物体模型的选择操作。

4.1 创建长方体模型

在 HFSS 中，创建一个三维物体基本模型（Primitive）的步骤如下。

（1）设置栅格平面。

（2）创建物体的基底。

（3）设置物体的高度。

（4）设置物体的材料属性。

本节以创建一个简单的长方体模型为例，介绍 HFSS 中创建基本物体模型的操作步骤。其中，有两种方法确定物体模型的位置和大小：一是在建模时通过状态栏输入模型的准确位置坐标和大小尺寸；二是首先粗略创建所需的物体模型，然后通过物体属性对话框输入模型的准确位置坐标和大小尺寸。其中，使用第二种方法创建基本模型更加方便，所以下面以第二种方法为例讲解创建长方体模型的操作步骤。

4.1.1　创建长方体模型的操作步骤

我们要创建的长方体顶点坐标为（-2，-2，0），长×宽×高为 6×8×3 的长方体，长度单位为当前工程的默认长度单位。在 HFSS 中，可以通过 3 个点来确定这样的一个长方体，如图 4.1 所示。第一个点确定长方体基底矩形的起点，其坐标为（-2，-2，0）；第二个点确定长方体基底矩形的长和宽，其相对坐标（dx，dy）为（6，8）；第三个点确定长方体的高度，其相对坐标 dz 为 3。

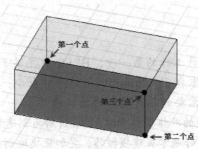

▲图 4.1　三点创建一个长方体

下面详细讲解整个创建过程。

（1）从主菜单栏选择【Modeler】→【Grid Plane】→【XY】，如图 4.2 所示，设定当前栅格平面为 xy 面。

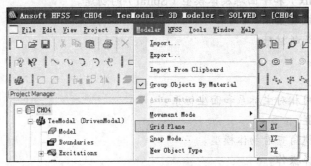

▲图 4.2　设定当前栅格平面

（2）从主菜单栏选择【Draw】→【Box】，或者单击工具栏的 按钮，进入创建长方体模型的状态。

（3）在三维模型窗口中，移动光标到第一个点位置附近，单击鼠标左键确定长方体的起始点，如图 4.3（a）所示；然后移动光标到第二个点位置附近，单击鼠标左键在 xy 面创建出矩形基底，如图 4.3（b）所示；再沿着 z 轴正向移动光标到第三个点位置附近，单击鼠标左键确定长方体的高度，如图 4.3（c）所示。

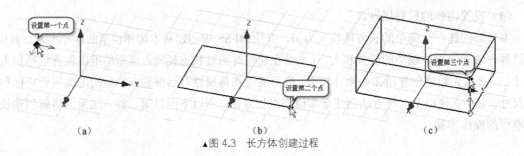

（a）　　　　　　　　　（b）　　　　　　　　　（c）

▲图 4.3　长方体创建过程

（4）上述操作完成后，会弹出如图 4.4 所示的物体属性对话框。选择对话框中的 Command 选项卡，在 Position 项右侧输入长方体的起始点坐标（−2，−2，0），在 XSize、YSize 和 ZSize 项右侧分别输入长方体的长、宽、高为 6、8 和 3。

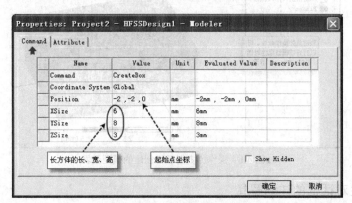

▲图 4.4 属性对话框 Command 选项卡

（5）选择对话框中的 Attribute 选项卡，在 Name 项的右侧输入长方体模型的名称 myBox；单击 Material 项右侧按钮，可以打开材料设置对话框，设置物体的材料属性，这里 Material 项保持默认的真空（vacuum）属性不变；单击 Transparent 右侧按钮可以设置模型的透明度，此处设置透明度为 0.4，这是如图 4.5 所示。单击 确定 按钮退出属性对话框。

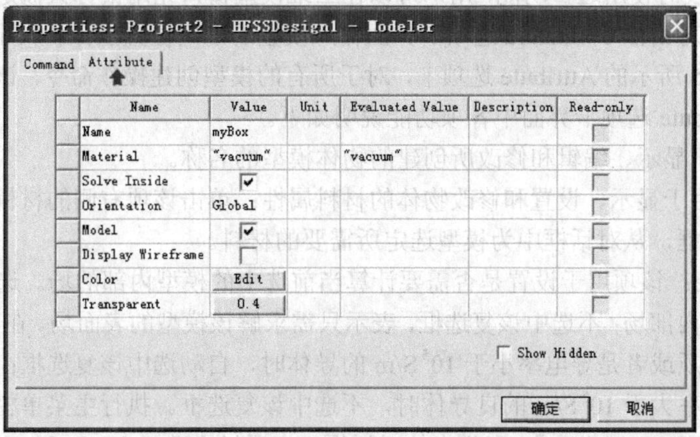

▲图 4.5 属性对话框 Attribute 选项卡

此时，就在三维模型窗口创建了一个顶点坐标在（−2，−2，0），长×宽×高为 6×8×3 的长方体模型。按快捷键 Ctrl+D，全屏显示新建的长方体模型，如图 4.6 所示。新创建的长方体模型的名称 myBox 和创建长方体的操作命令 CreateBox 会添加到三维模型窗口左侧的操作历史树栏中。在操作历史树中，分别双击模型的名称和对应的操作命令也可以打开如图 4.5 所示模型属性对话框的 Attribute 选项卡界面和图 4.4 所示的模型属性对话框的 Command 选项卡界面。

注意　如果完成上述第 3 步操作后，没有自动弹出物体属性对话框，需要从主菜单栏选择【Tools】→【Options】→【Modeler Options】命令，并在弹出的对话中选择 Drawing 选项卡，勾选该选项卡界面最下方的 Edit Properties of New Primitives 复选框，单击确定按钮退出。然后重新创建模型，即可自动弹出属性对话框。

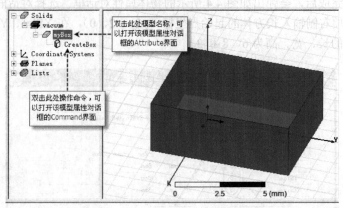

▲图 4.6　操作历史树显示创建的模型列表

4.1.2　物体属性对话框的详细解释

物体的属性对话框主要用于显示和编辑物体模型的位置坐标、大小尺寸、名称和材料属性等信息，对话框包含 Command 选项卡和 Attribute 选项卡两部分，如图 4.4 和图 4.5 所示。下面来详细讲解对话框中的每一项所表示的意义。

首先来看图 4.4 所示的 Command 选项卡，对于不同的模型创建操作命令，该选项卡界面下的显示项是不完全相同的，但该选项卡的主要功能都是相同的，就是设置和更改物体模型的位置坐标和大小尺寸。在建模时使用这一功能，用户可以在三维模型窗口先用鼠标大概定位完成模型创建操作，然后在该属性对话框 Command 选项卡界面输入模型的准确位置坐标和大小尺寸。

接着来看图 4.5 所示的 Attribute 选项卡，对于所有的模型创建操作命令，该选项卡下的显示项都是相同的。Attribute 选项卡界面中各项功能说明如下。

- Name：用于显示、编辑和修改所创建的物体模型的名称。
- Material：用于显示、设置和修改物体的材料属性；单击该项右侧的材料属性值，可以打开"材料设置"对话框，从对话框中为模型选定所需要的材料。
- Solve Inside：该项用于设置是否需要计算当前选中的模型内部的场。选中该复选框，表示需要求解该模型的内部场；不选中该复选框，表示只需求解该模型的表面场。在 HFSS 默认设置下，当物体的材料是介质或者是导电率小于 $10^5\,\mathrm{S/m}$ 的导体时，自动选中该复选框；当物体的材料是理想导体或者是导电率大于 $10^5\,\mathrm{S/m}$ 的良导体时，不选中该复选框。执行主菜单栏的命令项【Tools】→【Options】→【HFSS Options】，在弹出的对话框中，通过更改 Solve Inside threshold 值，可以改变 HFSS 中与该项相关的导电率的默认门限设置。
- Orientation：模型的参考坐标系，可以是全局坐标系或相对坐标系。
- Model：设置物体模型为实体模型（Model）或非实体模型（Non Model）；选中该复选框表示该物体为实体模型，反之为非实体模型。如果某一个物体被设置为非实体模型，HFSS 在仿真分析时，会忽略该模型产生的影响。
- Display Wireframe：设置物体模型显示形式；选中该复选框设置物体模型以边框形式（Wire Frame）显示，反之设置物体模型以实体形式（Smooth Shaded）显示。物体模型以边框形式显示和以实体形式显示的区别如图 4.7 所示。
- Color：设置物体模型的颜色；单击该项右侧的 Edit 按钮，可以打开调色板，设定物体模型的颜色。
- Transparent：设置物体的透明度；单击该项右侧的按钮，可以打开透明度设置滑动条，移动滑动条可以设置物体透明度，其中 0 表示不透明，1 表示全透明。

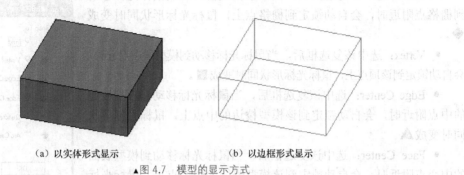

| （a）以实体形式显示 | （b）以边框形式显示 |

▲图 4.7 模型的显示方式

4.2 HFSS 中的基本模型及其创建

基本模型（Primitives）是 HFSS 中的基本结构单元，也称为原始模型，如曲线段、矩形面、椭圆面、长方体、圆柱体等；对基本模型进行适当的布尔运算操作或扫描操作，可以创建出各种复杂的模型结构。使用和 4.1 节创建长方体模型相似的操作步骤，可以创建出所有的基本模型。为了提高创建基本模型的效率和简化创建基本模型的操作，在讲解各种基本模型的创建步骤之前，我们先来熟悉一下鼠标光标的移动模式和捕捉（Snap Mode）模式。

4.2.1 鼠标光标的移动模式

默认设置下，进入模型的创建状态之后，鼠标光标可以在三维模型窗口中的三维空间内自由移动；为了方便建模操作，在 HFSS 中可以通过命令来设定鼠标光标沿着特定的移动模式移动，如设定鼠标光标只能沿着 x 轴移动或者只能沿着 xy 面移动等。鼠标光标的移动模式可以通过菜单栏【Modeler】→【Movement Mode】操作命令进行选择，也可以单击工具栏上的快捷方式按钮进行选择，如图 4.8 所示。

HFSS 中鼠标光标的移动模式有 3D、In Plane、Out of Plane、Along X Axis、Along Y Axis 和 Along Z Axis 6 种，每种模式设定的鼠标光标移动方式如下。

▲图 4.8 鼠标光标的移动模式

- 3D：设定鼠标光标可以在三维空间内自由移动。
- In Plane：鼠标光标限定在第一个点所在的平面内移动。
- Out of Plane：鼠标光标限定在垂直于第一个点所在平面的方向上移动。
- Along X Axis：限定鼠标光标沿着 x 轴方向移动。
- Along Y Axis：限定鼠标光标沿着 y 轴方向移动。
- Along Z Axis：限定鼠标光标沿着 z 轴方向移动。

另外，在操作过程中，也可以通过按下键盘上的快捷键 x、y 或 z，限定鼠标光标沿着坐标系的 x 轴、y 轴或 z 轴方向移动。

4.2.2 捕捉模式（Snap Mode）

捕捉模式是建模过程中最常用的辅助功能之一。使用捕捉模式，当鼠标光标移动到特定的目标点附近时，会自动锁定或捕捉到该目标点，从而实现准确定位；同时，指针形状也会随之动态改变。

从主菜单栏选择【Modeler】→【Snap Mode】命令，打开如图 4.9 所示的 Snap Mode 对话框，在此可以设置捕捉模式。对话框中各复选框的含义如下。

● **Grid**：选中该复选框后，在三维模型窗口，当鼠标光标移动到栅格点附近时，会自动锁定到栅格点上，鼠标光标形状同时变成◆。

● **Vertex**：选中该复选框后，当鼠标光标移动到模型顶点附近时，会自动锁定到该顶点上，鼠标光标形状同时变成■。

● **Edge Center**：选中该复选框后，当鼠标光标移动到模型棱边的中点附近时，会自动锁定到该模型棱边的中点上，鼠标光标形状同时变成▲。

● **Face Center**：选中该复选框后，当鼠标光标移动到模型表面的中心点附近时，会自动锁定到该模型表面的中心点上，鼠标光标形状同时变成◆。

▲图 4.9 "设置捕捉模式"对话框

● **Quadrant**：选中该复选框后，当鼠标光标移动到模型棱边的 1/4 长度附近时，会自动锁定到该模型棱边的 1/4 长度点上，鼠标光标形状同时变成◣。

● **Arc Center**：选中该复选框后，当鼠标光标移动到圆弧中心点附近时，回自动锁定到该圆弧中心点上，鼠标光标形状同时变成◖。

另外，在使用过程中，用户也可以通过工具栏中的快捷方式，更加便捷地设置捕捉模式。工具栏中，捕捉模式的快捷方式如图 4.10 所示，其中高亮显示部分表示该项捕捉模式当前处于选中状态，反之处于未选中状态。

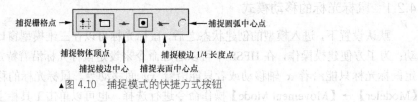

捕捉栅格点 —— ┃ ┃ —— 捕捉圆弧中心点

捕捉物体顶点
捕捉棱边中心   捕捉表面中心点
捕捉棱边 1/4 长度点

▲图 4.10 捕捉模式的快捷方式按钮

4.2.3 物体的基本模型

基本模型（Primitive）是 HFSS 中的基本结构单元，可以通过 HFSS 主菜单栏【Draw】下拉菜单里的操作命令直接创建，如一维的直线段、曲线和圆弧，二维的矩形面、圆面、正多边形面和椭圆面以及三维的长方体、圆柱体、多棱柱体、圆锥体、球体、圆环、螺旋体和平面螺旋体等。图 4.11 给出了 HFSS 中部分基本模型的形状。

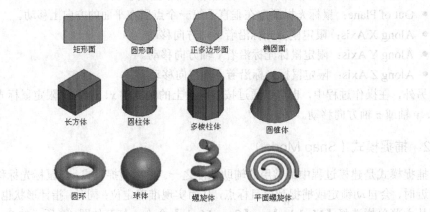

矩形面　　圆形面　　正多边形面　　椭圆面

长方体　　圆柱体　　多棱柱体　　圆锥体

圆环　　球体　　螺旋体　　平面螺旋体

▲图 4.11 基本模型的形状

基本模型的创建方法和创建步骤与 4.1 节长方体的创建方法和创建步骤基本相同，这里不再一一赘述。因为，在 HFSS 的基本模型中，螺旋结构（Helix）和平面螺旋结构（Spiral）是创建步骤最复杂的两个模型，所以本节只重点讲解这两个基本模型的创建方法和创建步骤。但是，建议读者在本小节结束后能把每个基本模型都试着创建一遍，以便熟悉软件的用户界面和操作方法。

1. 螺旋结构的创建

创建螺旋结构（Helix）的操作需要选中一维线模型或者二维平面模型后才能激活，软件以选中的线模型或者面模型为横截面，沿着指定的方向螺旋盘升生成螺旋结构模型，模型底圈的半径是设定的方向矢量到选中的线模型/面模型中心的距离。选中一维线模型生成的是中空的螺旋体，选中二维平面模型生成的是实心的螺旋体。

下面演示创建一个简单的实心螺旋体模型的步骤，螺旋体的形状如图 4.15 所示，其尺寸结构为：横截面为 1mm 半径的圆形面，模型底圈半径为 6mm，螺旋上升圈数为 3，每圈上升高度为 4mm，每圈半径减小 1mm。具体创建步骤如下。

第一步：创建半径为 1mm 的圆形面，设定其位于 xz 平面，圆心坐标为（6，0，0）。

（1）从主菜单栏选择【Modeler】→【Grid Plane】→【XZ】，设定当前工作平面为 xz 面。

（2）单击工具栏的 ◎ 按钮，进入创建圆面模型的状态。在三维模型窗口任一位置，单击鼠标左键设定圆心位置；然后移动光标到其他位置，再次单击鼠标，设定圆面半径。随后会弹出如图 4.12 所示的模型属性对话框，在对话框的 Center Position 项右侧输入圆心的坐标（6，0，0），在 Radius 项右侧输入圆面半径 1，然后单击对话框的 确定 按钮完成圆面创建。创建的圆形面如图 4.13 所示。

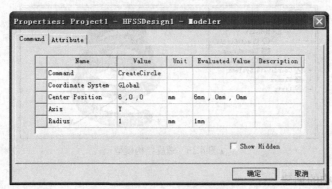

▲图 4.12　属性对话框

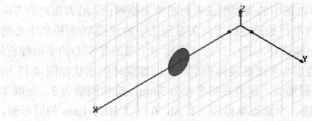

▲图 4.13　创建的位于 xz 平面上的圆形面

第二步：创建螺旋结构。

（1）单击选中图 4.13 所示的的圆形面，此时工具栏上创建螺旋体的操作按钮 ≣ 由灰色变成高亮显示，单击该按钮，进入创建螺旋体模型的状态。

（2）移动光标到坐标原点（0，0，0）位置，单击鼠标左键确定螺旋体底圈半径；按住 Z 键，限定光标沿着 z 轴移动，移动一段距离后单击鼠标左键，确定螺旋体的盘升方向。随之弹出图 4.14 所示的螺旋结构设置对话框。

▲图 4.14　螺旋结构设置对话框

（3）在图 4.14 所示的对话框中，Turn Direction 项选择 Right hand 单选按钮，表示螺旋体沿着右手螺旋方向盘升；Pitch 项输入 4mm，表示每圈上升高度为 4mm；Turns 项输入 3，设置螺旋盘升圈数为 3；Radius Change Per Turn 项输入–1mm，表示每圈半径减小 1mm。单击 OK 按钮完成设置，此时弹出螺旋体模型的属性对话框。

（4）选择属性对话框的 Attribute 选项卡，在 Name 项右侧输入螺旋体的名称 MyHelix，其他项保持默认设置不变，单击 确定 按钮退出属性对话框。此时，在三维模型窗口中就创建了我们所需要的螺旋结构，同时螺旋体的名称 MyHelix 以及创建螺旋体的相关操作 CreateCircle、CoverLines 和 CreateHelix 会添加到操作历史树下。创建好的螺旋结构如图 4.15 所示。

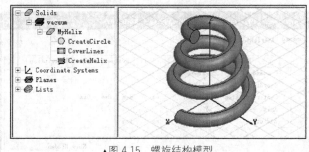

▲图 4.15　螺旋结构模型

2．平面螺旋结构的创建

创建平面螺旋结构（Spiral）和创建螺旋结构（Helix）类似，也需要选中一个线模型或者二维平面模型才能激活操作，软件以选中的线模型或者面模型为横截面，沿着指定的方向旋转生成平面螺旋物体模型，模型第一圈的半径是设定的方向矢量到选中的线模型/面模型中心的距离；选中一维线模型生成的是中空的平面螺旋体，选中二维平面模型生成的是实心的平面螺旋体。

下面演示创建一个简单的实心平面螺旋体模型，平面螺旋体的形状如图 4.17 所示，其尺寸结构为：横截面为 1mm 半径的圆形面，模型底圈半径为 3mm，旋转圈数为 3，每圈半径增加 3mm。

第一步：在 xy 平面上创建一个圆点坐标为（3，0，0），半径为 1mm 的圆形面。

（1）从主菜单栏选择【Modeler】→【Grid Plane】→【XY】，设定当前工作平面为 xy 面。

（2）单击工具栏 ○ 按钮，进入创建圆面模型的状态。在三维模型窗口任一位置，单击鼠标左键设定圆心位置；然后移动光标到其他位置，再次单击鼠标左键，设定圆面半径。随后会弹出新建圆形面的属性对话框，在对话框的 Center Position 项右侧输入圆心坐标（3，0，0），在 Radius 项右侧输入圆面半径 1，单击对话框的 确定 按钮完成圆面创建。

第二步：创建平面螺旋结构。

（1）单击选中上一步创建的圆形面，此时工具栏上创建平面螺旋体的操作按钮 ◎ 由灰色变成高亮显示，单击该按钮，进入创建平面螺旋体模型的状态。

（2）移动光标到坐标原点（0，0，0）位置，单击鼠标左键确定平面螺旋体第一圈的半径；按住 Y 键，限定光标沿着 y 轴移动，移动一段距离后再次单击鼠标左键，确定平面螺旋体旋转面的法向量。随之弹出图 4.16 所示的平面螺旋结构设置对话框。

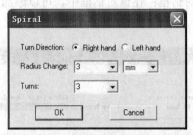

▲图 4.16　平面螺旋结构设置对话框

（3）在图 4.16 所示的对话框中，Turn Direction 项点选 Right hand 单选按钮，表示螺旋体按右手螺旋方向旋转；Radius Change 项输入 3mm，表示每圈半径增加 3mm；Turns 项输入 3，表示旋转圈数为 3。单击 OK 按钮完成设置，此时会弹出平面螺旋模型的"属性"对话框。

（4）选择属性对话框的 Attribute 选项卡，在 Name 项右侧输入平面螺旋体的名称 MySpiral，其他项保持默认设置不变，单击 确定 按钮退出属性对话框。此时，在三维模型窗口中就创建了我们所需要的平面螺旋结构，同时平面螺旋体的名称 MySpiral 以及创建平面螺旋体的相关操作 CreateCircle、CoverLines 和 CreateSpiral 会添加到操作历史树下。创建好的平面螺旋结构如图 4.17 所示。

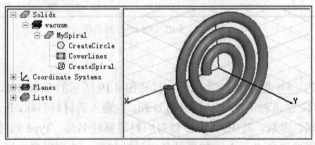

▲图 4.17　平面螺旋结构模型

4.3　物体的材料属性

在 HFSS 中，所有三维物体模型都需要指定其材料属性。对于常用的各向同性材料，材料属性包括相对磁导率（Relative Permittivity）、相对介电常数（Relative Permeability）、电导率（Bulk Conductivity）、介质损耗正切（Dielectric Loss Tangent）和磁损耗正切（Magnetic Loss Tangent）等信息；对于各向异性材料，材料属性还包含相对磁导率张量、相对介电常数张量、电导率张量、介质损耗正切张量和磁损耗正切张量等信息；对于铁氧体材料，材料属性包含磁饱和度（Magnetic Saturation）、朗德因子（Lange G Factor）和磁共振线宽ΔH（Delta H）信息。

4.3.1 编辑物体材料库

HFSS 软件自带一个默认的系统材料库，定义了多种常用的物体材料，每个 HFSS 工程设计都可以使用默认的系统材料库。如果在系统材料库中没有用户所需要的物体材料，用户可以自己向材料库中添加和定义新的材料；同时，对于系统材料库中已经定义的材料，用户也可以根据需要更改其材料属性参数。

从主菜单栏选择【Tools】→【Edit Configured Libraries】→【Materials】操作命令，可以打开如图 4.18 所示的 Edit Libraries 对话框；在该对话框中，可以添加新的物体材料或者编辑已定义物体材料的属性参数。

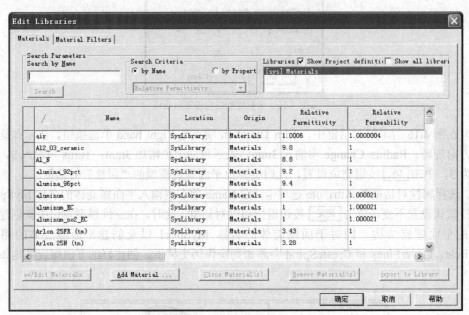

▲图 4.18 Edit Libraries 对话框

1. 添加新材料

单击对话框下方的 Add Material... 按钮，打开图 4.19 所示的 View/Edit Material 对话框，可以定义、添加新的材料。在该对话框中，Material Name 栏输入新材料名称，Properties of the Material 栏输入新材料的各种属性参数。其中，Name 列对应材料属性名称；Type 列对应材料类型，如果是各项同性材料，该列需要选择 Simple，如果是各项异性材料，该列需要选择 anisotropic；Value 列对应材料属性的值。例如，我们要向材料库中新添加一个介质材料 FR4，其相对介电常数是 4.4，损耗正切约为 0.02；此时，可以在 Material name 栏输入材料名称 MY_FR4，分别在 Relative Permittivity 和 Dielectric Loss Tangent 两项对应的 Value 值处输入 4.4 和 0.02，因为是各项同性材料，Type 列都选择 Simple，其他项保持默认值，然后单击 OK 按钮。此时，在材料库中就添加了一个新的介质材料 MY_FR4，其相对介电常数为 4.4，损耗正切为 0.02。

2. 编辑材料属性

编辑或者更改已经定义的材料属性参数，与添加新材料的操作相似。首先在图 4.18 所示的 Edit Libraries 对话框中找到需要更改的材料名称，然后双击该材料，打开与图 4.19 一样的 View/Edit Material 对话框，在该对话框中即可更改对应材料的各个属性参数值。

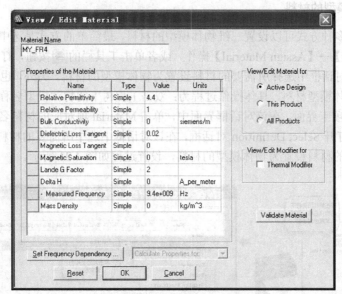

▲图 4.19　View/Edit Material 对话框

4.3.2　设置物体模型的材料

1. 设置建模时的默认材料

在 HFSS 中，可以通过工具栏材料属性按钮 ![按钮] vacuum，设置建模时的默认材料，按钮所显示的材料名称即为当前建模使用的默认材料名。建模过程中，用户可以根据需要更改默认的材料名称，方法如下：单击工具栏材料属性按钮，在其下拉菜单中单击 Select…，打开 Select Definition 对话框（注：Select Definition 对话框和图 4.18 所示的 Edit Libraries 对话框相同），从打开的对话框中选中需要的材料，然后点击 确定 按钮。此时，即把所选材料设置为建模时的默认材料，同时该材料的名称显示在工具栏的快捷按钮上。

2. 查看物体模型的材料

选中物体模型，激活 HFSS 工作界面左下角的物体属性窗口，选择该窗口的 Attribute 选项卡，该窗口中 Material 项右侧显示的名称即为当前物体所使用的材料名称，如图 4.20 所示。

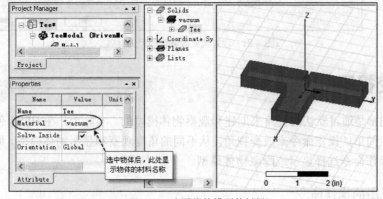

▲图 4.20　查看物体模型的材料

3. 设置物体模型的材料

在 HFSS 中有多种方式可以设置三维物体模型的材料，最简单的方式是选中物体模型，从主菜单栏选择【Modeler】→【Assign Material】操作，或者单击工具栏的 按钮，打开 Select Definition 对话框，从打开的对话框中选择所需要的材料设置为物体模型的材料。另外，也可以通过物体的属性对话框来设置物体模型材料，具体操作过程为：双击工程树下的物体模型名称，打开物体属性对话框的 Attribute 选项卡界面，在该对话框界面中，单击 Material 项对应的材料名称，从弹出的下拉列表中选择 Edit，打开 Select Definition 对话框，在该对话框中选中所需要的材料，然后点击 确定 按钮，即可将选中的材料设置为物体模型的材料，设置过程如图 4.21 所示。

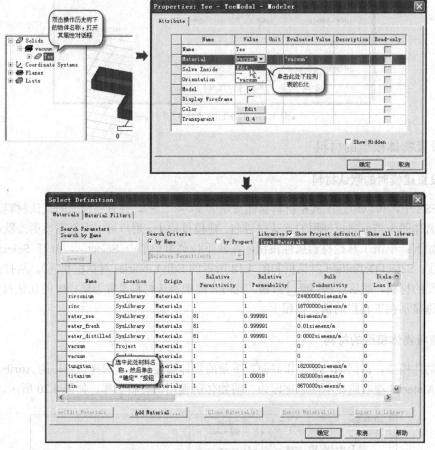

▲图 4.21　设置或更改物体模型的材料

4.4　改变视图

目前，我们都是通过默认的视角来创建和观察物体模型的。实际上，在 HFSS 使用过程中，用户可以通过一组简单的操作命令来改变视角，从不同的角度观察和显示物体模型。同时，用户还可以通过简单的操作命令选择显示或隐藏物体模型。

4.4.1　改变视图的操作命令

改变视图的操作命令位于 HFSS 的 View 下拉菜单中，包括 Rotate、Pan、Zoom、Zoom In、Zoom

Out、Fit All、Fit Selection 等操作命令。这些操作命令对应的功能在第 3 章关于 View 菜单的介绍中已经做了简要的说明。

　　为了方便用户操作，在 HFSS 的工具栏上也列出了改变视图操作命令的快捷方式，如图 4.22 所示。单击相应的快捷方式按钮，即可执行改变视图的操作。接下来，我们把每个快捷方式对应的功能做个详细的阐述。学习过程中，读者可以实际操作每个快捷方式，加深对每个操作的理解。

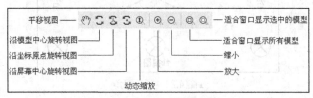

▲图 4.22　改变视图操作快捷方式

- **Pan**：视图平移操作。单击该操作按钮后，在三维模型窗口中鼠标光标形状变为 ⊕，此时按住鼠标左键并拖曳鼠标可以使物体模型视图在窗口中上下左右平移。再次单击该操作按钮或者按 Esc 键，可以退出该操作。

- **Rotate around model center**：物体模型视图沿着模型中心旋转显示操作。单击该操作按钮后，在三维模型窗口中鼠标光标形状变为 ，此时按住鼠标左键并拖曳鼠标可以使物体模型的视图以模型的中心为中心，沿着鼠标拖曳的方向转动。再次单击该操作按钮或者按 Esc 键，可以退出该操作。

- **Rotate around current axis** 和 **Rotate around screen center**：物体模型视图沿着坐标原点/屏幕中心旋转显示操作。该操作命令的功能和操作方式与 Rotate around model center 相同，唯一的不同点是 Rotate around current axis 操作是模型视图沿着当前使用坐标系的坐标原点旋转，而 Rotate around screen center 操作是模型视图沿着三维模型窗口的中心旋转。

- **Zoom**：模型视图动态缩放操作。单击该操作按钮后，在三维模型窗口按住鼠标左键并拖曳鼠标可以动态放大和缩小显示物体模型；鼠标向上拖曳为放大显示，鼠标向下拖曳为缩小显示。再次单击该操作按钮或者按 Esc 键，可以退出该操作。

- **Zoom In** 和 **Zoom Out**：模型视图的放大和缩小操作。单击该操作按钮，按住鼠标左键在三维模型窗口中拉出一个矩形框，则 Zoom In 操作会放大矩形框至满屏，矩形框内的所有物体模型也相应地放大；Zoom Out 操作会按照该矩形框在整个三维模型窗口所占的比例将模型缩小显示。

- **Fit All Views**：适合窗口大小，全屏显示所有可见物体模型。

- **Fit Selection**：适合窗口大小，全屏显示选中的物体模型。该操作需要选中物体模型后方可激活。

　　由于改变视图在物体建模过程中是很常用的操作，所以 HFSS 除了在工具栏上提供快捷方式外，还提供了非常便捷的快捷键。用户在按住相应快捷键的同时按住鼠标左键并拖曳鼠标即可完成旋转、平移和动态缩放操作。

- **Shift** +拖曳鼠标：对应"视图平移操作"。
- **Alt** +拖曳鼠标：对应"旋转视图操作"。
- **Alt** + **Shift** +拖曳鼠标：对应"视图动态缩放操作"。

　　此外，系统中还预先设定了 9 种不同的视角，如图 4.23 所示。按住 **Alt** 键的同时在三维模型窗口中的相应位置双击鼠标，即可从相应的视角显示物体模型。

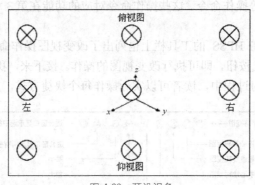

▲图 4.23 预设视角

4.4.2 显示和隐藏物体模型

显示和隐藏物体模型的操作命令也位于 HFSS 的 View 下拉菜单中，包括 Hide Selection、Show Selection、Show All 和 Active View Visibility 等操作命令。关于这 4 个操作命令所对应的功能在第 3 章 View 菜单小节也有简单的说明。这里重点说明一下 Active View Visibility 操作命令。

从主菜单栏选择【View】→【Active View Visibility】命令，或者单击工具栏的 ⊙ 按钮，可以打开图 4.24 所示的 Active View Visibility 对话框。在该对话框中可以设置物体模型、边界条件和端口激励等的可见性。例如，在图示对话框的 3D Modeler 选项卡界面，列出了当前设计中所有的模型名称，选中 Visibility 列的复选框表示显示该物体模型，反之，不选中 Visibility 列的复选框则表示隐藏该物体模型。

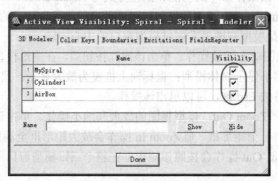

▲图 4.24 Active View Visibility 对话框

4.5 选择模式与操作

选择目标对象是 HFSS 最基本的操作之一，因为要执行命令就离不开选择目标对象。本节我们就来详细介绍 HFSS 中的选择操作。读者在阅读本节的同时应注意结合实际操作，做到熟练掌握。

4.5.1 选择模式

在讲解具体的选择操作之前，我们首先来介绍一下选择对象的类型。在 HFSS 中有 5 种选择模式，选择不同的选择对象类型，分别为物体（Object）模式、表面（Face）模式、棱边（Edge）模式、顶点（Vertex）模式和多种对象（Multi）模式。其中，Object 模式表示选择整个物体模型，Face 模式表示选择三维物体的表面，Edge 模式表示选择物体的棱边，Vertex 模式表示选择物体的顶点，

Multi 模式表示可以同时选择物体、表面、棱边或顶点多种对象类型。对于 Multi 模式，可通过从主菜单栏选择【Edit】→【Select】→【Multi Mode Setting】操作命令，打开图 4.25 所示的对话框，来设置可以同时选择的对象类型。

通常，系统默认的是选择物体（Object）模式，通过主菜单【Edit】→【Select】命令可以更改或切换不同的选择模式。为了快速地切换不同的选择模式，HFSS 还提供了两种更加方便快捷的切换方式。一是在三维模型窗口单击鼠标右键，从右键弹出菜单的最上方选择不同的选择模式，如图 4.26 所示；二是 HFSS 系统给每个选择模式定义了快捷键，快捷键就是选择对象的首字母，如选择物体（Object）模式的快捷键是 O，选择表面（Face）模式的快捷键是 F，选择棱边（Edge）模式的快捷键是 E，选择顶点（Vertice）模式的快捷键是 V，选择多种对象（Multi）模式的快捷键是 M，通过这几个快捷键可以快速地切换不同的选择模式。

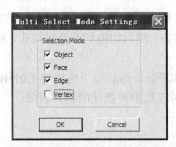

▲图 4.25　Multi 选择类型设置　　　　　▲图 4.26　右键菜单中的选择模式切换命令

4.5.2　选择操作

执行选择操作之前，用户首先需要根据不同的选择对象切换选择模式。例如，如果您需要选择物体模型，那么首先需要切换到选择物体模式。切换到正确的选择模式之后，最简单的选择操作方式是在三维模型窗口移动鼠标光标到待选择的目标物体上，然后单击鼠标左键即可选中此物体，物体选中后会高亮显示。

1. 通过操作历史树选择物体

在 HFSS 中，每次创建了一个物体之后，该物体都会添加到操作历史树中。展开操作历史树，可以找到当前设计中创建的所有物体模型的名称。在操作历史树中找到并单击相应的物体名称，即可选中该物体，如图 4.27 所示。

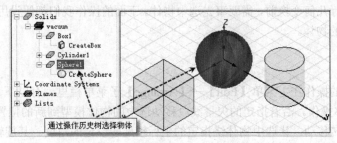

▲图 4.27　通过操作历史树选择物体

2. 通过名称选择物体

从主菜单栏选择【Edit】→【Select】→【By Name】操作命令，可以打开如图 4.28 所示的 Select Object 对话框；在该对话框的物体列表中点击物体的名称，即可选中该物体；选中后单击 OK 按钮结束。

3. 选择被挡住的物体表面

如果需要选择的物体表面位于其他物体之后，或者需要选择的物体表面位于视图的背面，此时可以旋转视图，让之前被挡住的物体表面处于未被遮挡状态，然后切换到面选择模式，移动鼠标光标单击选择。

如果不改变当前视图，可以首先选中未被遮挡的物体表面，然后按下快捷键 **Ctrl+B** 或者在图 4.26 所示右键菜单中选择【**Next Behind**】操作命令，也可以选中被挡住的物体表面。

4. 选择所有可见物体

从主菜单栏选择【**Edit**】→【**Select All**】，或者使用快捷键 **Ctrl+A**，可以选中三维模型窗口中所有可见的物体。

4.5.3　多重选择

按住 **Ctrl** 键，然后进行选择操作，可以实现同时选择多个物体。另外，按下 **Ctrl** 键，单击鼠标左键，对于已经选中的物体可以取消选择，或者取消后重新选中。

4.6　物体模型的几何变换

到目前为止，我们已经学习了在 HFSS 中如何创建基本模型、如何改变模型视图以及如何选择物体等内容，接下来我们将讨论更高级的操作——模型的几何变换。模型的几何变换包括如何移动物体模型、如何复制物体模型以及如何改变物体模型的大小等操作。

对物体模型进行几何变换前，需要事先选中物体。下面的操作我们都假设用户已经事先选中了需要进行几何变换的物体。

1. 移动物体

移动物体模型的操作在主菜单【**Edit**】→【**Arrange**】子菜单栏里，有以下 3 种移动方式。

Move：平移操作。沿着指定的矢量线段移动选中的物体模型到新的位置。

Rotate：旋转移动。让选中物体绕指定的坐标轴旋转设定的角度。其旋转中心为坐标原点，旋转围绕的坐标轴和旋转角度在执行该项操作命令后所弹出的对话框中设定。从主菜单栏选择【**Edit**】→【**Arrange**】→【**Rotate**】命令，执行旋转操作后，会弹出如图 4.29 所示的 Rotate 对话框，在该对话框中可以设置旋转围绕的坐标轴和旋转角度。例如，对话框中，Axis 项选择 Z，Angle 项输入 90deg，则表示物体模型以坐标原点为中心，绕 z 轴旋转 90°。

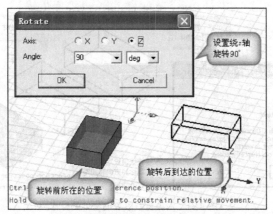

▲图 4.29　旋转物体操作

Mirror：镜像移动。移动选中的物体到设定平面的镜像位置。选择该操作命令后，需要通过两个点来设定镜像平面。镜像平面的具体设定过程如下：首先，在三维模型窗口单击鼠标左键或者在状态栏输入准确坐标值确定第一个点，该点为镜像平面经过的一个点；然后移动鼠标光标到第二个点的位置，单击左键确定，这两个点构成的矢量线段即为镜像平面的法向量；由镜像平面内的一点和镜像平面的法向量即可确定镜像平面的位置。镜像移动操作如图 4.30 所示。

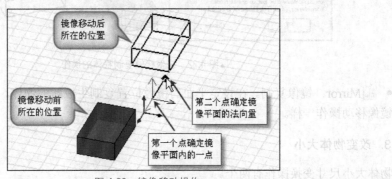

▲图 4.30　镜像移动操作

2．复制物体

复制物体的操作命令在主菜单【Edit】→【Duplicate】子菜单栏里，有以下 3 种复制方式。

- Along Line：沿着矢量线段复制生成新的物体模型。该操作通过两个点确定的矢量线段来设定复制生成的新物体相对于原物体的距离和方向，矢量线段的方向即为复制生成的新物体相对于原物体的方向，矢量线段的长度即为新物体相对于原物体的距离。执行该操作命令并设定好矢量线段后，会弹出如图 4.31 所示的 Duplicate along line 对话框，在该对话框中可以设置复制生成物体模型的个数，这里设置的个数是被复制物体和通过复制操作所生成物体的总数。例如，此处输入 2 表示要复制一个物体，输入 3 表示要复制两个物体，依此类推。

- Around Axis：绕坐标轴复制生成新的物体模型。该操作是以坐标原点为中心，以设定的角度绕 x、y、z 轴复制选中的物体，生成新的物体，如图 4.32 所示。角度、坐标轴以及复制的物体个数可以在弹出的 Duplicate Around Axis 对话框中设置。其中，输入负值角度表示复制的物体按顺时针方向排列，输入正值角度表示复制的物体按逆时针方向排列。

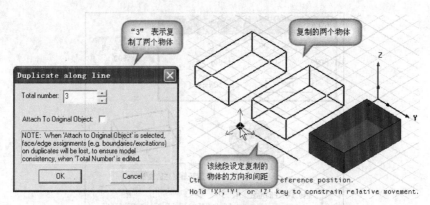

▲图 4.31　沿矢量线段复制物体的操作

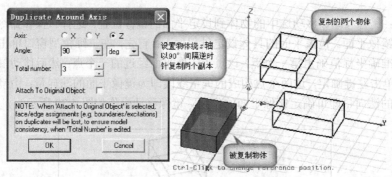

▲图 4.32　绕坐标轴复制物体的操作

- Mirror：镜像复制。在设定平面的镜像位置复制生成新的物体。该操作中镜像平面的设定和镜像移动操作一样。

3. 改变物体大小

物体大小尺寸变换操作有两个。

（1）通过【Edit】→【Arrange】→【Offset】操作，在 x、y、z 轴方向上以同样的大小增大或减小物体尺寸。执行该操作命令会弹出如图 4.33 所示的 Offset 对话框，要求用户输入物体尺寸的改变量，其中输入负数表示物体尺寸减小的值，输入正数表示物体尺寸增大的值。例如在弹出对话中输入 2cm，则表示物体在 x、y、z 轴方向上都增大 2cm。

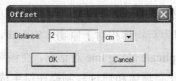

▲图 4.33　Offset 对话框

（2）通过【Edit】→【Scale】操作，在 x、y、z 轴方向上以不同的倍数增大或减小物体尺寸，x、y、z 轴方向上增大或减小的物体尺寸倍数可以分别设置。执行该操作命令会弹出如图 4.34 所示的 Scale 对话框，要求用户输入物体尺寸的改变倍数。对话框中，Scale factor for X、Scale factor for Y 和 Scale factor for Z 分别表示选中的物体模型在 x、y 和 z 轴方向上的大小尺寸改变倍数。例如，图 4.34 所示的 Scale 对话框中，Scale factor for X、Scale factor for Y 和 Scale factor for Z 的值分别为

1、2 和 1.5，表示选中的物体模型尺寸在 x 轴方向不变，在 y 轴方向增大 2 倍，在 z 轴方向增大 1.5 倍。

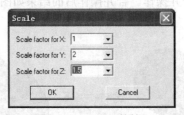

▲图 4.34　Scale 对话框

> **注意**　几何变换中的物体平移（Move）、旋转（Rotate）以及缩放（Scale）操作和 4.4 节改变视图中的平移（Pan）、旋转（Rotate）以及缩放（Zoom）操作是完全不同的。几何变换的相关操作命令都在【Edit】下拉菜单中，而改变视图的相关操作命令是在【View】下拉菜单中。几何变换中的平移、旋转操作命令是把物体模型从原先的位置移动到新的位置，也就是说物体的位置坐标已经改变；而改变视图里的平移、旋转操作只是让用户从不同的视角去观察物体，其坐标位置并没有变化。同样，几何变换里的缩放操作是改变了物体模型的实际大小尺寸，而改变视图的缩放操作并没有改变物体模型的尺寸，只是改变了物体的显示方式。

4.7　物体模型的布尔运算操作

HFSS 中所有复杂的物体模型都可以由基本物体模型通过布尔运算操作来创建。布尔运算操作命令在主菜单【Modeler】→【Boolean】子菜单下，包括以下 6 种。

- Unite：合并操作，合并多个物体模型生成一个新的物体。
- Subtract：相减操作，用一个物体减去另一个物体。
- Intersect：相交操作，截取选中的多个物体的公共部分。
- Split：分裂操作，沿 xy、yz 或 xz 坐标平面将物体分成两部分。
- Imprint：铭刻操作，选中两个有重叠的物体，把重叠部分映射到物体表面上。
- Imprint Projection：投影操作，把选中的平面物体投影到另一个选中的物体上。

下面我们通过两个基本物体模型——长方体和球体来具体演示布尔操作。长方体和球体的相对位置如图 4.35 所示，长方体（Box1）和球体（Sphere1）是相互独立的两个物体，二者有一部分相互重叠。

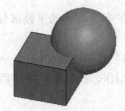

▲图 4.35　布尔操作前的长方体和球体

1. 合并操作

合并操作（Unite）是合并选中的多个物体生成一个新的物体，合并操作后新生成的物体的名称、材质、透明度等属性与第一个被选中物体的属性相同。

同时选中长方体和球体，从主菜单栏选择【Modeler】→【Boolean】→【Unite】操作命令，或者单击工具栏的回按钮，执行合并操作。合并操作后的结果如图 4.36 所示，原先两个彼此独立的物体变成了一个整体。

▲图 4.36　合并操作

2. 相减操作

相减操作（Subtract）是用一个物体减去另一个物体。按先后次序同时选中长方体和球体，从主菜单栏选择【Modeler】→【Boolean】→【Subtract】操作命令，或者单击工具栏的回按钮，弹出图 4.37 所示的相减操作对话框，进行相减操作的相关设置。在该对话框中，Blank Parts 栏表示原物体，Tool Parts 栏表示被减去的物体，执行相减操作就是使用 Blank Parts 栏的物体减去 Tool Parts 栏的物体。第一个选中的物体默认为原物体，位于 Blank Parts 栏；第二个选中的物体默认为被减去的物体，位于 Tool Parts 栏。新生成物体的名称和属性与 Blank Parts 栏的原物体一致。对话框中 Clone tool objects before subtracting 复选框表示是否保留被减去物体，选中该复选框表示在相减操作后保留被减去的物体。

执行相减操作后的结果如图 4.38 所示。

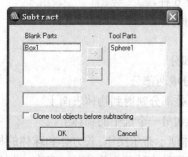

▲图 4.37　相减操作对话框

▲图 4.38　相减操作

3. 相交操作

相交操作（Intersect）是截取选中的多个物体的重叠部分生成一个新物体，新物体的名称和属性与第一个选中的物体一致。

同时选中长方体和球体，从主菜单栏选择【Modeler】→【Boolean】→【Intersect】操作命令，或者单击工具栏的回按钮，执行相交操作。执行相交操作后的结果如图 4.39 所示。

4. 分裂操作

分裂操作（Split）是沿 xy、yz 或 xz 坐标平面将选中物体分成两部分，之后可以选择同时保留这两个部分或者只保留物体位于 xy、yz 或 xz 坐标平面某一侧的部分。

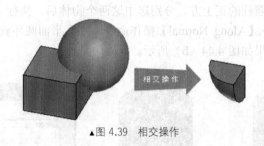

▲图 4.39　相交操作

选中一个物体，从主菜单栏选择【Modeler】→【Boolean】→【Split】操作命令，或者单击工具栏的 ▣ 按钮，打开图 4.40 所示的分裂操作对话框，进行分裂操作的相关设置。在该对话框中，Split plane 项是选择 *xy*、*yz* 或 *xz* 坐标平面；Keep fragments 项是设定保留位于坐标平面哪一侧的物体，选择 Positive side 表示保留的物体部分位于坐标平面正侧，选择 Negative side 表示保留的物体部分位于坐标平面负侧，选择 Both 表示把物体沿着选择的坐标平面分成两部分，两部分都保留；Split Objects 项是选择该操作是只应用于当前选中的物体还是应用于穿过所选择的坐标平面上的所有物体。例如，图 4.40 所示的设置是指保留物体位于 *xy* 平面上方的部分。

圆心位于坐标原点的球体按照图 4.40 的设置进行分裂操作后的结果如图 4.41 所示。

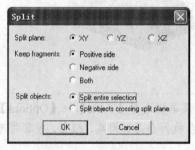

▲图 4.40　分裂操作对话框

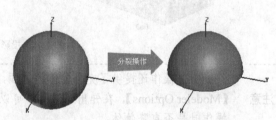

▲图 4.41　分裂操作

5. 铭刻操作（Imprint）

铭刻操作（Imprint）是选中两个有重叠的物体，把重叠部分映射到物体表面上。按先后次序，依次选中图 4.42（a）所示的圆柱体 Cylinder 和六棱柱 Prism，然后从主菜单栏选择【Modeler】→【Boolean】→【Imprint】操作命令，或者单击工具栏的 ▣ 按钮，此时会弹出图 4.43 所示的 Imprint 对话框，进行 Imprint 操作的相关设置。在该对话框中，Blank Parts 栏表示需要保留的原物体，Tool Parts 栏表示重叠映射的物体。执行铭刻操作后，Blank Parts 栏的物体保留，Blank Parts 栏和 Tool Parts 栏的两个物体重叠部分映射到 Blank Parts 栏物体表面。其中，第一个选中的物体默认为原物体，位于 Blank Parts 栏；后续被选中的物体位于 Tool Parts 栏。新生成物体的名称和属性与 Blank Parts 栏的原物体一致。对话框中 Clone tool objects before subtracting 复选框表示是否保留 Tool Parts 栏的物体，选中该复选框表示在铭刻操作后保留 Tool Parts 栏的物体，反之则不保留。

执行铭刻操作后的结果如图 4.42（b）所示。

6. 投影操作（Imprint Projection）

投影操作（Imprint Projection）是把一个平面物体投影到另一个物体的表面上，有 Along Normal 和 Along Direction 两种操作方式。其中，Along Normal 操作方式是沿着选中平面的法线方向投影，Along Direction 是沿着用户设定的方向投影。例如，图 4.44（a）所示的两个物体：平面圆环和半圆柱体，平面圆环位于半圆柱的正上方。分别选中这两个物体后，执行【Modeler】→【Boolean】→【Imprint Projection】→【Along Normal】操作命令，那么平面圆环就会投影到半圆柱体的表面上。执行投影操作后的结果如图 4.44（b）所示。

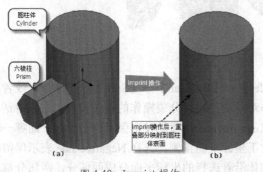

▲图 4.42　Imprint 操作

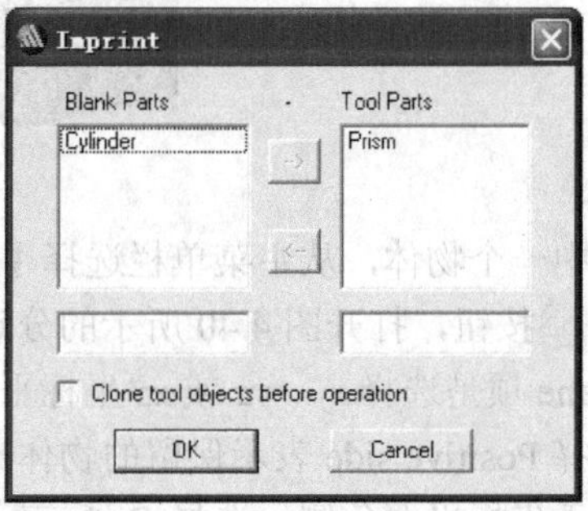

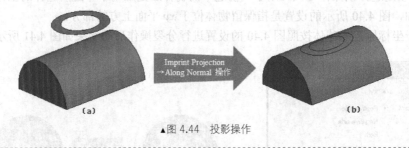

▲图 4.43　Imprint 操作对话框

▲图 4.44　投影操作

> **注意**　布尔操作还提供了克隆物体的选项，从主菜单栏选择【Tools】→【Options】→【Modeler Options】，在弹出对话框中可以设置在执行合并、相减、相交、投影等布尔操作时是否克隆物体。

4.8　HFSS 中的坐标系

　　除了几何变换操作和布尔操作之外，在 HFSS 中能够熟练创建和使用局部坐标系（Local Coordinate System）也会给创建复杂结构的物体模型提供很大的灵活性。HFSS 中有 3 种类型的坐标系统：全局坐标系（Global Coordinate System）、相对坐标系（Relative Coordinate System）和面坐标系（Face Coordinate System）。

　　全局坐标系：系统默认的固定坐标系。

　　相对坐标系：用户基于当前工作坐标系（可以是全局坐标系或者是已定义局部坐标系）平移一定距离或者旋转一定角度而定义的局部坐标系，有偏移（Offset）、旋转（Rotate）以及既偏移又旋转（Both）3 种定义方式。

　　面坐标系：用户定义在物体表面上的局部坐标系；当基准物体表面位置改变后，基于该面坐标系创建的所有物体都将随之更新。

　　系统默认的全局坐标系和用户定义的相对坐标系或面坐标系都会显示在三维模型窗口左侧的操作历史树中。展开操作历史树的 Coordinate Systems，即可显示出当前设计中定义的所有的坐标系名称。单击坐标系名称可以把该坐标系设置为当前工作坐标系（Working Coordinate System），在操作历史树中当前工作坐标系左下侧有个红色的"w"标识，如图 4.45 所示的当前工作坐标系即为

FaceCS1。

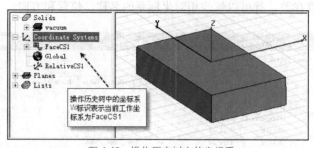

前面各章节中关于创建物体模型的讲解都是基于系统默认的全局坐标系的,下面我们来讲解如何定义并使用相对坐标系和面坐标系这两种局部坐标系。

4.8.1　相对坐标系

相对坐标系是用户基于当前工作坐标系偏移一定距离或者旋转一定角度后定义的新的局部坐标系,有偏移(Offset)、旋转(Rotate)和既偏移又旋转(Both)3 种定义方式。其中,偏移方式是指新定义的局部坐标系相对于当前工作坐标系在三维空间中平移了一定的距离;旋转方式是指新定义的局部坐标系相对于当前工作坐标系旋转了一定的角度(二者的坐标原点在同一位置);既偏移又旋转方式是指新定义的局部坐标系相对于当前工作坐标系在三维空间中平移了一定的距离后又旋转了一定的角度。使用相对坐标系可以更加灵活地创建物体模型,基于某个相对坐标系所创建的物体模型,其位置会随着该坐标系位置的改变而改变。

从主菜单栏单击【Modeler】→【Coordinate System】→【Relative CS】→【Create】操作命令,可以选择以 Offset、Rotate、Both 3 种不同的方式定义新的相对坐标系;或者也可以通过工具栏上的快捷方式来定义新的相对坐标系,Offset、Rotate、Both 这 3 种方式对应的工具栏上的快捷按钮分别为 [图]、[图]、[图]。

下面以 Offset 方式为例说明定义相对坐标系的具体步骤。

(1)确定所定义相对坐标系的参考坐标系。在操作历史树中展开 Coordinate Systems,单击该参考坐标系名称,设置其为工作坐标系。

(2)从主菜单栏选择【Modeler】→【Coordinate System】→【Relative CS】→【Create】→【Offset】操作命令,或者单击工具栏的 [图],进入创建相对坐标系的状态。

(3)在三维模型窗口的某一点单击鼠标左键设置相对坐标系的坐标原点,或者通过工作界面最下方的状态栏输入 x、y、z 的坐标值然后按下回车键设置相对坐标系的坐标原点。

通过上面 3 个步骤即定义了一个 Offset 方式的相对坐标系。设置完成后,新定义的相对坐标系会自动添加到操作历史树的 Coordinate Systems 节点下,默认的名称为 RelativeCSn (注:n 表示整数 1,2,3…,设计中定义的第一个相对坐标系会自动命名为 RelativeCS1,第二个相对坐标系会自动命名为 RelativeCS2,依此类推)。同时,系统自动设置最新定义的坐标系为当前工作坐标系,随后创建的物体模型都是基于该相对坐标系创建的。

在 HFSS 中,所有相对坐标系都可以根据需要更改其位置或方向。相对坐标系的位置或方向更改后,基于该坐标系创建的物体模型的位置或方向也会随之更改。编辑或更改相对坐标系步骤如下。

展开操作历史树 Coordinate Systems 节点,双击 Coordinate Systems 节点下需要修改的相对坐标系名称,此时会打开如图 4.46 所示的相对坐标系的属性对话框,显示该相对坐标系的属性参数。在该对话框中,Name 项表示相对坐标系的名称,Reference CS 项代表的是定义该相对坐标系所使用的参考坐标系，**Origin** 项是相对坐标系的原点坐标，**X Axis** 和 **Y Point** 是相对坐标系 x 轴和 y 轴的方向；更改这些属性参数，就可以修改相对坐标系的名称、位置和方向。

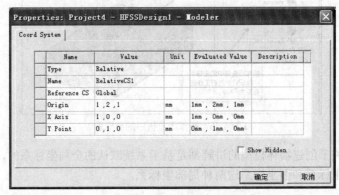

▲图 4.46　相对坐标系属性对话框

4.8.2　面坐标系

面坐标系是指用户定义在某个物体表面上的局部坐标系，面坐标系的位置与该物体表面的位置相关，如果该物体表面的位置发生改变，那么面坐标系的位置也会随之改变，同时基于该面坐标系创建的所有物体位置也都将随之更新。例如，图 4.47 所示的面坐标系是定义在长方体上表面上，基于该面坐标系创建了一个圆锥体；此时，当长方体的高度变化后，圆锥体的位置也随之自动改变。

改变长方体的高度，圆锥体随着面坐标系自动移动

▲图 4.47　面坐标系物体位置更新示例

定义和创建面坐标系的具体步骤如下。

（1）选中物体表面。

（2）从主菜单栏选择【Modeler】→【Coordinate System】→【Relative CS】→【Create】→【Face CS】操作命令，或者单击工具栏的 ⊡ 按钮，执行面坐标定义命令。

（3）在选中的物体表面上单击鼠标左键，设定面坐标系的坐标原点。

（4）在选中的物体表面上移动鼠标光标并再次单击鼠标左键确定面坐标系的 x 轴方向，完成面坐标系的设置。

面坐标系的设置过程如图 4.48 所示。

1.选择物体表面　　2.选择工具栏面坐标系快捷按钮　　3.设置坐标原点　　4.设置 x 轴

▲图 4.48　面坐标系定义步骤

和相对坐标系一样，面坐标系在设置完成后，会自动添加到操作历史树的 Coordinate Systems 节点下，默认的名称为 FaceCS*n*。

4.9 建模相关选项的设置

从主菜单栏选择【Tools】→【Options】→【Modeler Options】操作命令，打开 3D Modeler Options 对话框，在这里可以对与建模相关的一些默认选项进行设置，比如克隆选项、物体的默认颜色、鼠标光标默认的捕捉模式等。

单击对话框的 Operation 选项卡，如图 4.49 所示，对话框中部分常用选项的含义说明如下。

● Clone 选项：设置物体在执行合并（Unite）、相减（Subtract）、相交（Intersect）操作、铭刻（Imprint）操作和投影（Imprint Projection）操作后是否保留原物体；选中复选框表示保留原物体，不选中复选框表示不保留原物体。

● Polyline 选项：设置创建的闭合曲线是否自动生成面模型；选中 Automatically cover closed polyline 复选框表示创建的闭合曲线自动转化成面模型，不选中该复选框表示创建的闭合曲线依然是线模型。

● History Tree 选项：设置操作历史树的相关状态。选中"Select last command on object"复选框，表示每次建模操作后，操作历史树中会选中最后一次操作相关的物体或命令。选中"Expand history tree on object"该复选框，表示在三维模型窗口选中物体时，操作历史树中对应的物体名称和操作记录会自动展开；反之则不展开。

单击对话框 Display 选项卡，如图 4.50 所示，该选项卡界面可以设置物体默认的显示方式，其中部分常用选项的含义说明如下。

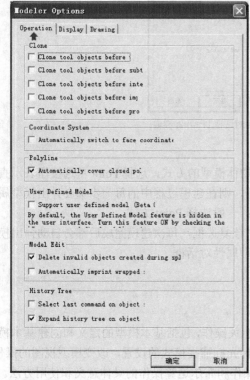

▲图 4.49 Modeler Options 对话框 Operation 界面

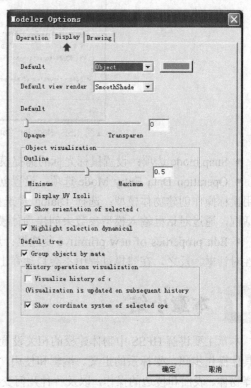

▲图 4.50 Modeler Options 对话框 Display 界面

● Default Color 选项：设置物体的默认颜色。

● Default view render 选项：设置物体的默认显示方式，可以选择以实体形式显示（SmoothShade）或者以边框形式显示（WireFrame）。

● Default Transparent 选项：设置物体的默认透明度，数值在 0 到 1 之间，0 表示不透明，1 表示全透明。

● Display UV Isoline 复选框：设置是否显示 UV 坐标系。

● Show orientation of selected object 复选框：选中该复选框，显示选中物体所使用的坐标系；反之则不显示。

● Highlight selection dynamically 复选框：选中该复选框，高亮显示选中的物体。

● Default tree：设置操作历史树中物体的分组排列方式。选中 Group objects by material 复选框表示设置操作历史树物体中相同材料的物体排列在一起。

单击对话框 Drawing 选项卡，如图 4.51 所示，该选项卡界面可以设置鼠标光标在三维模型窗口的移动方式和建模相关操作，其中部分常用选项的含义说明如下。

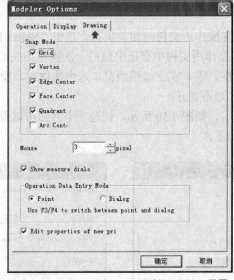

▲图 4.51 Modeler Options 对话框 Drawing 界面

● Snap mode 选项：设置鼠标光标的捕捉模式。

● Operation Data Entry Mode 选项：设置创建物体模型的方式，选择 Point 单选按钮表示直接使用鼠标操作创建物体模型；选择 Dialog 单选按钮，则在建模过程中的每一步都会弹出模型属性对话框，通过对话框输入模型参数来创建物体模型；一般选择 Point 方式。

● Edit properties of new primitive 复选框：选中该复选框，每次建模完成后都会自动弹出模型属性对话框。反之，在建模过程中不会自动弹出模型属性对话框。

4.10 本章小结

本章主要讲解 HFSS 中物体建模的相关设置和相关操作，包括基本模型的定义和创建基本模型的具体操作步骤，坐标系的定义、编辑和使用，鼠标光标捕捉模式的设置，改变模型视图的操作、选择物体、表面和棱边的操作，以及各种几何变换操作和布尔运算操作的具体意义和使用方法。通过本章的学习，希望读者能够熟练地使用 HFSS 创建出各种物体模型。

第 5 章 边界条件和激励

上一章我们学习了 HFSS 设计建模的相关设置和操作步骤。构建出设计模型是 HFSS 仿真设计工作的第一步，接下来还需要给设计模型指定正确的边界条件和激励方式。边界条件确定场，边界条件和激励方式的使用是 HFSS 仿真设计中最重要的一环，理解和掌握了 HFSS 中边界条件、激励方式的定义和应用也就理解和掌握了 HFSS 电磁仿真设计的精髓。

本章就来讲解 HFSS 中各种边界条件和激励方式的定义和应用。通过本章的学习希望读者能够熟练掌握、正确应用各种边界条件和激励方式。

在本章，读者可以学到以下内容。

- HFSS 中边界条件的定义和类型。
- HFSS 中激励方式的定义和类型。
- HFSS 中各种边界条件的设置步骤。
- HFSS 中各种激励方式的设置步骤。
- HFSS 中端口阻抗的 3 种计算方式。
- 对称面的选取、阻抗倍乘器的使用。
- 辐射边界条件的准确性。
- 什么是积分校准线。
- 什么是终端线。
- 波端口激励的端口平移功能。
- 波端口激励端口尺寸经验值。
- 模式驱动和终端驱动求解类型下，波端口和集总端口激励设置的异同。

5.1 概述

在电磁问题的分析中，边界条件定义了求解区域边界以及不同物体交界处的电磁场特性，是求解麦克斯韦方程的基础。

我们知道，电磁场问题的求解都归结于麦克斯韦（Maxwell）方程组的求解。HFSS 中波动方程的求解同样是由微分形式的麦克斯韦方程推导而来的。只有在假定场矢量是单值、有界并且沿空间连续分布的前提下，微分形式的麦克斯韦方程组才是有效的；而在求解区域的边界、不同介质的交界处以及场源处，场矢量是不连续的，此时场的导数也就失去了意义。边界条件就是定义跨越不连续边界处的电磁场的特性，因此，正确地理解、定义并设置边界条件，是正确使用 HFSS 仿真分析模型电磁场特性的前提。

使用 HFSS 时，用户应该时刻意识到：边界条件确定场。正确地使用边界条件，是 HFSS 能够仿真计算出准确结果的前提。而且，有时通过边界条件的使用，还可以很好地降低模型的复杂度。实际上，HFSS 自动地使用边界条件来简化模型的复杂性。例如，HFSS 在求解问题时，都是把物体存在的空间当做一个虚拟的原型空间；与边界为无限大的真实世界不同，为了实际计算的需要，虚拟原型空间被设置成有限大的；HFSS 中，通过给这个有限大的原型空间分配特定的边界条件来模拟无限大的真实空间。

激励也是边界条件的一种，激励端口是一种允许能量进入或流出几何结构的特殊边界条件类型。

下面详细介绍 HFSS 中边界条件和激励的类型、定义和设置操作步骤。

5.2 边界条件的类型和设置

HFSS 中定义了多种边界条件类型，包括理想导体边界条件（Perfect E）、理想磁边界条件（Perfect H）、有限导体边界条件（Finite Conductivity）、辐射边界条件（Radiation）、对称边界条件（Symmetry）、阻抗边界条件（Impedance）、集总 RLC 边界条件（Lumped RLC）、无限地平面（Infinite Ground Plane）、主从边界条件（Master and Slave）、理想匹配层（PML）和分层阻抗边界条件（Layered Impedance）。

在三维模型窗口单击鼠标右键，从弹出菜单中选择【Assign Boundary】操作命令，即可打开 HFSS 中使用的所有边界条件的列表，如图 5.1 所示。

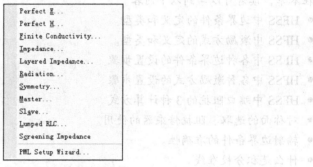

▲图 5.1　HFSS 中的边界条件

5.2.1　理想导体边界条件

Perfect E 是理想电导体边界条件，或简称为理想导体边界条件。这种边界条件的电场矢量（E-Field）垂直于物体表面。在 HFSS 中，如下两种情况下的物体边界会被自动设置为理想导体边界条件。

（1）任何与背景相关联的物体表面都将被自动定义为理想导体边界，并自动命名为外部（Outer）边界条件；这种情况下，HFSS 假定整个结构被理想导体壁包围着。

（2）材料属性设定为理想电导体（PEC）的物体模型表面会被自动定义为理想导体边界，并命名为 smetal 边界条件。

> ● **HFSS 中背景的定义：**
>
> 　　所谓背景是指几何模型周围没有被任何物体占据的空间，默认情况下，任何与背景有关联的物体表面都被自动定义为理想导体边界，并命名为外部（Outer）边界条件。在 HFSS 中，可以把几何结构想象为外面包围着一层理想导体材料。如果有需要，用户也可以重新设置与背景相关联的物体表面的边界条件，使其与默认的理想导体边界不同。例如，使用 HFSS 分析天线问题时，与背景相关联的物体表面需要设置为辐射边界条件或者 PML 边界条件。

理想导体边界条件的设置操作步骤如下。

（1）选中需要设置为理想导体边界条件的物体表面。

（2）从主菜单栏选择【HFSS】→【Boundaries】→【Assign】→【Perfect E】操作命令，或者在三维模型窗口内单击鼠标右键，从弹出菜单中选择【Assign Boundary】→【Perfect E】操作命令，打开图 5.2 所示的理想导体边界条件设置对话框。

（3）在该对话框中，Name 栏输入理想导体边界的名称，默认名称为 PerfEn；Infinite Ground Plane 复选框表示是否需要将该理想导体边界设置为无限大地平面边界；最后单击 OK 按钮，完成理想导体边界条件的设置。

> **注**　关于无限地平面边界（Infinite Ground Plane）的定义参见本章 5.2.9 小节。

（4）设置完成后，边界条件的名称会自动添加到工程树中的 Boundaries 节点下。

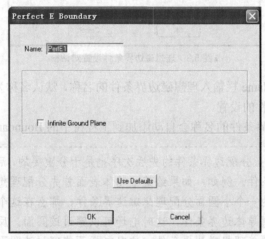

▲图 5.2　理想导体边界条件设置对话框

> **注**　HFSS 中边界条件和激励的默认名称，用户可以自己设置或修改。通过菜单命令项【HFSS】→【Boundaries】→【Set Default Base Name】，即可以编辑和修改默认的边界条件和激励的名称。

5.2.2　理想磁边界条件

Perfect H 是一种理想的磁边界条件，这种边界条件的电场矢量与物体表面相切，磁场矢量与物体表面垂直。需要说明的是，在真实世界中不存在理想磁边界，它只是理论上的约束条件。在 HFSS 中灵活应用理想磁边界条件，可以实现如下两个重要功能。

（1）在背景默认的理想导体边界条件上叠加理想磁边界条件，可以模拟开放的自由空间。

（2）在理想导体边界上叠加理想磁边界将去掉理想导体边界的特性，恢复所选择区域为其原先的材料特性；也就相当于在理想导体表面上开个口，允许电场穿过。例如，使用该功能可以模拟在地平面上开个孔允许同轴馈线进出。

对于理想磁边界叠加到理想导体边界的情况，我们也称之为自然边界条件。

理想磁边界条件的设置操作步骤如下。

（1）选中需要分配为理想磁边界条件的物体表面。

（2）从主菜单栏选择【HFSS】→【Boundaries】→【Assign】→【Perfect H】操作命令，或者

在三维模型窗口内单击鼠标右键，从弹出菜单中选择【Assign Boundary】→【Perfect H】操作命令，打开图 5.3 所示的理想磁边界条件设置对话框。

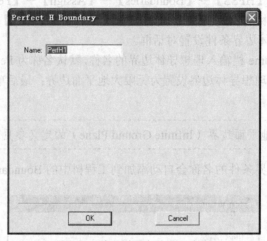

▲图 5.3　理想磁边界条件设置对话框

（3）在该对话框中，Name 栏输入理想磁边界条件的名称，默认名称为 PerfH*n*，然后单击 OK 按钮，完成理想磁边界条件的设置。

（4）设置完成后，边界条件的名称会自动添加到工程树中的 Boundaries 节点下。

注 在 HFSS 中，分配边界条件的先后次序也是十分重要的，后分配的边界条件优先于先分配的边界条件。例如，如果给某一物体表面首先分配理想导体边界条件，然后给位于该表面上的一个小圆面分配理想磁边界条件，那么在这个小圆面内，理想磁边界条件将取代理想导体边界条件，这时电场可以穿过该圆面。反向操作的话，则理想导体边界条件将覆盖理想磁边界条件，这时电场不能穿过该圆面。另外，在定义了边界条件之后，用户可以通过主菜单命令【HFSS】→【Boundaries】→【Reprioritize】，打开如图 5.4 所示的 Reprioritize Boundaries 对话框，重新调整边界条件的优先次序。在打开的对话框中，单击边界条件的左侧并按住鼠标上下拖曳即可调整边界条件的优先顺序。

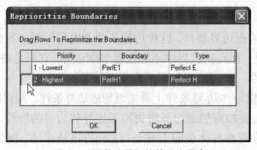

▲图 5.4　调整边界条件的优先顺序

5.2.3　有限导体边界条件

有限导体边界（Finite Conductivity）用来定义为有耗导体的物体表面，它是非理想的导体边界条件。非理想导体的表面电场存在切向分量，用以模拟表面的损耗。和有耗导体材料的定义相似，为了模拟有耗导体的表面损耗，在定义有限导体边界条件时，用户需要提供以西门子/米（S/m）为单位的损耗参数——电导率，据此可以计算表面电场的切向分量，即

$$E_{\tan} = Z_s\left(n \times H_{\tan}\right) \tag{5-2-1}$$

式中，Z_s 是边界的表面阻抗，$Z_s = (1+j)/\delta\sigma$；δ 是有耗导体的趋肤深度，$\delta = \sqrt{2/\omega\mu\sigma}$；$\omega$ 是电磁波的角频率；σ、μ 是需要用户提供的导体的电导率和磁导率；n 是表面法向单位矢量；$H_{\tan}$ 是磁场的表面切向分量。

有限导体边界条件只有在导体材料为良导体时才有效，也就是说在工作频率范围内，导体的厚度要远大于导体的趋肤深度。如果在工作频率范围内导体的厚度与导体的趋肤深度相当，则需要定义为 5.2.11 小节讲到的分层阻抗边界条件。任何良导体材料（如铜、铝等金属材料）的物体表面都自动地定义为有限导体边界。

有限导体边界条件的设置操作步骤如下。

（1）选中需要分配为有限导体边界条件的物体表面。

（2）从主菜单栏选择【HFSS】→【Boundaries】→【Assign】→【Finite Conductivity】操作命令，或者在三维模型窗口内单击鼠标右键，从弹出菜单中选择命令【Assign Boundary】→【Finite Conductivity】操作命令，打开如图 5.5 所示的有限导体边界条件设置对话框。

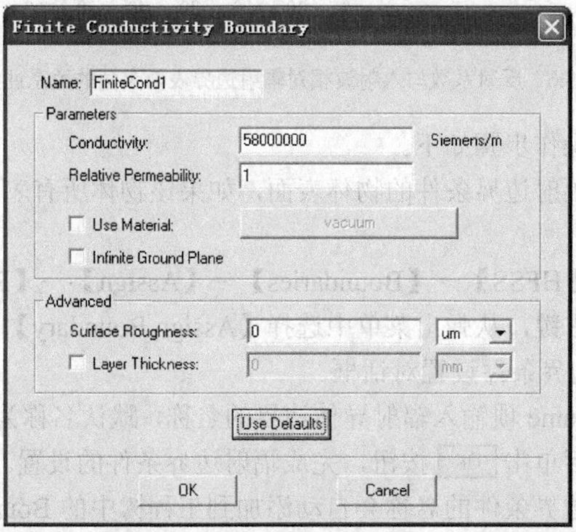

▲图 5.5 "有限导体边界条件设置"对话框

（3）在该对话框中，Name 栏输入有限导体边界条件的名称，默认名称为 FiniteCond$n$；Parameters 栏输入有限导体边界的电导率（Conductivity 项）和相对导磁率参数（Relative Permeability 项），或者选中 Use Material 复选框，从材料库中选择非理想导体材料作为有限导体边界的属性参数；Infinite Ground Plane 复选框表示是否需要将该理想导体边界设置为无限大地平面边界；Advanced 栏可以设置表面的粗糙度和表面厚度；最后单击 OK 按钮，完成有限导体边界条件的设置。

（4）设置完成后，该边界条件名称会自动添加到工程树中的 Boundaries 节点下。

5.2.4 辐射边界条件

辐射边界条件（Radiation）也称为吸收边界条件（Absorbing Boundary Condition，简称 ABC），系统在辐射边界处吸收了电磁波，本质上就可以把边界看成是延伸到空间无限远处。在 HFSS 分析辐射、散射类问题时使用辐射边界条件来模拟开放的自由空间，常用于天线问题的分析。在 HFSS 设计中定义了辐射边界条件后，软件会自动计算该设计的辐射场。需要注意的是，辐射边界表面需

以了便成有近1似的效果，另，以及义主圈等这边界上时，即需要真是其以上。

辐射边界条件是自由空间的近似，这种近似的准确程度取决于波的传播方向与辐射边界表面之间的角度以及辐射源与边界表面之间的距离。这里以 θ 表示波的传播方向和辐射边界表面之间的角度，则辐射边界的反射系数与 θ 之间的关系如图 5.6 所示。从图 5.6 可以看出，当波的传播方向与辐射边界表面正交，即 $\theta=0°$ 时，电磁能量几乎全部被边界吸收，反射系数最小，此时仿真计算结果最准确；当波的传播方向与辐射边界表面平行，即 $\theta=90°$ 时，电磁能量几乎全部被辐射边界反射回去，此时仿真计算结果的准确度最差。另外，通常情况下，为了保证计算结果的准确度，辐射边界距离辐射体应不小于 1/4 个工作波长。

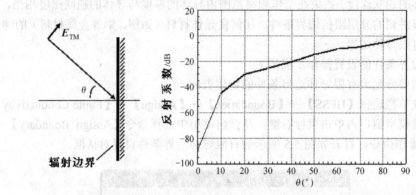

▲图 5.6 反射系数与入射波相对辐射边界表面夹角的关系曲线图

辐射边界条件的设置操作步骤如下。

（1）选中需要分配为辐射边界条件的物体表面，如果该物体所有表面都需要设置为辐射边界，可以直接选中该物体。

（2）从主菜单栏选择【HFSS】→【Boundaries】→【Assign】→【Radiation】操作命令，或者在三维模型窗口单击鼠标右键，从弹出菜单中选择【Assign Boundary】→【Radiation】操作命令，打开如图 5.7 所示的辐射边界条件设置对话框。

（3）在该对话框中，Name 项输入辐射导体边界的名称，默认名称为 Rad$n$；其他选项通常情况下保持默认设置即可；然后单击 OK 按钮，完成辐射边界条件的设置。

（4）设置完成后，该边界条件的名称会自动添加到工程树中的 Boundaries 节点下。

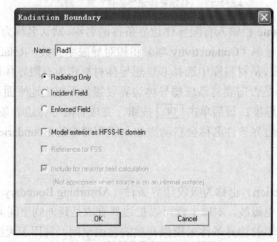

▲图 5.7 辐射边界条件设置对话框

5.2.5　对称边界条件

对称边界条件（Symmetry）用来模拟理想电壁对称面或者理想磁壁对称面。在 HFSS 中，应用对称边界条件，可以沿着对称面将模型一分为二，在建模时只创建模型的一个部分，这样能够减少物体模型的几何尺寸和设计的复杂性，有效地缩短问题求解的时间。

使用对称边界条件，在定义对称面时需要遵循以下几个原则。

（1）对称面必须暴露在背景中。

（2）对称面必须定义在平面表面上，不能定义在曲面上。

（3）同一个设计最多只能定义 3 个相互正交的对称面。

在应用对称边界条件之前，用户首先需要确定对称面的类型。HFSS 中有理想电壁和理想磁壁两种类型的对称面：如果电场垂直于对称面对称，那么就使用理想电壁对称面；如果磁场垂直于对称面对称，那么就使用理想磁壁对称面。图 5.8 所示的矩形波导截面能很好地说明这两种类型对称面的区别，图中给出了波导电场主模（TE_{10} 模）示意图。波导有两个对称面，一个是水平方向上经过波导中心的对称面，一个是竖直方向上经过波导中心的对称面。在水平方向的对称面上，电场垂直于该对称面且对称分布，磁场平行于该对称面且幅度不变，因此该平面为理想电壁对称面；在竖直方向的对称面上，磁场垂直于该对称面且对称分布，电场平行于该对称面且幅度不变，因此该平面为理想磁壁对称面。

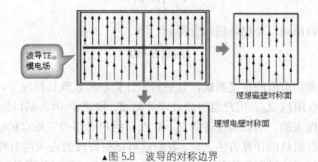

▲图 5.8　波导的对称边界

在 HFSS 中，应用对称边界条件，由于只需构造模型的一部分，端口的尺寸发生了变化，因此端口处的电压、电流和功率都有可能与完整的模型不同，进而影响到端口的特性阻抗。为了使在应用对称边界条件后，模型的端口特性和原端口保持一致，在定义对称边界条件时需要正确地设置图 5.9 所示的阻抗倍乘器（Impedance Multiplier）。

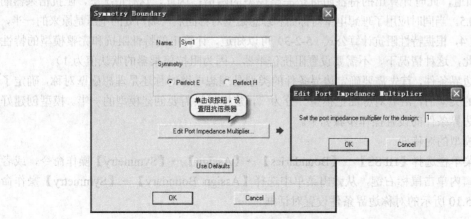

▲图 5.9　设置阻抗倍乘器

在讲解如何正确设置阻抗倍乘器之前，我们先来看一下 HFSS 中端口特性阻抗的计算。在 HFSS 中，端口特性阻抗可以有 3 种方法计算，分别为功率/电流阻抗 Z_{pi}、功率/电压阻抗 Z_{pv} 和电压/电流阻抗 Z_{vi}，具体计算方法如下。

Z_{pi} 是根据功率（P）和电流（I）的值来计算的，即

$$Z_{pi} = \frac{P}{I \cdot I} \qquad (5\text{-}2\text{-}2)$$

Z_{pv} 是根据功率（P）和电压（U）的值来计算的，即

$$Z_{pv} = \frac{U \cdot U}{P} \qquad (5\text{-}2\text{-}3)$$

Z_{vi} 是根据电压（U）和电流（I）的值来计算的，即

$$Z_{vi} = \sqrt{Z_{pi} Z_{pv}} = \sqrt{\frac{U \cdot U}{I \cdot I}} \qquad (5\text{-}2\text{-}4)$$

其中，端口处的功率（P）、电压（U）和电流（I），可以由场直接计算。

流经端口处的功率为

$$P = \iint_S E \times H \cdot dS \qquad (5\text{-}2\text{-}5)$$

端口处的电流可以根据安培定律计算得出，即

$$I = \oint_l H \cdot dl \qquad (5\text{-}2\text{-}6)$$

端口处的电压可以由端口处电场的积分得到，即

$$U = \int_l E \cdot dl \qquad (5\text{-}2\text{-}7)$$

因为在端口处功率和电流的定义明确，且更易于计算，所以默认情况下，HFSS 通过功率和电流来计算端口处的特性阻抗 Z_{pi}。用户也可以设定计算 Z_{pv} 和 Z_{vi}，因为端口处的电压是沿着用户定义的积分线积分计算而来的，所以为了计算 Z_{pv} 和 Z_{vi}，用户必须设定端口的积分线。

在讲解了端口特性阻抗的计算方法之后，我们就可以很好理解在应用对称边界时，为何需要设置阻抗倍乘器以及如何正确设置阻抗倍乘器了。结合上图 5.8，当对称面是理想电壁对称面时，模型沿着理想电壁对称面对称地一分为二，此时端口处的电压和功率都只有完整模型的一半，根据特性阻抗计算公式（5-2-3）可以知道，此时计算出的特性阻抗只是完整模型的一半；因此，这种情况下，阻抗倍乘器的值需要设置为 2。同理，当对称面是理想磁壁对称面时，模型沿着理想磁壁对称面对称地一分为二，此时端口处电压不变，功率只有完整模型的一半，根据特性阻抗计算公式（5-2-3）可以知道，此时计算出的特性阻抗是完整模型的两倍；因此，这种情况下，阻抗倍乘器的值需要设置为 0.5。当同时应用了理想电壁对称面和理想磁壁对称面后，端口处的电压是原来的一半，功率是原来的 1/4，根据特性阻抗计算公式（5-2-3）可以知道，计算出的特性阻抗和完整模型的特性阻抗一样；因此，这种情况下，不需要设置阻抗倍乘器（因为阻抗倍乘器的默认值为 1）。

对于对称边界条件，首先需要确定边界条件的类型是理想电壁对称还是理想磁壁对称，确定了对称边界条件的类型后，沿着对称面把模型一分为二，建模时只需要创建模型的一半。模型创建好了之后，对称边界条件的设置操作步骤如下。

（1）选中模型的对称面。

（2）从主菜单栏选择【HFSS】→【Boundaries】→【Assign】→【Symmetry】操作命令，或者在三维模型窗口内单击鼠标右键，从弹出菜单中选择【Assign Boundary】→【Symmetry】操作命令，打开如图 5.10 所示的对称边界条件设置对话框。

由入 5 所示 EL4 个式，则其 $N=4/4=0.875$，由此计算出 $R_s=350\times0.875=400$ square。于是 $R_s=00$ $=02$ square。在图 5.12 所示的阻抗边界条件设置对话框中，Resistance 项中输入 40 和 0 即可。

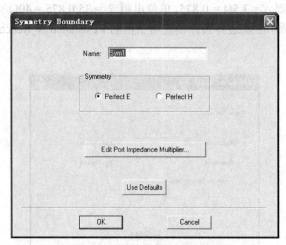

▲图 5.10　对称边界条件设置对话框

（3）在该对话框中，Name 项输入辐射导体边界的名称，默认名称为 Sym$n$；在 Symmetry 栏选择对称边界条件类型：Perfect E 是理想电壁对称面，Perfect H 是理想磁壁对称面；单击 Edit Port Impedance Multiplier... 按钮，设置阻抗倍乘器的值，对于理想电壁对称面阻抗倍乘器需要设置为 2，对于理想磁壁对称面阻抗倍乘器需要设置为 0.5；最后单击 OK 按钮，完成对称边界条件的设置。

（4）设置完成后，对称边界条件的名称会自动添加到工程树中的 Boundaries 节点下。

5.2.6　阻抗边界条件

阻抗边界条件（Impedance）用以模拟已知阻抗值的电阻性表面，例如，图 5.11 所示的威尔金森（Wilkinson）功分器，连接两个导体间的薄膜电阻在 HFSS 中就可以使用阻抗边界条件来实现。

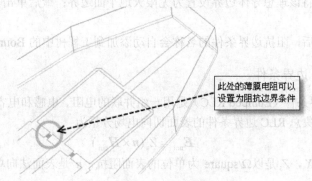

此处的薄膜电阻可以设置为阻抗边界条件

▲图 5.11　Wilkinson 功分器

在设置阻抗边界条件时，用户需要给出以Ω/square 为单位的电阻值 R_s 和电抗值 X_s，如图 5.12 所示，表面的阻抗值 $Z_s = R_s + jX_s$。据此，阻抗边界条件上的表面电场切向分量为

$$E_{tan} = Z_s \left(n \times H_{tan} \right) \tag{5-2-8}$$

式中，Z_s 是前面定义的以Ω/square 为单位的表面阻抗；n 是表面法向单位矢量；H_{tan} 是磁场的表面切向分量。

其中，电阻值 R_s 和电抗值 X_s 可以通过集总的电抗值 $Z_{集总}$、表面长度 L 和宽度 W 这 3 个参数计算得出。这里，定义电流流经的方向为表面长度 L 的方向，square 的个数 $N = L/W$，单位表面阻抗 $Z_s = Z_{集总}/N$。以图 5.11 所示薄膜电阻为例，假设该薄膜电阻的阻值为 35Ω，薄膜电阻的长与宽分别为 3.5 密耳和 4 密耳，则 $N = 3.5/4 = 0.875$，单位电阻 $R_s = 35/0.875 = 40\Omega/\text{square}$，单位电抗 $X_s = 0\Omega/\text{square}$；然后在图 5.12 所示阻抗边界条件设置对话框的 Resistance 和 Reactance 处分别输入 40 和 0 即可。

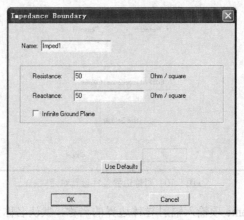

▲图 5.12　阻抗边界条件设置对话框

阻抗边界条件的设置操作步骤如下。

（1）选中需要分配为阻抗边界条件的物体表面。

（2）从主菜单栏选择【HFSS】→【Boundaries】→【Assign】→【Impedance】操作命令，或者在三维模型窗口内单击鼠标右键，从弹出菜单中选择【Assign Boundary】→【Impedance】操作命令，打开如图 5.12 所示的阻抗边界条件设置对话框。

（3）在该对话框中，Name 项输入阻抗边界的名称，其默认名称为 Imped$n$；Resistance 项和 Reactance 项分别输入表面电阻值 R_s 和表面电抗值 X_s，其单位为 Ω/square；Infinite Ground Plane 复选框表示是否需要将该理想导体边界设置为无限大地平面边界；最后单击 OK 按钮，完成阻抗边界条件的设置。

（4）设置完成后，阻抗边界条件的名称会自动添加到工程树中的 Boundaries 节点下。

5.2.7　集总 RLC 边界条件

集总 RLC 边界条件（Lumped RLC）是用一组并联的电阻、电感和电容来模拟物体表面。与阻抗边界条件相似，集总 RLC 边界条件的表面切向电场分量为

$$E_{\text{tan}} = Z_s(\boldsymbol{n} \times \boldsymbol{H}_{\text{tan}}) \tag{5-2-9}$$

式中，$Z_s = R_s + jX_s$，Z_s 是以 Ω/square 为单位的表面阻抗，$\boldsymbol{n}$ 是表面法向单位矢量；$\boldsymbol{H}_{\text{tan}}$ 是磁场的表面切向分量。

与阻抗边界条件不同的是，用户不需要自己计算提供单位为 Ω/square 的表面阻抗，用户只需要给出集总 R、L、C 的真实值，HFSS 软件会自动计算出工作频率下集总 RLC 边界以 Ω/square 为单位的表面阻抗。对于图 5.11 所示的威尔金森（Wilkinson）功分器，连接两个导体间的薄膜电阻也可以使用集总 RLC 边界条件来实现。

集总 RLC 边界条件的设置操作步骤如下。

（1）选中需要分配为集总 RLC 边界条件的物体表面。

（2）从主菜单栏选择【HFSS】→【Boundaries】→【Assign】→【Lumped RLC】操作命令，或者在三维模型窗口内单击鼠标右键，从弹出菜单中选择【Assign Boundary】→【Lumped RLC】操作命令，打开如图 5.13 所示的集总 RLC 边界条件设置对话框。

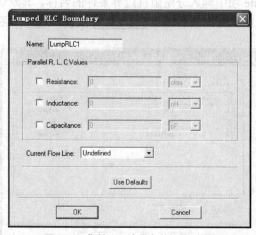

▲图 5.13　集总 RLC 边界条件设置对话框

（3）在该对话框中，Name 项输入集总 RLC 边界的名称，其默认名称为 LumpRLC*n*；选中 Parallel R、L、C Values 栏的 Resistance、Inductance 和 Capacitance 复选框，并输入集总电阻、电感和电容值；Current Flow Line 项定义电流的方向。最后，单击 OK 按钮，完成集总 RLC 边界条件的设置。

（4）设置完成后，集总 RLC 边界条件的名称会自动添加到工程树中的 Boundaries 节点下。

5.2.8　分层阻抗边界条件

分层阻抗边界条件（Layered Impedance）是用多层结构将物体表面模拟为一个阻抗表面，其效果与阻抗边界条件相同；与阻抗边界条件不同的是，对于分层阻抗边界条件，HFSS 是根据输入的分层结构数据和表面粗糙度来计算表面电阻值和表面电抗值的。分层阻抗边界条件不支持快速扫频。

分层阻抗边界条件的设置操作步骤如下。

（1）选中需要分配为分层阻抗边界条件的物体表面。

（2）从主菜单栏选择【HFSS】→【Boundaries】→【Assign】→【Layered Impedance】操作命令，或者在三维模型窗口内单击鼠标右键，从弹出菜单中选择【Assign Boundary】→【Layered Impedance】操作命令，打开如图 5.14 所示的分层阻抗边界条件设置对话框。

▲图 5.14　分层阻抗边界条件设置对话框之一

（3）在该对话框的 Name 项中输入分层阻抗边界条件的名称，其默认名称为 Layered*n*；Surface Roughness 项输入表面层的粗糙度；然后单击 下一步(N)> 按钮，进入如图 5.15 所示的对话框。

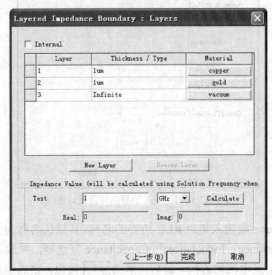

▲图 5.15　分层阻抗边界条件设置对话框之二

（4）如果分层阻抗边界条件定义在物体模型的最外层表面，不需要选中 Internal 复选框，如果分层阻抗边界条件定义在物体模型内部的表面上，则需要选中 Internal 复选框。然后，设置分层结构的层数、每一层的厚度和每一层的材料；使用 New Layer 和 Remove Layer 按钮可以添加和删除上面分层结构的层数。另外，作为可选项，可以在 Impedance Value 栏计算上面分层结构的阻抗值。最后单击 完成 按钮，完成分层阻抗边界条件的设置。

（5）设置完成后，分层阻抗边界条件的名称会自动添加到工程树中的 Boundaries 节点下。

5.2.9　无限地平面边界条件

在 HFSS 中，如果需要将有限大的边界表面模拟成无限大的地平面，需要设置无限地平面边界条件（Infinite Ground Plane）。在理想导体边界条件、有限导体边界条件和阻抗边界条件的设置对话框中，都有 Infinite Ground Plane 复选框，选中该复选框即表示将该边界条件同时设置为无限大地平面边界。设置无限大地平面边界条件只影响后处理过程中近区、远区辐射场的计算结果。

设置无限大地平面边界条件时，需要满足以下要求。

（1）无限大地平面必须暴露在背景上。

（2）无限大地平面必须定义在平面上。

（3）无限大地平面和对称面的总数不能超过 3 个。

（4）无限大地平面和对称面必须互相垂直。

5.2.10　主从边界条件

主从边界条件（Master and Slave）也称为关联边界条件（Linked Boundary Condition，简称 LBC），用于模拟平面周期结构表面。主从边界条件包括主边界和从边界两种边界条件，二者总是成对出现的，且主边界表面和从边界表面的形状、大小和方向必须完全相同，主边界表面和从边界表面上的电场存在一定的相位差，该相位差就是周期性结构相邻单元之间存在的相位差。

假设主从边界表面之间的距离为 d/λ，电磁波传播方向与 x 轴和 z 轴之间的夹角分别为 φ 和 θ，如图 5.16 所示，则从边界表面上的电场和主边界表面上的电场的关系如下：

$$E_{\text{Slave}} = e^{j\phi} E_{\text{Master}} = e^{j\frac{d}{\lambda}\sin\theta\cos\varphi} E_{\text{Master}} \tag{5-2-10}$$

式中，ϕ 是主、从边界表面上电场的相位差，有：

$$\phi = \frac{d}{\lambda}\sin\theta\cos\varphi \tag{5-2-11}$$

在定义主从边界条件时，可以直接指定主从边界表面的相位差，或者通过指定扫描角 φ 和 θ，由软件根据式（5-2-11）来计算主从边界表面的相位差。

在 HFSS 中，建立一对主、从边界表面，除了要求主、从边界表面形状大小完全相同外，还必须使用 UV 相对坐标系来设置主、从边界表面的方向，以保证主、从边界表面方向的一致性。以图 5.17 为例，虽然图中的主、从边界表面形状相同及大小相等，但是从图 5.17 最右侧的旋转之后的结果图形可以看出，由于 U、V 坐标系方向设置有误，导致图示主、从边界表面并不匹配。要使图中的主、从边界表面完全匹配，相应地从坐标系需要沿逆时针旋转 $90°$，以保证 U、V 方向轴方向一致。因此，用户在设置主、从边界条件时，需要注意主、从边界 UV 坐标轴方向的正确设置。

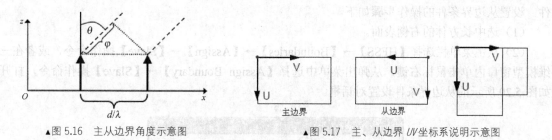

▲图 5.16　主从边界角度示意图　　　　　▲图 5.17　主、从边界 UV 坐标系说明示意图

设置主从边界条件时，主边界和从边界是分开单独设置的，下面以图 5.18（a）所示的长方体为例，把长方体的左右两侧表面分别设置为一对主从边界条件。

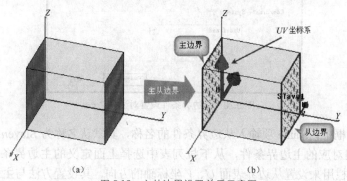

▲图 5.18　主从边界设置前后示意图

首先，把长方体的左侧表面设置为主边界条件，操作步骤如下。

（1）选中长方体的左侧表面。

（2）从主菜单栏选择【HFSS】→【Boundaries】→【Assign】→【Master】操作命令，或者在三维模型窗口内单击鼠标右键，从弹出菜单中选择【Assign Boundary】→【Master】操作命令，打开图 5.19 所示的主边界条件设置对话框。

（3）在该对话框中，Name 栏输入主边界条件的名称，其默认名称为 Master$n$，这里使用其默认名称 Master1；Coordinate System 栏用来设置主边界表面 U、V 坐标轴的方向，从 U Vector 项下拉列表中选择 New Vector，进入三维模型窗口，设置主边界表面 U 坐标轴方向；U 坐标轴方向设置好后，V 坐标轴默认方向是 U 坐标轴逆时针旋转 90°，如果选中 Reverse Direction 复选框，则 V 坐标轴方向变为 U 坐标轴顺时针旋转 90°。最后，单击 OK 按钮，完成主边界条件的设置。

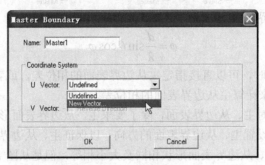

▲图 5.19　主边界设置对话框

（4）设置完成后，主边界条件的名称 Master1 会自动添加到工程树中的 Boundaries 节点下。

设置好主边界条件后，接下来把长方体的右侧表面设置为与该主边界条件相对应的从边界条件。设置从边界条件的操作步骤如下。

（1）选中长方体的右侧表面。

（2）从主菜单栏选择【HFSS】→【Boundaries】→【Assign】→【Slave】操作命令，或者在三维模型窗口内单击鼠标右键，从弹出菜单中选择【Assign Boundary】→【Slave】操作命令，打开如图 5.20 所示的从边界条件设置对话框。

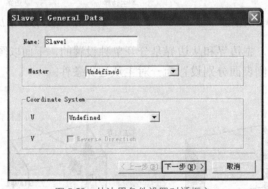

▲图 5.20　从边界条件设置对话框之一

（3）在该对话框中，Name 项输入从边界条件的名称，其默认名称为 Slave$n$；Master 项是选择与该从边界条件相对应的主边界条件，从下拉列表中选择上面定义的主边界条件名称 Master1；Coordinate System 栏用来设置从边界表面 U、V 坐标轴的方向，其设置方法与主边界条件的设置方法相同，需要说明的是从边界的 U、V 坐标轴方向需要与主边界表面的 U、V 坐标轴方向保持一致。然后单击 下一步(N) > 按钮，打开图 5.21 所示的对话框。

（4）图 5.21 所示的对话框用来设置从边界表面上的电场和主边界表面上的电场之间的相位差。可以用两种方式设定主、从边界表面上电场之间的相位差。其中，一种方式是选中对话框中的 Use Scan Angles To Calculate Phase Delay 单选按钮，设定扫描角 phi(φ) 和 Theta(θ) 的值，然后 HFSS 在求解时根据式（5-2-10）计算出相位差，另一种方式是选中对话框中的 Input Phase Delay 单选按钮，直接输入相位差。设置好相位差后，单击 完成 按钮，完成从边界的设置。

（5）设置完成后，从边界条件的名称也会自动添加到工程树中的 Boundaries 节点下。

上面的图 5.18（b）给出了长方体模型左右两侧表面设置为主从边界条件后的示意图。

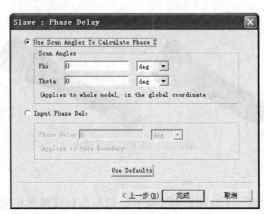

▲图 5.21 从边界条件设置对话框之二

5.2.11 理想匹配层

理想匹配层（Perfectly Matched Layers，简称 PML）是能够完全吸收入射电磁波的假想的各项异性材料边界。理想匹配层有两种典型的应用：一是用于外场问题中的自由空间截断，二是用于导波问题中的吸收负载。

对于导波的吸收负载，理想匹配层模拟导波结构均匀地延伸到无穷远处。

对于自由空间截断的情况，理想匹配层的作用类似于辐射边界条件，PML 表面能够完全吸收入射的电磁波。和辐射边界条件相比，理想匹配层因为能够完全吸收入射的电磁波，零反射，因此计算结果更精确；同时理想匹配层表面可以距离辐射体更近，差不多 1/10 个波长即可，而辐射边界表面一般需要距离辐射体大于 1/4 个波长。

5.3 激励的类型和设置

HFSS 中，激励是一种定义在三维物体表面或者二维物体上的激励源，这种激励源可以是电磁场、电压源、电流源或者电荷源。HFSS 中定义了多种激励方式，主要有波端口激励（Wave Port）、集总端口激励（Lumped Port）、Floquet 端口激励（Floquet Port）、入射波激励（Incident Wave）、电压源激励（Voltage Source）、电流源激励（Current Source）和磁偏置激励（Magnetic Bias）。所有的激励类型都可以用来计算场分布，但是只有波端口激励、集总端口激励和 Floquet 端口激励可以用来计算 S 参数。图 5.22 列出了 HFSS 中所有的激励方式类型。

下面来具体讲解各种激励方式的定义、使用和设置操作过程。

▲图 5.22 激励类型

5.3.1 波端口激励

在默认情况下，HFSS 中与背景相接触的物体表面都默认设置为理想导体边界，没有能量可以进出，波端口设置在这样的面上，提供一个能量流进/流出的窗口。波端口激励方式常用于波导结构、带状线结构以及共面波导结构等模型的仿真计算。与背景相接触的端口，激励方式一般都需要设置为波端口激励。

HFSS 仿真器假定用户所定义的每一个波端口都和一个半无限长波导相连，该波导与波端口具有相同的横截面和材料属性。同时，定义成波端口的平面必须有一定长度的均匀横截面，以保证截止模的逐渐消失，从而确保仿真计算结果的精确性。以图 5.23 为例，左侧的波导模型波端口设置是不正确的，因为该波导的两端都没有均匀横界面的部分；为了正确建模，需要在波端口处添加足够长度的均匀横截面。

▲图 5.23 波端口的横截面

1. 端口处的激励场

HFSS 假定用户定义的每一个波端口都连接有一段与端口横截面相同的均匀波导，因此激励场是沿着与端口相连的波导内传输的行波场，假设端口横截面位于 xy 面，电磁波沿着 z 轴方向传播，则激励场为

$$E(x,y,z,t) = R[E(x,y)e^{j\omega t - \gamma z}] \tag{5-3-1}$$

式中，R 是复数或者复变函数的实部；$E(x,y)$ 是电场矢量；γ 是复传播常数 $\gamma = \alpha + j\beta$，α 称为衰减常数，β 称为波的相位常数；ω 为角频率，$\omega = 2\pi f$。

2. 波动方程

波导内传输的行波的场模式可以通过求解 Maxwell 方程组获得，下式给出了由 Maxwell 方程组推导出的微分形式的波动方程，即

$$\nabla \times \left(\frac{1}{\mu_r} \nabla \times E(x,y) \right) - k_0^2 \varepsilon_r E(x,y) = 0 \tag{5-3-2}$$

式中，$E(x,y)$ 是电场矢量；k_0 是自由空间波数，$k_0 = 2\pi/\lambda$；μ_r 是复数相对磁导率；ε_r 是复数相对介电常数。

HFSS 求解该方程后，可以得到激励场模式的解 $E(x,y)$；这些矢量解独立于 z 和 t，在这些矢量解后面乘上因子 $e^{-\gamma z}$ 后就变成了行波。

3. 模式

对于给定横截面的波导或传输线，特定频率下有一系列的解满足相应的边界条件和麦克斯韦方程组，每个解都称为一种模式（**Mode**），或者说一种波型。通常，模式是根据电场和磁场沿导波系统传输方向上有无分量这一情况来命名的，假设导波系统沿 z 轴放置，上述分量是指 z 向的电场分量 E_z 和磁场分量 H_z。对于 $E_z = 0$，$H_z = 0$ 一类的模，称之为横电磁模，即 TEM 模；对于 $E_z = 0$，$H_z \neq 0$ 一类的模，称之为横电模，即 TE 模；对于 $E_z \neq 0$，$H_z = 0$ 一类的模，称之为横磁模，即 TM 模。

默认情况下，HFSS 只计算主模，即模式 1。但是某些情况下，计算中考虑高阶模式的影响是必须的。例如，在一个端口的模式 1（主模）经过某个结构传输到另一个端口变为模式 2 时，这时我们就有必要计算模式 2 下的 S 参数；也可能存在这样一种情况，在单一模式的信号激励下，由于结构的不连续性而引起高次模的反射，如果这些高次模被反射回激励端口或者传输到其他端口，则在计算 S 参数时也需要考虑这些模式。

4. 端口校准和积分线

对于模式驱动求解类型，设置波端口激励方式时，波端口需要被校准以确保结果的一致性。校

准的目的有两个：一是确定电场的方向，确保结果的一致，我们知道，对于任意一个波端口，在 $\omega t = 0$ 时刻电场都有正负两个方向，HFSS 通过设置积分线（Integration Line）可以指定电场的参考方向，积分线的箭头指向即为电场的正方向；二是设置积分线作为电压的积分路径，计算端口电压，进而计算由电压形式定义的端口特性阻抗 Z_{pv} 或 Z_{vi}。

对于有多个模式问题的求解，在定义波端口时每个模式都需要设置一条积分校准线。

5. S 参数的归一化

导波系统可能存在多个模式，HFSS 中定义波端口来求解问题时，每个模式在波端口处都是完全匹配的。每个模式的 S 参数在波端口处将会根据不同频率下的特性阻抗进行归一化处理，这种类型的 S 参数称为广义 S 参数。

而在实际测量时，如使用矢量网络分析仪测试器件的 S 参数，测量端口通常不是完全匹配的，高频测量仪器测试端口的特性阻抗一般都是 50Ω，为了使 HFSS 仿真计算的结果和实验测量结果保持一致，HFSS 仿真计算得出的广义 S 参数必须用常数阻抗（如 50Ω）进行归一化处理。在波端口的设置过程中可以定义归一化的阻抗值。

为了计算对于指定阻抗的归一化 S 参数，HFSS 首先计算出设计模型的阻抗矩阵，即

$$Z = \sqrt{Z_0}(I - S)^{-1}(I + S)\sqrt{Z_0} \tag{5-3-3}$$

式中，S 是 $n \times n$ 维的广义 S 矩阵；I 是 $n \times n$ 维的单位矩阵；Z_0 是 $n \times n$ 维的对角矩阵。每一端口的特性阻抗作为对角矩阵的值，该特性阻抗由 HFSS 自动计算得出。

归一化的 S 参数矩阵可由下式计算：

$$S_\Omega = \sqrt{Y_\Omega}(Z - Z_\Omega)(Z - Z_\Omega)^{-1}\sqrt{Y_\Omega} \tag{5-3-4}$$

式中，Z 是由式（5-3-3）计算得出的 $n \times n$ 维的阻抗参数矩阵；Z_Ω 和 Y_Ω 是 $n \times n$ 维以指定的归一化阻抗和导纳为元素的对角矩阵。

6. 端口平移

HFSS 中的 Deembed 功能可以简单地理解为端口平移功能，即平移端口到新的位置，然后计算出相应的 S 参数结果。Deembed 功能只影响数据后处理的结果，使用 Deembed 功能将端口平移到新的位置后，HFSS 不需要重新运行仿真计算。在设置端口平移距离时，正数表示端口平面向模型内部移动，负数则表示端口平面向外延伸。

假设有一个三端口器件，端口平移前 S 参数矩阵为 S，端口平移后新的 S 参数矩阵为 $S_{deembed}$，则有

$$S_{deembed} = e^{\gamma l}Se^{\gamma l} \tag{5-3-5}$$

式中，$e^{\gamma l} = \begin{bmatrix} e^{\gamma_1 l_1}, 0, 0 \\ 0, e^{\gamma_2 l_2}, 0 \\ 0, 0, e^{\gamma_3 l_3} \end{bmatrix}$；$\gamma = \alpha + j\beta$，是复传播常数，$\alpha$ 称为衰减常数，单位是 Np/m，β 称为波的相位常数，单位为 rad/m；各个端口的复传播常数 γ_i 由 HFSS 计算求解；l_i 是各个端口平移的距离。

7. 终端线

对于终端驱动的求解类型，终端 S 参数反映的是波端口节点电压和电流的线性叠加，通过波端口处的节点电流和电压可以计算出端口的阻抗和 S 参数矩阵。

对于 HFSS11 以前的版本，终端驱动求解类型在定义波端口时需要用户手动设置终端线（Terminal Lines）作为电压的积分路径，HFSS 根据设定的终端线计算端口的节点电压。很多时候确定端口的电压积分线是困难的，手动设置这样的终端线是费时费力的一件事。因此，在 HFSS11 以及后续版本中，端口终端线的设置做了改进，由用户手动设置终端线作为电压积分路径计算节点电压，改为系统自动设置终端线作为磁场的积分路径计算节点电流。

5.3.2 波端口激励的设置步骤

前面我们详细讲解了波端口的相关知识，下面我们来讲解波端口的具体设置过程。HFSS 中，对于模式驱动和终端驱动这两种不同的求解类型，波端口激励的设置过程也是不一样的，我们就模式驱动和终端驱动两种情况分别进行讲解。

1. 模式驱动求解类型下波端口的设置

这里，以图 5.24 所示的矩形波导为例说明模式驱动求解类型下波端口的设置过程和操作步骤，具体操作步骤如下。

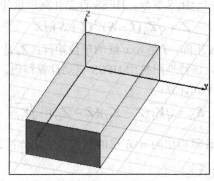

▲图 5.24　矩形波导

（1）选中波导端口面，从主菜单栏选择【HFSS】→【Excitations】→【Assign】→【Wave Port】操作命令，或者在三维模型窗口单击鼠标右键，从弹出菜单中单击【Assign Excitation】→【Wave Port】操作命令，打开模式驱动求解类型下的波端口设置对话框，如图 5.25 所示。

▲图 5.25　波端口设置对话框一

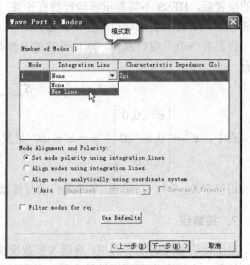

▲图 5.26　波端口设置对话框二

（2）在该对话框中，Name 项表示波端口名称，默认的波端口名称 1，此处我们重新输入端口名称：WavePort1。

（3）单击 下一步(N)> 按钮，打开如图 5.26 所示的窗口，设置模式数和积分线。Number of Modes 项表示需要分析的模式数，默认值为 1；Mode、Integration Line 和 Characteristic Impedance(Z₀)项分别表示各个模式对应的积分线和特性阻抗的计算方式。单击模式 1 对应 Integration Line 列，在其下拉菜单中选择 New Line…，则会回到三维模型窗口，进入积分线设置状态；分别在端口上下边缘的中点位置单击鼠标确定积分线的起点和终点，设置好积分线后，自动回到波端口设置对话框。单击模式 1 对应的 Characteristic Impedance(Z₀)列，可以设置模式 1 特性阻抗的计算方式，在其下拉菜单里可以选择 Z_{pi}、Z_{pv} 或 Z_{vi}。对话框下方的 Mode Alignment and polarity 保留默认设置即可。

（4）再次单击 下一步(N)> 按钮，打开如图 5.27 所示的后处理界面，选择 Renormalize All Modes 项，在 Full Port Impedance 栏输入 50Ω，表示需要对 S 参数进行归一化处理，且归一化的阻抗为 50Ω。Deembed Settings 是端口平移设置，选中 Deembed 复选框即可在其右侧输入端口平移的距离，需要注意的是，此处输入正数表示端口平面向模型内部移动，输入负数表示端口平面向外延伸。

▲图 5.27 波端口设置对话框三

（5）最后单击 完成 按钮，完成模式驱动求解类型下波端口的设置。设置完成后，波端口的名称会自动添加到工程树的 Excitations 节点下，如图 5.28 所示。

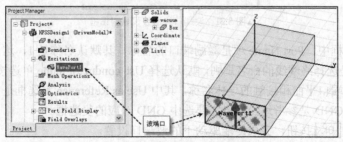

▲图 5.28 模式驱动求解类型下设置好的波端口

2. 终端驱动求解类型下波端口的设置

这里以图 5.29 所示的微带线电路为例说明终端驱动求解类型下波端口的设置过程。模型中两根信号线的名称为 Microstrip1 和 Microstrip2，参考地平面的名称为 GND，波端口设置步骤如下。

（1）在微带线的终端新建一个矩形平面作为波端口面，该矩形平面的下边缘与参考地相接触，矩形面的高度约为介质层厚度的 6 倍，矩形面的宽度约为微带线宽度的 5 倍，且微带线位于矩形面的中间，建好后的矩形面如图 5.30 所示。

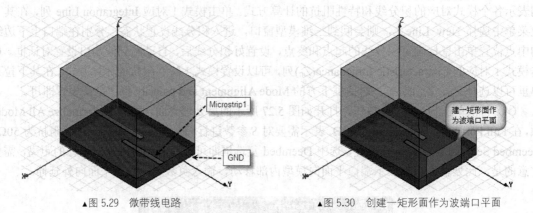

▲图 5.29　微带线电路　　　　　　　　　　　▲图 5.30　创建一矩形面作为波端口平面

（2）选中新建的矩形面，从主菜单栏选择【HFSS】→【Excitations】→ 【Assign】→【Wave Port】操作命令，或者在三维模型窗口单击鼠标右键，从弹出菜单中选择【Assign Excitation】→【Wave Port】操作命令，打开图 5.31 所示的终端驱动求解类型下的波端口终端线设置对话框。

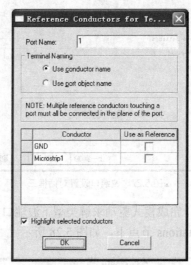

▲图 5.31　波端口终端线设置对话框

（3）在该对话框中，Port Name 项是激励端口的名称，其默认名称是 1，这里输入 PortWave1；Terminal Naming 是选择终端线的命名规则，默认选择 Use conductor name 单选按钮；对话框最下方列出了所有与激励端口平面相接触的导体名称，其中 Use as Reference 复选框是设置微带线/带状线参考地。本例中，GND 是参考地，所以需要选中 GND 对应的复选框。

（4）然后单击 OK 按钮，完成终端驱动下的波端口设置。

设置完成后，波端口和终端线的名称会自动添加到工程树 Excitations 节点下，如图 5.32 所示。其中，工程树 Excitations 节点下的 WavePort1 是激励端口的名称，Microstrip1_T1 是终端线的名称。

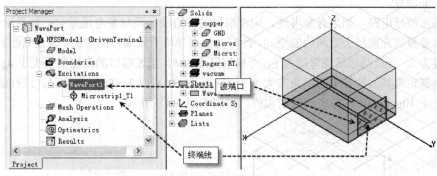

▲图 5.32 终端驱动求解类型下设置好的波端口

3. 波端口尺寸的估算

波端口四周默认的边界条件是理想导体边界，因此对于波导或同轴线这类横截面闭合的器件，端口截面四周都是导体，波端口直接定义在其终端横截面上即可。而对于微带线、带状线、共面波导等开放或半开放结构的传输线，电磁场并不完全束缚在导体和参考地之间，部分电磁能量会辐射到传输线四周的空气和介质中，如图 5.33 所示。此时设置的波端口需要有足够大的尺寸，以避免电场耦合到波端口边缘上，影响传输线的特性，进而影响到计算的准确性。下面根据工程实践经验，给出微带线、带状线、槽线和共面波导 4 类开放或半开放结构的传输线在设置波端口激励时端口的大致尺寸。

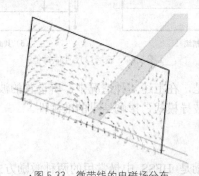

▲图 5.33 微带线的电磁场分布

（1）微带线。

对于微带线电路，波端口的下边缘必须与参考地重合。假设微带线的线宽为 w，介质层厚度为 h，则波端口的高度一般设置为 $6\sim10h$；当 $w\geqslant h$ 时，波端口的宽度一般设置为 $10w$，当 $w<h$ 时，波端口的宽度一般设置 $5w$ 或者 $3\sim4h$，如图 5.34（a）所示。

（2）带状线。

对于带状线电路，波端口的上下边缘必须与参考地重合。假设微带线的线宽为 w，介质层厚度为 h，端口左右两侧的宽度在 $w\geqslant h$ 时一般设置为 $8w$，在 $w<h$ 时一般设置 $5w$ 或者 $3\sim4h$，如图 5.34（b）所示。

（3）槽线。

对于槽线电路，如果有参考地，则波端口的下边缘必须与参考地重合；如果没有参考地，则波端口需要覆盖介质层上下两边的空间，使槽线位于波端口的中央。假设槽线电路的缝隙宽度为 g，介质层厚度为 h，则波端口的高度需要大于 $4g$ 和 $4h$，波端口的宽度需要大于 $7g$，即波端口两侧距离缝隙都大于 $3g$，如图 5.34（c）所示。

（4）共面波导。

对于共面波导电路，如果有参考地，则波端口的下边缘必须与参考地重合；如果没有参考地，则波端口需要覆盖介质层上下两边的空间，此时共面波导位于波端口的中央。假设共面波导电路中间导线宽度为 s，导线两边缝隙宽度为 g，介质层厚度为 h，则波端口的高度需要大于 $4g$ 和 $4h$，波端口左右两侧距离共面波导中心都需要大于 $3\sim5s$（$s>g$ 时）或 $3\sim5g$（$g>s$ 时），这样波端口的总宽度需要大于 $10g$ 和 $10s$ 二者之间的较大值，如图 5.34（d）所示。

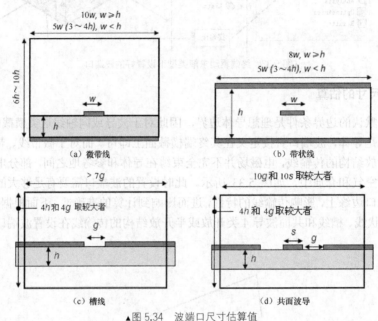

▲图 5.34　波端口尺寸估算值

另外，还需要特别注意的是，在上述 4 种情况中，所设置的波端口宽度和高度都不能超过 1/2 个工作波长，否则会激发矩形波导模式，影响结果的准确性。

5.3.3　集总端口激励

集总端口激励和波端口激励是 HFSS 中最常用的两种激励方式。集总端口类似于传统的波端口，与波端口不同的是集总端口可以设置在物体模型内部，且用户需要设定端口阻抗；集总端口直接在端口处计算 S 参数，设定的端口阻抗即为集总端口上 S 参数的参考阻抗；另外，集总端口不计算端口处的传播常数 γ，因此根据式（5-3-5）可知，集总端口无法进行端口平移操作。

和波端口设置过程一样，在 HFSS 中，对于模式驱动和终端驱动两种不同的求解类型，集总端口激励的设置过程也是不同的，这里同样就模式驱动和终端驱动两种情况分别进行讲解。还是以图 5.29 所示微带线电路为例进行讲解，需要注意的是，因为集总端口需要设置在模型内部，因此图示外部半透明的空气腔需要设置得比微带线电路板稍大一些，如图 5.35 所示。

1.　模式驱动求解类型下波端口的设置

和波端口不同，集总端口边缘不与任何边界相连的部分默认边界条件是理想磁边界，因此集总端口的尺寸比波端口小。对于图 5.35 所示微带线结构，集总端口面上下边缘分别与微带线和参考地相接触，集总端口面宽度只需要与微带线宽度相同即可，具体设置步骤如下。

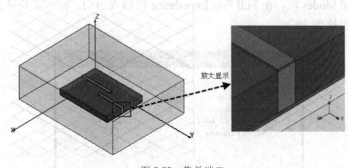

▲图 5.35　集总端口

（1）在图 5.35 所示的位置新建一个矩形面作为集总端口平面，该矩形面的上下边缘分别和微带线和参考地相接，矩形面的宽度和微带线的宽度相同。

（2）选中该矩形面，从主菜单栏选择【HFSS】→【Excitations】→【Assign】→【Lumped Port】操作命令，或者在三维模型窗口单击鼠标右键，从弹出菜单中选择【Assign Excitation】→【Lumped Port】操作命令，打开如图 5.36 所示的模式驱动求解类型下集总端口设置对话框。

（3）在该对话框中，Name 项是集总端口的名称，默认的集总端口名称为 1，这里我们输入新的端口名：LumpPort1；Full Port Impedance 栏的 Resistance 项和 Reactance 项分别表示端口阻抗的电阻和电抗值，这里设置端口阻抗为 50Ω，则在 Resistance 项输入 50Ω，在 Reactance 项输入 0Ω。

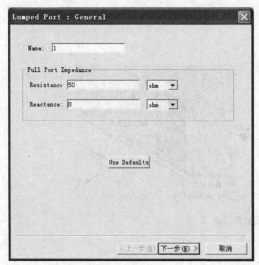

▲图 5.36　集总端口设置对话框之一

▲图 5.37　集总端口设置对话框之二

（4）单击 下一步(N)> 按钮，打开图 5.37 所示界面，设置求解的模式数和积分线。Number of Modes 项是在仿真分析时需要计算的模式数，集总端口激励中模式数的值等于端口处微带线的个数，由软件自动设置，此处的值为 1；下方的 Mode、Integration Line、Characteristic Impedance(Z_0)项分别表示各个模式对应的积分线和特性阻抗的计算方式。其中，单击 None，在其下拉菜单中选择 New Line…，此时会回到三维模型窗口，进入积分线设置状态；分别在端口的上下边缘的中点位置单击鼠标确定积分线的起点和终点，设置好积分线，之后自动回到"波端口设置"对话框，此时 None 变成 Defined。单击模式 1 对应的 Characteristic Impedance(Z_0)列，设置特性阻抗的计算方式，在其下拉列表中可以选择 Z_{pi}、Z_{pv} 或 Z_{vi} 3 种方式中的一种。

（5）再次单击 下一步(N)> 按钮，打开图 5.38 所示的后处理界面，设置端口的归一化处理信息。

选择 Renormalize All Modes 项，在 Full Port Impedance 栏输入 50Ω，表示需要对 S 参数进行归一化处理，且归一化的阻抗为 50Ω。

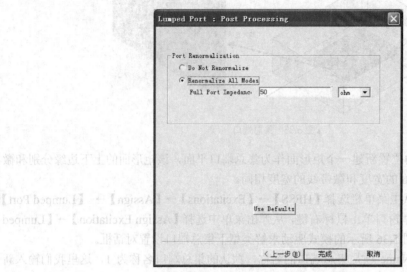

▲图 5.38　集总端口设置对话框之三

（6）最后单击 完成 按钮，完成模式驱动求解类型下集总端口的设置。设置完成后，集总端口名称会自动添加到工程树的 Excitations 节点下。

设置完成后的集总端口激励如图 5.39 所示。

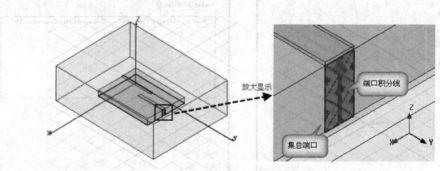

▲图 5.39　完成后的集总端口

2. 终端驱动求解类型下集总端口的设置

这里仍然以图 5.35 所示微带线电路为例说明终端驱动求解类型下集总端口的设置过程。模型中信号线名称为 Microstrip1 和 Microstrip2，参考地平面的名称为 GND，集总端口设置步骤如下。

（1）在图 5.35 所示位置建一矩形面作为集总端口平面，该矩形面的上下边缘分别和微带线和参考地相接触，矩形面的宽度和微带线的宽度相同。

（2）选中该矩形面，从主菜单栏选择【HFSS】→【Excitations】→【Assign】→【Lumped Port】操作命令，或者在三维模型窗口单击鼠标右键，在弹出菜单中单击【Assign Excitation】→【Lumped Port】操作命令，打开图 5.40 所示的终端驱动求解类型下的集总端口终端线设置对话框。

（3）在该对话框中，Port Name 项是激励端口的名称，其默认名称是 1；Terminal Naming 是选择终端线的命名规则，默认选择 Use conductor name 单选按钮；对话框最下方列出了所有与激励端口平面相接触的导体名称，其中 Use as Reference 复选框是设置微带线/带状线参考地。本例中，GND

是参考地，所以需要选中 GND 对应的复选框。

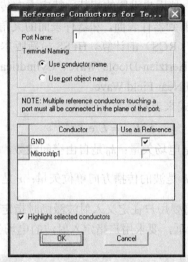

▲图 5.40　集总端口终端线设置对话框

（4）然后单击 OK 按钮，完成终端驱动求解类型下的集总端口激励的设置。设置完成后，集总端口和终端线会自动添加到工程树的 Excitations 节点下。

5.3.4　Floquet 端口激励

Floquet 端口基于 Floquet 模式进行场求解，用于二维平面周期性结构的仿真设计，如平面相控阵列和频率选择表面等类型的问题。与波端口的求解方式类似，Floquet 端口求解的反射和传输系数能够以 S 参数的形式显示；使用 Floquet 端口激励并结合周期性边界，能够像传统的波导端口激励一样轻松地分析周期性结构的电磁特性，从而避免了场求解器复杂的后处理过程。此外，Floquet 端口允许用户指定端口处入射波的斜入射角和极化方式，然后从求解结果中选择所关心的极化分量。

平面周期性结构可以看做由一个个相同的单元（Unit Cell）组成，使用 Floquet 端口和主从边界条件分析平面周期结构，用户只需要提取其中一个单元，然后建模，如图 5.41 所示。在设置 Floquet 端口激励时需要指定端口的栅格坐标系统（Lattice Coordinate System），该坐标系统的 a、b 轴分别表示周期性结构单元的排列方向。关于 Floquet 端口激励设置的过程这里不做详细讲解，在本书的第 11 章给出了一个专门的设计实例予以详细说明。

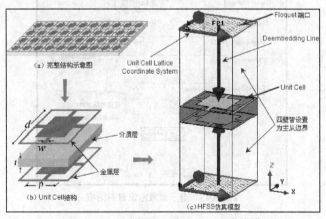

▲图 5.41　NRI 周期结构示意图及 HFSS 仿真模型

5.3.5 入射波激励

入射波激励（Incident Wave）是用户设置的朝某一特定方向传播的电磁波作为激励源，其等相位面与传播方向垂直；入射波照射到器件表面，和器件表面的夹角称为入射角。入射波激励常用于电磁散射问题，如雷达反射截面（RCS）的计算。HFSS 最新版本允许用户分配 7 种不同类型的入射波激励，分别为 Plane Wave、Hertzian-Dipole Wave、Cylindrical Wave、Gaussian Beam、Linear Antenna Wave、Far Field Wave 和 Near Field Wave。

入射波激励的电场可以用下式来表示：

$$E_{\text{inc}} = E_0 \text{e}^{-\text{j}k_0(\hat{\boldsymbol{k}} \bullet \hat{\boldsymbol{r}})} \text{s} \tag{5-3-6}$$

式中，E_{inc} 表示入射波；E_0 是电场矢量；k_0 是自由空间波数，即在波的传播方向上单位长度内波的数目，$k_0 = \dfrac{2\pi}{\lambda} = \omega\sqrt{\mu_0\varepsilon_0}$；$\boldsymbol{k}$ 是波的传播方向单位矢量；$\boldsymbol{r}$ 是单位坐标矢量，$\boldsymbol{r} = x\boldsymbol{x} + y\boldsymbol{y} + z\boldsymbol{z}$。

其中 k_0、$\boldsymbol{r}$ 是常数，E_0、$\boldsymbol{k}$ 需要用户在定义入射波激励时指定。在定义每种入射波激励的过程中，都会弹出图 5.42 所示的对话框，要求用户指定入射波的电场矢量 E_0 的方向和传播方向 $\boldsymbol{k}$。

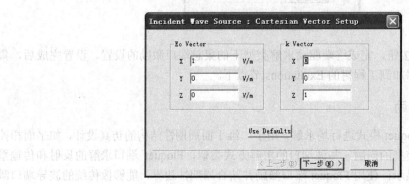

▲图 5.42 定义入射波电场矢量和传播方向对话框

5.3.6 电压源激励

电压源激励（Voltage…）是定义在两层导体之间的平面上，用理想电压源来表示该平面上的电场激励。定义电压源激励时，需要设置的参数有电压的幅度、相位和电场的方向，如图 5.43 所示。

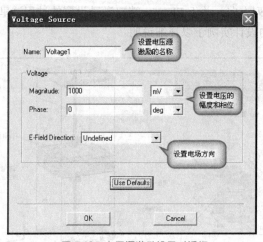

▲图 5.43 电压源激励设置对话框

在使用电压源激励时，用户需要注意以下两点。

（1）电压源激励所在的平面必须远小于工作波长，且平面上的电场是恒定电场。

（2）电压源激励是理想的源，没有内阻，因此后处理时不会输出 S 参数。

5.3.7 电流源激励

电流源激励（**Current...**）定义于导体表面或者导体表面的缝隙上，需要设定的参数有导体表面/缝隙的电流幅度、相位和方向，如图 5.44 所示。

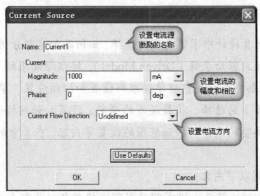

▲图 5.44 电流源激励对话框

和电压源激励一样，在使用电流源激励时，用户也需要注意以下两点。

（1）电流源激励所在的平面/缝隙必须远小于工作波长，且平面/缝隙上的电流是恒定的。

（2）电流源激励是理想的源，没有内阻，因此后处理时不会输出 S 参数。

5.3.8 磁偏置激励

当 HFSS 设计中使用到铁氧体材料时，需要通过设置磁偏置激励（**Magnetic Bias...**）来定义铁氧体材料网格的内部偏置场；该偏置场使铁氧体中的磁性偶极子规则排列，产生一个非零的磁矩。如果应用的偏置场是均匀的，张量坐标系可以通过旋转全局坐标系来设置；如果应用的偏置场是非均匀的，不允许旋转全局坐标来设置张量坐标系。均匀偏置场的参数可以由 HFSS 直接输入，而非均匀偏置场的参数需要从其他的静磁求解器（如 Ansoft Maxwell 3D 软件）导入。

5.4 本章小结

本章主要讲解了 HFSS 中边界条件、激励方式的定义、类型和应用。边界条件确定场，正确地应用边界条件和激励方式，是正确使用 HFSS、给出准确分析结果的关键所在。因此，通过本章的学习，读者务必需要熟悉和掌握不同类型的边界条件的定义和设置操作，以及不同类型的激励方式的定义和设置操作。

第6章 HFSS求解器和求解分析设置

本章主要讲述 HFSS 仿真设计中求解类型的选择、如何添加求解分析设置以及如何运行仿真分析。其中，求解类型包括模式驱动求解（Driven Modal）、终端驱动求解（Driven Terminal）和本征模求解（Eigen mode）；求解分析设置包括单频求解设置和扫频设置。单频求解设置讲解了自适应网格剖分频率（即求解频率）的选择、收敛误差的确定、设置初始网格选项和选择基函数等内容。扫频设置方面讲解了扫频类型的选择和扫频范围的设置等内容。在本章的最后，还讲解了如何进行设计检查和运行仿真分析。

在本章，读者可以学到以下内容。

- HFSS 中 3 种求解类型的解释：模式驱动求解、终端驱动求解和本征模驱动求解。
- 如何确定求解频率。
- 自适应网格剖分过程。
- 收敛误差的定义。
- 如何添加求解设置。
- 如何添加扫频设置。
- 3 种扫频方式的应用场合。
- 如何进行设计检查。
- 如何运行仿真分析。

6.1 求解器和求解类型

在 HFSS 12.1 之前的版本中，只有传统的基于有限元法（FEM）的 HFSS 求解器；在 HFSS 12.1 以及最新的 HFSS 13.0 版本中，新增了基于矩量法（MoM）的 HFSS-IE 求解器，HFSS-IE 求解器依然使用传统经典的 HFSS 操作界面。在 HFSS 工具栏中，单击 按钮会在工程新建一个传统的基于有限元法（FEM）的 HFSS 工程设计；单击 按钮会新建一个基于矩量法（MoM）的 HFSS-IE 工程设计。另外，单击主菜单【Tools】→【Options】→【General Options】命令，在打开的如图 6.1 所示的 General Options 对话框中，可以设置在新建 HFSS 工程时，是否默认自动添加一个设计文件，以及设置默认添加的是 HFSS 设计还是 HFSS-IE 设计。在图示对话框中，如果选中"Don't insert a design"单选按钮，表示在新建 HFSS 工程时，不会自动添加一个设计文件。如果选中"Insert a design of"单选按钮，则表示新建 HFSS 工程时，会自动添加一个设计文件，且在该单选按钮右侧的下拉列表中可以选择默认添加的求解器类型是 HFSS 设计还是 HFSS-IE 设计。

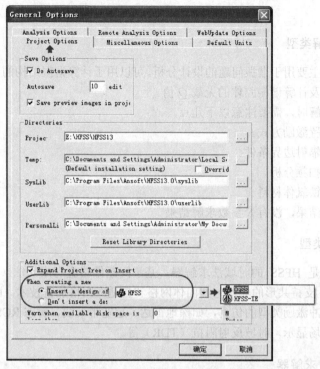

▲图 6.1　General Options 对话框

6.1.1　HFSS 求解器

　　HFSS 求解器就是传统的基于有限元法（FEM）的求解器，是一直以来采用的经典的求解器。在本书中，如果未作特殊说明，所用的求解器都是基于有限元法的 HFSS 求解器。HFSS 13.0 版本中，HFSS 求解器有 4 种求解类型：模式驱动求解类型（Driven Modal）、终端驱动求解类型（Driven Terminal）、本征模求解类型（Eigenmode）和瞬态求解类型（Transient）。

　　新建一个 HFSS 工程设计时，首先需要选择该设计的求解类型。通过从主菜单栏选择【HFSS】→【Solution Type】命令，可以打开如图 6.2 所示的对话框，设置求解类型。

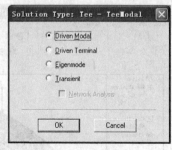

▲图 6.2　求解类型

1. 模式驱动求解类型

以模式为基础计算 S 参数，根据导波内各模式场的入射功率和反射功率来计算 S 参数矩阵的解。

2. 终端驱动求解类型

以终端为基础计算多导体传输线端口的 S 参数；此时，根据传输线终端的电压和电流来计算 S

参数矩阵的解。

3. 本征模求解类型

本征模求解器主要用于谐振问题的设计分析，可以用于计算谐振结构的谐振频率和谐振频率处对应的场分布，以及计算谐振腔体的无载 Q 值。

应用本征模求解时，需要注意以下几点。

（1）不需要设置激励方式。

（2）不能定义辐射边界条件。

（3）不能进行扫频分析。

（4）不能包含铁氧体材料。

（5）只有场解结果，没有 S 参数求解结果。

4. 瞬态求解类型

瞬态求解类型是 HFSS 的时域法求解器，基于间断伽略金有限元法（Discontinuous Galerkin Method，DGTD），支持共形的非均匀四面体网格和自适应网格加密技术。瞬态求解类型典型应用的领域包括采用脉冲激励类型的仿真，如探地雷达、超宽带天线、瞬态 RCS、雷击、静电放电等，短时激励下的瞬态场显示，时域反射阻抗（TDR）等。

6.1.2 HFSS-IE 求解器

HFSS-IE 求解器是在 HFSS 12.1 版本之后新增的求解器，采用三维全波矩量法（MoM）的电磁场积分方程（Integral Equation，IE）的算法，计算物体表面的电流，并根据这些电流精确地计算物体的辐射场或者散射场；非常适合大尺寸模型的辐射及散射问题仿真计算。

HFSS-IE 求解器选项采用传统经典的 HFSS 工作界面，如图 6.3 所示。基于 HFSS-IE 求解器的设计和原有 HFSS 环境之间无缝的共享模型库，包括各种材料库和几何模型库。因此对于以往的 HFSS 用户可以轻松掌握这个全新求解器的使用。对于 HFSS-IE 求解器，系统默认设计模型置于真空中，因此，在使用 HFSS-IE 求解器分析辐射及散射问题时，不需要像传统的 HFSS 求解器那样设置辐射边界条件或者 PML 边界条件。

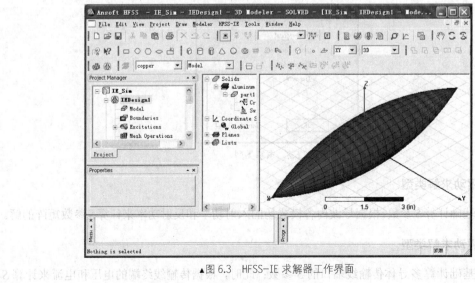

▲图 6.3 HFSS-IE 求解器工作界面

为了帮助读者更好地掌握和理解 HFSS-IE 求解器，在本书第 17 章，我们会给出一个 HFSS-IE 求解器的设计实例，详细讲解 HFSS-IE 求解器的设计应用。

6.2　自适应网格剖分

HFSS 软件采用有限元法（FEM）来分析三维物体的电磁特性，有限元法求解问题的基本过程包括分析对象的离散化、有限元求解和计算结果的处理 3 个部分。HFSS 软件采用自适应网格剖分技术，根据用户设置的误差标准，自动生成精确、有效的网格，来完成分析对象的离散化。

自适应网格剖分的原理是：在分析对象内部搜索误差最大的区域并在该区域进行网格的细化，每次网格细化过程中网格增加的百分比由用户事先设置。完成一次网格细化过程后，软件重新计算并搜索误差最大的区域，判断该区域误差是否满足设置的收敛条件。如果满足收敛条件，则网格剖分完成；如果不满足收敛条件，继续下一次网格细化过程，直到满足收敛条件或者达到设置的最大迭代次数为止。

自适应网格剖分时，每一次网格细化的迭代过程在 HFSS 中称为一个"Pass"。

6.2.1　收敛标准

自适应网格剖分过程中，每次网格细化后，HFSS 会将基于当前网格计算出的 S 参数（或者能量、频率）结果和上一次的计算结果相比较，如果求出的误差 ΔS（或者 ΔE、ΔF）小于设置的收敛标准，表示解已经收敛，自适应网格剖分计算完成。HFSS 使用最后一次的剖分网格进行点频和扫频计算。

不同的求解类型和端口激励方式对应不同的收敛误差判断方法，具体的收敛误差判断方法有 ΔS、ΔE 和 ΔF。

1．ΔS 最大值

ΔS 定义为在自适应网格剖分过程中，每次网格细化前后 S 参数幅度的变化。ΔS 最大值定义为

$$\text{Max}_{ij}[\text{mag}(S_{ij}^N - S_{ij}^{N-1})]　　　　（6-2-1）$$

式中，i 和 j 表示矩阵中的元素，N 表示迭代次数。

波端口激励和集总端口激励问题使用 ΔS 最大值作为收敛误差的判断标准，当网格细化前后的 ΔS 最大值小于 Maximum Delta S Per Pass 中设定的值时，停止自适应网格剖分的细化过程；否则，网格剖分细化将一直进行下去，直到满足收敛标准或者达到 Maximum Number of Passes 处设定的最大迭代次数为止。

在 HFSS 设计中，当激励方式设置为波端口激励或者集总端口激励时，右键单击工程树的 Analysis 节点，从弹出菜单中选择【Add Solution Setup】操作命令，即可打开如图 6.4 所示的 Solution Setup 对话框，用户可以在该对话框中设定 Maximum Delta S Per Pass 和 Maximum Number of Passes 的值。

2．ΔE 最大值

ΔE 定义为自适应网格剖分过程中，每次网格细化前后计算出的能量误差。这是衡量每步迭代之间电场稳定与否的计算标准，随着解的收敛，ΔE 趋于零。

电压源激励、电流源激励、入射波激励和磁偏置激励问题使用 ΔE 最大值作为收敛误差判断标准，当网格细化前后的 ΔE 最大值小于用户设定的值时，自适应网格剖分细化完成；否则，网格剖

分细化将一直进行下去，直到满足收敛标准或者达到最大迭代次数为止。

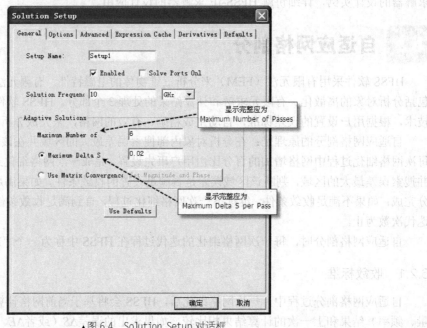

▲图 6.4　Solution Setup 对话框

3. 频率差 ΔF 的最大值

对于本征模求解类型，HFSS 自动使用 ΔF 最大值作为收敛误差判断标准。ΔF 定义为网格细化前后，计算出的谐振频率的差值相对于求解频率的百分比。对于无耗材质，ΔF 最大值是网格细化前后所有模式中频率实部变化的最大百分比；对于有耗材质，ΔF 最大值是从所有模式中频率实部变化的最大百分比和频率虚部变化的最大百分比二者之间选取较大者。当网格细化前后的 ΔF 最大值小于用户设定的收敛标准时，自适应网格剖分细化完成；否则，分析将一直进行下去，直到满足收敛标准或者达到最大迭代次数为止。

> **注意**　本征模求解类型计算出的谐振频率会有虚部和实部两部分，这是因为微波理论里面关于时谐场的数学分析处理中，各种电磁量都以复数表示引起的。谐振频率的实部就是通常的谐振频率；而虚部和各类损耗相关，同时也和模式相关。

6.2.2　收敛精度

在设置收敛误差标准时，理论上把收敛误差设置的越小计算结果越精确。然而，一方面，收敛误差设置的越小，意味着迭代次数越多，有时过小的误差值会极大地增加 HFSS 的计算量；另一方面，在实际制造和实验室测量时都会有固定误差。因此，HFSS 只需要提供一定水平的准确性，这个准确性大于在真实世界中引入的固有误差就可以了。在一般情况下，收敛误差使用 HFSS 系统的默认值或者取默认值的 1/2 就足够了。其中，ΔS 的默认值为 0.02，ΔE 的默认值为 0.1，ΔF 的默认值为 10%。

6.2.3　自适应网格剖分频率的选择

自适应网格剖分频率即求解频率。HFSS 的自适应网格剖分是在用户设定的单一频点上进行的，网格剖分完成后，同一个求解设置项下其他频点的求解，都是基于前面设定频点上所完成的网格划分。因此，自适应网格剖分频率的选择对最终求解的结果准确性有着重要的影响。通常，自适应网格剖分频率设置的越高，网格剖分就越细，网格个数就越多，计算结果也相应地更加准确，但同时计算过程中所占用的计算机内存也就越高，计算所花费的时间也越长。合适的自适应网格剖分频率的选择是在保证求解结果尽可能准确的前提下，占用尽可能少的计算机内存和花费尽可能短的计算时间。下面给出几类常用问题自适应网格剖分频率的选择，以帮助用户在今后的设计中正确地设定自适应网格剖分频率。

1. 点频或窄带问题

对于点频或者窄带问题，自适应网格剖分频率直接选择工作频率。

2. 宽带问题

对于宽带问题，应该选择最高频率作为自适应网格剖分频率。

3. 滤波器问题

对于滤波器问题，由于阻带内电场只存在于端口处，所以自适应网格剖分频率选择在通带内的高频段。

4. 快速扫频问题

对于快速扫频问题，典型的做法是选择中心频率作为自适应网格剖分频率。

5. 高速信号完整性问题

对于高速数字信号完整性分析类问题，我们需要借助转折频率（Knee Frequency，记为 f_{knee}）来决定自适应网格剖分频率。转折频率定义为

$$f_{knee} \approx \frac{0.5}{t_r} \qquad (6\text{-}2\text{-}2)$$

式中，t_r 表示信号上升沿电压在 10%～90% 范围内的时间。因为对于高速数字信号，需要计算的带宽通常很宽，所以决定恰当的自适应网格剖分频率也比较困难，建议采用如下方法。

（1）自适应网格剖分频率设置为转折频率 f_{knee}，进行网格细化剖分直至收敛。

（2）在转折频率和最大频率之间选择 2～3 个频点作为自适应网格剖分频率，再进行网格剖分，每个频点各做 3～5 次迭代。

（3）在频率扫描时，可以把整个频带分成几段，分别进行频率扫描分析；或者选择插值扫频类型；再或者把二者结合起来一起使用。

6.3　求解设置

前面讲解了 HFSS 分析求解设置中的重要概念：自适应网格剖分，下面我们来具体讲解在 HFSS 中如何添加/定义求解设置（Solution Setup）。

6.3.1　添加和定义求解设置

在 HFSS 中，添加求解设置的具体操作步骤如下。

（1）从主菜单栏选择【HFSS】→【Analysis Setup】→【Add Solution Setup】，或者右键单击工程树下的 **Analysis** 节点，从在弹出菜单中选择【Add Solution Setup】，打开"分析设置"对话框，进行求解频率和网格剖分的相关设置，如图 6.5 所示。

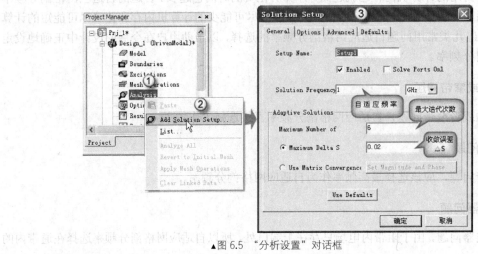

▲图 6.5 "分析设置"对话框

（2）单击对话框的 General 选项卡，设置求解频率和收敛误差等信息，该选项卡中各部分的功能如下。

● Setup Name：求解设置的名称，默认名称为 Setup*n*，用户也可以自己键入其他名称；求解设置完成后，该名称会添加到工程树的 Analysis 节点下。

● Enabled 复选框：该项表示是否激活当前求解设置项。选中该复选框表示 HFSS 仿真计算时需要分析该求解设置项，反之则表示 HFSS 仿真计算时不需要分析该求解设置项。

● Solve Ports Only 复选框：选中该复选框表示只计算端口平面的场模式；通常用于在运行仿真计算之前确定模式数、模式的场和端口长度，从而给出正确的端口设置。

● Solution Frequency：求解频率或者自适应网格剖分的频率。

● Maximum Number of Passes：最大迭代次数。自适应网格剖分细化的过程在满足收敛误差或者达到最大迭代次数时自动终止。

● Maximum Delta S：S 参数收敛误差标准 ΔS。

● Use Matrix Convergence：选中该项后，会激活右侧的 Set Magnitude and Phase…按钮，同时 Maximum Delta S 项变成灰色不再生效；单击 Set Magnitude and Phase…按钮，可以分别设置 S 参数的相位和幅度收敛误差标准，只有二者同时收敛时，网格剖分完成。

（3）然后，单击选中对话框的 Options 选项卡，设置网格剖分相关选项，其界面如图 6.6 所示，该选项卡各部分的功能如下。

● Initial Mesh Options 栏。

　➢ Do Lambda Refinement：设置初始网格单元的大小，HFSS 自动细分网格以使网格单元的长度满足此处的设置要求。例如，默认的 Lambda 值为 0.3333，即要求初始网格单元的长度必须小于 1/3 个波长；这个波长是基于前面设置的自适应网格剖分频率计算的。

　➢ Use Free Space Lambda：选中该项表示在初始网格剖分过程中，忽略物体的材料特性，以自由空间的波长作为衡量标准。对于高导电率的介质材料（如脑组织液或盐水）一般选中该项，这样尽管射频信号只能穿透材料表面附近的有限区域，HFSS 仍然能够产生足够多的初始网格。

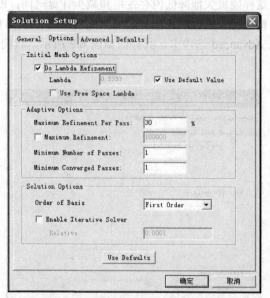

▲图 6.6　"分析设置"对话框的 Options 选项卡

- Adaptive Options 栏。
  - ➤ Maximum Refinement Per Pass：自适应网格剖分时，每次迭代前后，网格数量最多能增加的百分比。这将保证两次迭代之间的网格数有足够的变化，确保不会收到虚假的收敛信息。默认值 30%能满足绝大多数设计的要求。
  - ➤ Maximum Refinement：自适应网格剖分时，每次迭代过程前后，最多能增加的网格数量。一般不选中该项，以上面 Maximum Refinement Per Pass 项设定的百分比作为标准。
  - ➤ Minimum Number of Passes：自适应网格剖分时，无论是否达到收敛标准，必须在完成此处所设定的最小迭代次数之后才能停止网格剖分细化。
  - ➤ Minimum Converged Passes：自适应网格剖分时，在达到收敛标准后，还需要继续进行的迭代次数。
- Solution Options 栏。
  - ➤ Order of Basis：选择有限元算法的基函数，在其下拉列表中可以选择零阶基函数（Zero Order）、一阶基函数（First Order）和二阶基函数（Second Order），基函数的选择会影响到前面 Lambda Refinement 处默认初始网格大小的设置，其关系如表 6.1 所示。

表 6.1　　　　　　　　　　基函数和默认初始网格大小的对应关系

	模式/终端驱动求解	本征模求解
Zero Order	0.1λ	0.1λ
First Order	0.333λ	0.2λ
Second Order	0.667λ	0.4λ

　　在剖分单元数目相同的情况下，高阶基函数具有更多的未知量，计算结果更加准确。一般来说，对于结构较为简单的电大尺寸问题，选用高阶基函数可以在较少的剖分单元情况下获得较好的精度；对于几何结构较为复杂的问题，可以在较为细致的剖分情况下选用低阶基函数来逼近真实解。HFSS 默认选用的是一阶基函数（First Order）。
  - ➤ Enable Iterative Solver：选中该项后，HFSS 会使用迭代求解器对良态矩阵进行求解，对于大型问题，这样能极大地降低内存占用和减少计算时间；Relative 用来设置迭代求解器的收敛误差标准，一般取默认值 0.0001。该项不适合 Zero Order 问题。

（4）单击选中对话框 Advanced 选项卡，其界面如图 6.7 所示，我们来看一下该界面中各选项所代表的意义。

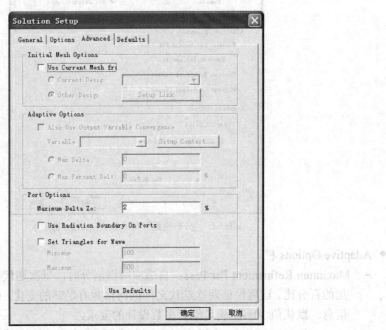

▲图 6.7 "分析设置"对话框的 Advanced 选项卡

- Initial Mesh Options 栏。
  - ➤ Use Current Mesh from：使用其他设计所生成的网格；选中该复选框后，Options 选项卡的 Initial Mesh Options 相关设置不再生效。
- Port Options 栏。
  - ➤ Maximum Delta Z_0：设置端口平面自适应网格剖分时的收敛误差标准，用网格细化前后端口阻抗 Z_0 的变化百分比来表示。因为 HFSS 进行全三维解算时是将端口处的场设置为边界条件的，所以端口平面网格细分将引起 HFSS 细分整个模型结构的网格。因此，此处收敛误差设定的值如果很小会生成非常复杂且毫无必要的有限元网格，一般取系统默认值 2%即可。
  - ➤ Use Radiation Boundary On Ports：该项只对波端口有效；选中该复选框后波端口与辐射边界条件相接触的边会自动设为辐射边界条件；不选中该复选框，则自动设为理想导体边界条件。
  - ➤ Set Triangles for Wave：端口处的网格剖分细化终止标准。每个模型端口处的网格都将自适应地细分，直到满足上面 Maximum Delta Z_0 处设置的收敛误差标准或者达到所设定的网格剖分三角形个数的上限。选中该复选框后，在 Minimum 和 Maximum 项输入网格剖分时生成的三角形个数的下限和上限；如果不选中该复选框，HFSS 将根据端口的设置来确定合理的三角形个数的下限/上限。

（5）上述各项都设置好了之后，单击 确定 按钮，完成求解设置。设置完成后，求解设置的名称 Setup1 会添加到工程树中的 Analysis 节点下。

> **注意**
>
> 　　对于不同的求解类型和端口激励方式，其收敛误差判断方法和"求解设置"对话框稍有不同。上面的"分析设置"对话框对应的是波端口和集总端口激励方式下的设置，其收敛误差用 ΔS 表示；电压源激励、电流源激励、入射波激励和磁偏置激励下的"求解设置"对话框如图 6.8 所示，其收敛误差用 Maximum Delta Energy（ΔE）表示；本征模求解类型下的"求解设置"对话框如图 6.9 所示，其收敛误差用 Maximum Delta Frequency Per Pass（ΔF）表示。

▲图 6.8　电压源/电流源/入射波/磁偏置激励　　▲图 6.9　本征模求解类型下的"求解设置"对话框下的"求解设置"对话框

6.3.2　修改和删除已添加的求解设置

　　对于当前设计中已经添加的求解设置项，用户可以随时修改或删除。展开工程树中的 **Analysis** 节点，选中需要修改或删除的求解设置项，然后单击右键，在弹出菜单中选择【Properties...】操作命令，可以重新打开"求解设置"对话框，对该求解设置项进行编辑修改；在弹出菜单选择【Delete】操作命令，可以删除当前选中的求解设置项，如图 6.10 所示。

▲图 6.10　修改和删除求解设置项

6.4　扫频分析

　　前面讲解了如何添加和定义求解设置，通过求解设置，可以对模型结构进行自适应网格剖分，并计算在指定的网格剖分频率点处的 S 参数和场解。这只是分析一个频点处的 S 参数和场解，如果要分析或计算某个频段范围内的 S 参数和场解，则需要进行频率扫描设置。HFSS 中有 3 种扫频类型，分别为快速扫频（Fast Frequency Sweep）、离散扫频（Discrete Frequency Sweep）和插值扫频（Interpolating Frequency Sweep）。

6.4.1 扫频类型

1. 快速扫频

快速扫频是在 1994 年引入 HFSS 中，最初基于 AWE（Asymptotic Waveform Evaluation）算法用于搜寻传输函数的主零、极点，适合于窄带问题的求解；后来采用 ALPS（Adaptive Lanczos-Pade Sweep）算法，Lanczos 法是求解稀疏矩阵本征值问题的有效方法，采用 ALPS 算法可以在很宽的频带范围内搜寻出传输函数的全部零、极点。因此，快速扫频适用于谐振问题和高 Q 值问题的分析，使用快速扫频可以得到场在谐振点附近行为的精确描述。

使用快速扫频，一般选择频带中心频率作为自适应网格剖分频率，进行网格剖分，计算出该频点的 S 参数和场分布，然后使用基于 ALPS 算法的求解器从中心频率处的 S 参数解和场解来外推整个频带范围的 S 参数解和场解。使用快速扫频，计算时只会求解中心频点处的场解，但在数据后处理时整个扫频范围内的任意频点的场都可以显示。

2. 离散扫频

离散扫频是在频带内的指定频点处计算 S 参数和场解。例如，指定频带范围为 1～2GHz、步长为 0.25GHz，则会计算在 1GHz、1.25GHz、1.5GHz、1.75GHz、2GHz 共 5 个频点处的 S 参数和场解。默认情况下，使用离散扫频只保存最后计算的频率点的场解，上例中即只保存 2GHz 处的场解。用户如果希望保存指定的所有频率点的场解，需要选中设置对话框中的 Save Fields 复选框。

对于离散扫频，需要求解的频率点越多，完成频率扫描所需的时间就越长。如果整个频带范围的解只需要有限几个频率点就能精确表示，那么可以选择离散扫频。

3. 插值扫频

插值扫频使用二分法来计算整个频段内的 S 参数和场解。使用插值扫频，HFSS 自适应选择计算场解的频率点，并计算相邻两个频点之间的解的误差，当解达到指定的误差收敛标准或者达到了设定的最大频点数目后，扫描完成；其他频率点上的 S 参数和场解由内插给出。

假设以 $y(f)$ 表示插值函数，ε_s 表示相邻两个插值频点之间解的误差最大值，ε_c 表示误差收敛标准，则有

$$\varepsilon_{s,i} = \int_{\Delta_i} \left| y_n(f) - y_{n-1}(f) \right| df, \quad \Delta_i = \left| f_i - f_{i-1} \right| \tag{6-4-1}$$

$$\varepsilon_s = \max_i(\varepsilon_{s,i}) \tag{6-4-2}$$

$$\varepsilon_c = \max_i\left(\frac{1}{\Delta_i} \varepsilon_{s,i} \right) \tag{6-4-3}$$

插值扫频时，插值频率点的自适应选择过程如下：首先根据式（6-4-1）计算各个相邻频点之间的解的误差值 $\varepsilon_{s,i}$、ε_c，如果 ε_c 小于指定的误差标准，频率扫描停止；否则找出最大误

差 ε_s 所在频率区间，假设该频率区间为 (f_l, f_m)，则新的插值频点 $f_{new} = \dfrac{f_l + f_m}{2}$。以图 6.11 为例，来看一下第 6 个插值频率点 f_5 的自适应确定方法，图中已经确定了 $f_0 \sim f_4$ 共 5 个插值频点，且计算出的误差函数的关系为 $\varepsilon_{s,1} > \varepsilon_{s,4} > \varepsilon_{s,3} > \varepsilon_{s,2}$，因此 $\varepsilon_s = \varepsilon_{s,1}$，最大误差频率区间为 (f_0, f_2)，则新增插值频点 $f_5 = f_{new} = \dfrac{f_0 + f_2}{2}$。

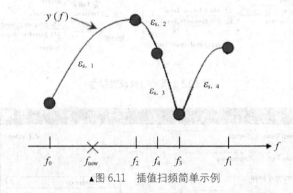

▲图 6.11　插值扫频简单示例

插值扫频过程中，前一个插值频率点的场解会被删除，然后产生下一个频率点的场解，这样最终只有最后计算的频率点的场解才会被保存下来。

4.3 种扫频类型的选择

作为经验准则，当 $\dfrac{f_{max}}{f_{min}} < 4$ 时，扫频类型一般选择快速扫频；对于 $\dfrac{f_{max}}{f_{min}} > 4$ 的宽带问题，扫频类型一般选择插值扫频；离散扫频通常较少使用，只有在用户只希望得到问题的有限几个频点的精确解时才选择离散扫频。快速扫频可以得到场在谐振点附近行为的精确描述，因而适用于谐振问题和高 Q 值问题的分析；离散扫频采用的是二分法，适合频率响应较为平坦的问题的分析。通常把快速扫频作为默认的扫频类型；当使用快速扫频所占用的内存资源超出计算机可使用的内存时，选择插值扫频；或者所需分析的问题频带很宽时，例如多数高速数字信号问题的分析，选择插值扫频。

需要记住的是，在频率扫描求解过程中 HFSS 是不重新进行网格剖分细化的，整个频率扫描求解过程中，HFSS 始终是基于求解频率处所产生的网格进行计算的。

6.4.2　添加和定义扫频设置

HFSS 设计中，在添加了求解设置后，如果还需要分析和计算某一频段内的 S 参数和场解，此时需要添加频率扫描设置。

添加扫频设置的具体步骤如下。

（1）在添加频率扫描设置前，请先确认设计中已经添加了求解设置。

（2）从主菜单栏选择【HFSS】→【Analysis Setup】→【Add Frequency Sweep】，或者展开工程树中的 **Analysis** 节点，选中添加的求解设置项，单击鼠标右键，从弹出菜单中选择【Add Frequency Sweep】，打开"扫频设置"对话框，添加频率扫描的相关设置，如图 6.12 和图 6.13 所示。

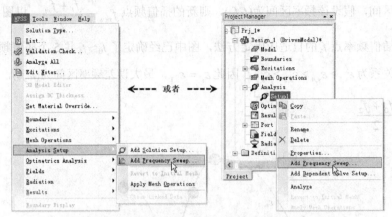

▲图 6.12 添加扫频设置操作

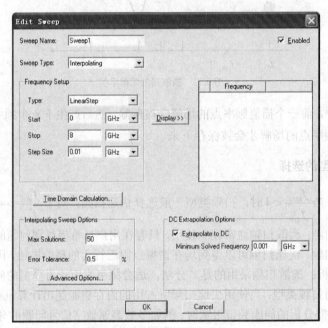

▲图 6.13 "扫频设置"对话框

"扫频设置"对话框中各项功能说明如下。

● Sweep Name：扫频设置的名称，默认名称为 Sweep*n*，用户也可以自己键入其他名称；扫频设置完成后，该名称会添加到工程树的 Analysis 节点下。

● Sweep Type：选择扫频类型，有离散扫频（Discrete）、快速扫频（Fast）和插值扫频（Interpolating）3 种类型。

● Frequency Setup：设置扫频频段需要求解的频点，主要有 LinearStep 和 LinearCount 两种设置方式。LinearStep 方式通过设置起始频率（Start）、终止频率（Stop）和步进频率（Step Size）来设置频点，例如起始频率、终止频率和步进频率分别设为 1GHz、2GHz 和 0.25GHz，则需要求解的频率点有 1GHz、1.25GHz、1.5GHz、1.75GHz 和 2GHz。LinearCount 方式通过设置起始频率（Start）、终止频率（Stop）和频点个数（Count）来设置频点，假设起始频率、终止频率、步进频率和频点个数分别用 f_{star}、f_{stop}、f_{step} 和 N 表示，则 LinearCount 方式下的步进频率 $f_{step} = \dfrac{f_{stop} - f_{start}}{N-1}$；例如，起始频率、终止频率和频点个数分别为 1GHz、2GHz 和 3，则此时步进频率为 0.5GHz，需要求解的频率点有 1GHz、1.5GHz 和 2GHz。对于离散扫频，还有 SinglePoint 方式，设置单一频点。设置好频率后，单击 Display>> 按钮，则所有的频率点都会显示在右侧的空白栏处。另外，对于离散扫频和快速扫频在该栏的下方还有 Save Fields 复选框，选中该复选框后，上面设置的所有频点的场解都会被保存下来；否则对于离散扫频只保存终止频率处的场解，对于快速扫频只保存中心频点处的场解。而对于插值扫频，对话框中没有 Save Fields 复选框可供选择，只保存最后计算的频率点的场解。

● **Time Domain Calculation**：进行高速数字信号分析或者全波 SPICE 分析时，使用该按钮可帮助用户决定合适的扫描频率范围。单击该按钮后，可以打开图 6.12 所示的"时域计算器"对话框，其中 Signal Rise Time 为数字信号上升沿时间（设为 t_r），Time Steps per Rise Time 可以看做是采样点数（设为 N_τ），Number of Time Points 用于计算输入信号持续时间（设为 N），则最大频率和步进频率分别为

$$f_{max} = \frac{0.5}{t_r} \times N_\tau \tag{6-4-4}$$

$$f_{step} = \frac{f_{max}}{N} \tag{6-4-5}$$

用户指定 Signal Rise Time、Time Steps per Rise Time 和 Number of Time Points 后单击 Calculate 按钮，时域计算器会计算出时域分析时需要的最大频率和步进频率，并分别显示在 Maximum Frequency 和 Frequency Step Size 处；单击 OK 按钮，计算出的最大频率和步进频率会添加到图 6.14 所示"扫频设置"对话框的 Frequency Setup 栏。

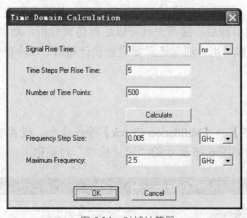

▲图 6.14　时域计算器

● **Interpolating Sweep Options**：只有选择插值扫频时该栏才有效，其中 Max Solutions 项设置频带内最大需要求解的频点数，一般设置为默认值 50；Error Tolerance 项设置插值误差收敛标准，一般设置为默认值 0.5%。当由式（6-4-3）计算出的误差 ε_c 小于此处设置的收敛标准，或者达到最大需要求解的频点数时，插值扫频完成。

● **DC Extrapolation Options**：当需要输出 SPICE 参数模型时，必须包含低频和直流（DC）点的解，HFSS 不能直接计算直流点的解，选中该直流扩展项可以外插得出低频和直流点的解。其中 Minimum Solved Frequency 项设置扫频的最低频率，默认值为 100MHz。需要注意的是，只有选择离散扫频和插值扫频时，DC Extrapolation Options 才有效。

（3）上述各项设置好之后，单击 OK 按钮，完成添加扫频设置的操作。完成后，扫频设置的

名称 Sweep1 会自动添加到工程树 Analysis 节点的求解设置项下，如图 6.15 所示。

▲图 6.15 工程树中的扫频项

6.4.3 修改和删除已添加的扫频项

和求解设置一样，对于 HFSS 设计中已经添加的扫频设置，用户也可以随时修改或删除。展开工程树 Analysis 节点下的 Setup1，选中需要修改或删除的扫频设置项，单击右键，从弹出菜单中选择【Properties…】操作命令，可以重新打开"扫频设置"对话框，对该扫频设置项进行编辑和修改；在弹出菜单中选择【Delete】操作命令，可以删除当前选中的扫频设置项。

6.5 设计检查和运行仿真分析

在 HFSS 的设计流程中，当用户完成了创建物体模型结构、分配边界条件和激励方式以及添加分析设置或扫频设置这几大步骤后，接下来就可以运行仿真分析，对当前设计进行仿真求解了。

在运行仿真分析操作之前，用户通常还需要进行设计检查，以检查设计的完整性以及设计中是否存在错误。

6.5.1 设计检查

从主菜单栏选择【HFSS】→【Validation Check】操作命令，或者单击工具栏的 按钮，即可以执行设计检查操作，弹出如图 6.16 所示的"设计检查"对话框。

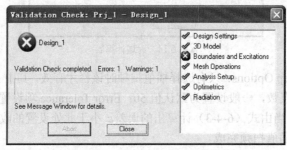

▲图 6.16 "设计检查"对话框

在"设计检查"对话框中， 表示该步骤完整且正确， 表示该步骤有警告信息， 表示该步骤不完整或者有错误。对于设计检查对话框出现的警告或错误信息，用户需要仔细查看信息管理窗口的提示信息，根据提示信息找出警告或错误的原因，并在设计中做出正确的修改。

6.5.2　运行仿真分析

如果设计检查中，所有步骤都是正确且完整的，就可以运行仿真分析了。HFSS 中有 3 种操作方式用来运行仿真分析：一是从主菜单栏选择【HFSS】→【Analyze All】操作命令，如图 6.17（a）所示；二是单击工具栏的 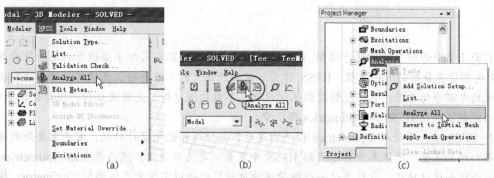 按钮，如图 6.17（b）所示；三是选中工程树下的 Analysis 节点，单击右键，从弹出菜单中选择【Analyze All】操作命令，如图 6.17（c）所示。

▲图 6.17　运行仿真分析操作

需要注意的是，上述 3 种操作方式执行的都是运行当前设计中所有求解设置项和扫频设置项的仿真分析。如果只需要运行当前设计中某个求解设置项或者某个扫频设置项，可以在工程树下选中该求解设置项或者扫频设置项，然后单击右键，从弹出菜单中选择【Analyze】命令。例如，假设当前设计中定义了 Setup1、Setup2 两个求解设置项，Setup1 求解设置项下定义了 SweepA、SweepB 两个扫频设置项，Setup2 求解设置项下定义了 SweepC 一个扫频设置项，现在只准备运行 SweepB 这个扫频设置项，则可以在工程树下选中扫频项 SweepB，然后单击右键，从弹出菜单中选择【Analyze】命令，如图 6.18 所示，这样就可以实现只运行 SweepB 扫频项。

▲图 6.18　运行单个扫频项

6.6　本章小结

本章主要讲述 HFSS 仿真设计中求解类型的选择、如何添加求解分析设置以及如何运行仿真分析。

第 7 章　HFSS 中的变量和 Optimetrics

前面几章中讲解了创建设计模型、分配边界条件激励方式以及添加求解设置并运行仿真分析等
HFSS 电磁仿真分析的常规流程。HFSS 作为一款功能强大的三维电磁仿真软件，除了能够提供上
述常规的电磁分析之外，它还能够提供优化设计、参数扫描分析、灵敏度分析和统计分析等功能，
这些功能都集成在 HFSS 的 Optimetrics 模块中。

在 HFSS 中，要使用 Optimetrics 模块的这些仿真分析和优化设计功能，首先需要做的就是定
义和添加相关变量。所以本章首先讲解 HFSS 中变量的定义和使用，然后再介绍 Optimetrics 模块
的各种分析和设计功能，最后通过一个微带线特征阻抗的分析实例来具体讲解 Optimetrics 模块各
种分析和设计功能的工程应用。

在本章，读者可以学到以下内容。

- 工程变量和设计变量的区别。
- 变量的定义。
- 如何添加、使用变量。
- 如何使用参数扫描分析。
- 如何使用优化设计。
- 什么是目标函数以及如何构造目标函数。
- 优化设计中优化算法的选择。
- 如何使用调协分析。
- 如何使用灵敏度分析。
- 如何使用统计分析。

7.1　变量

在 HFSS 中，物体模型的尺寸、物体的材料属性等设计参数都可以使用变量来表示。同时，在
HFSS 设计中，如果要使用参数扫描、优化设计和调协分析等功能，也必须要使用变量。下面我们
就来详细讲解 HFSS 中的变量类型、变量定义以及在设计中如何添加、删除、更改和使用变量。

7.1.1　变量类型

HFSS 定义了两种类型的变量：工程变量（Project Variables）和设计变量（Local Variables）。
工程变量和设计变量的定义和使用方法相同，如果设计中某一个设计参数需要使用变量来表示，用
户既可以使用工程变量也可以使用设计变量；但是二者的作用区间不同，在 HFSS 中一个工程
（Project）可以包含多个设计文件（Design），工程变量的作用区间为当前工程下的所有设计，而设
计变量的作用区间仅为该变量所在的设计中。举例来说，假如当前工程 Prj_1 下有两个设计文件
MyDesign1 和 MyDesign2，如图 7.1 所示；工程 Prj_1 下定义了一个工程变量 Var_1，设计 MyDesign1

下定义了一个设计变量 Var_2，设计 MyDesign2 下定义了一个设计变量 Var_3，则工程变量 Var_1 在 MyDesign1 和 MyDesign2 这两个设计中都可以使用，而设计变量 Var_2 只能在 MyDesign1 设计中使用，设计变量 Var_3 只能在 MyDesign2 设计中使用。

HFSS 中为了有效地区分工程变量和设计变量，在工程变量名称前都冠有前缀$。用户在定义工程变量时需要手动在变量名称前添加前缀$；如果用户在定义时没有添加，HFSS 也会自动在工程变量前添加前缀$。

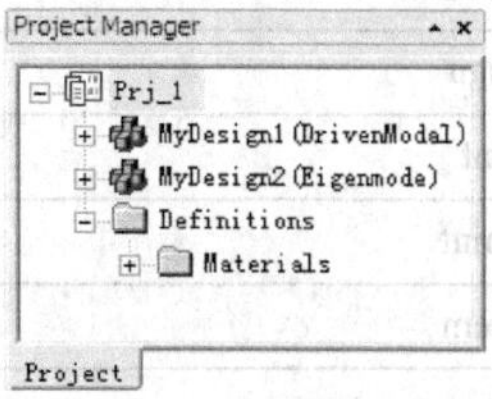

▲图 7.1　一个工程有两个设计

7.1.2　变量定义

完整的变量定义包含变量名和变量值两部分。变量名以字母开头，可以由字母、数字和下画线"_"组成。需要注意的是，有些字母/数字组合在 HFSS 中已经默认定义为常数或数学函数，那么变量名不能再使用这些组合；如 pi 默认定义为圆周率，sin 默认定义为正弦三角函数，则用户不能再使用 pi 和 sin 作为变量名。另外，直角坐标系使用的坐标轴名称 x、y、z，圆柱坐标系和球坐标使用的坐标轴名称 φ、θ、r（圆柱坐标系半径）、Rho（球坐标系半径）也不能用作变量名。HFSS 中默认的常数定义及其描述如表 7.1 所示。

表 7.1　　　　　　　　　　　HFSS 中的默认常数

常 数 名	常 数 值	单 位	含 义 描 述
pi	3.141592653589		圆周率
Boltz	$1.3806503 \times 10^{-23}$	J/K	玻尔兹曼常数
c0	299792458	m/s	真空中的光速
elecq	$8.854187817 \times 10^{-12}$	C	电子电荷
eta	376.730313416	Ω	真空特征阻抗
E0	3.85×10^{-12}	F/m	真空介电常数
U0	$1.256637061 \times 10^{-66}$	H/m	真空磁导率
g0	9.80665	m/s²	重力加速度
sabs0	−273.15	℃	绝对零度
mathE	2.718281828		自然对数的基底
planck	$6.6260775 \times 10^{-34}$		普朗克常数

变量值可以是数值、数学表达式或者数学函数，也可以是数组、矩阵或者行列式。对于数值，HFSS 支持使用科学计数法，如 0.005 可以写成 5e-3；对于数学函数，HFSS 中默认定义的常用数学函数如表 7.2 所示；对于数学表达式，在使用时需要注意运算符的优先级，HFSS 中定义的运算符及各运算符的优先级如表 7.3 所示。

> ✏️注意　　　在 HFSS 中，三角函数和反三角函数的默认单位是弧度，如果用户希望三角函数和反三角函数使用或返回度数值，需要在使用时指定度数单位 deg。

表 7.2　　　　　　　　　　　HFSS 中常用的数学函数符号

函 数 名	函 数 描 述	用 法
abs	取绝对值	abs(x)
even	偶数返回 1，奇数返回 0	even(x)

续表

函 数 名	函 数 描 述	用 法
odd	偶数返回 0，奇数返回 1	odd(x)
sgn	正负数字符号位	sgn(x)
int	取数字的整数部分	int(x)
nint	四舍五入取整	nint(x)
rem	取数字的小数部分	rem(x)
max、min	取两个数中的最大、最小值	max(x,y)
mod	取模	mod(x)
sqrt	平方根	sqrt(x)
exp	求幂（e^x）	exp(x)
pow	求幂（x^y）	pow(x, y)
ln	自然对数	ln(x)
log10	以 10 为基底求对数	log10(x)
sin、cos、tan	三角函数正弦、余弦、正切	sin(x)
asin、acos	反正弦、反余弦	asin(x)
atan	反正切（$-90°\sim90°$）	atan(x)
atan2	反正切（$-180°\sim180°$）	atan2(x)
sinh、cosh、tanh	正弦、余弦、正切双曲函数	sinh(x)
asinh、atanh	反正弦、反正切双曲函数	asinh(x)

表 7.3　　　　　　　　　　　　　　　　HFSS 中的运算符

运 算 符	名 称	优 先 级
（）	括号	1
！	取反	2
^	求幂	3
—	负号	4
运 算 符	名 称	优 先 级
*、/	乘号、除号	5
+、−	加号、减号	6
==、!==、>、<、>=、<=	等于、不等于、大于、小于、大于等于、小于等于	7
&&、‖	逻辑与、逻辑或	8

　　每个变量在定义时都必须赋一个初始值，如果赋给变量的初始值已经指定了单位，在使用该变量时就不需要重新指定单位，否则在使用变量时需要指定变量的单位。另外，由于参数扫描、优化设计、调谐分析和灵敏度分析等不支持复数，所以对于值为复数的变量，不能用于上述分析。

7.1.3　添加、删除和使用变量

　　HFSS 中，工程变量和设计变量的定义稍有不同，所以下面会分开介绍这两种变量类型的定义、添加和删除操作。

1. 定义和删除工程变量

从主菜单栏选择【Project】→【Project Variables...】命令，或者选中工程树下的工程名称，然后单击右键，从弹出菜单中选择【Project Variables...】命令，打开工程属性对话框，如图 7.2 所示。对话框中，Project Variables 选项卡界面是用来添加和编辑工程变量的窗口，Intrinsic Variables 选项卡界面列出了 HFSS 系统预定义的常用变量， Constants 选项卡界面列出了 HFSS 系统预定义的常数。

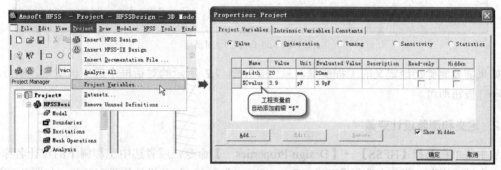

▲图 7.2　工程属性对话框

在图 7.2 所示的 Project Variables 选项卡中，Optimization、Tuning、Sensitivity 和 Statistics 单选按钮分别用于设置列表中的变量是否可以用于优化设计、调谐分析、灵敏度分析和统计分析。下面以选中 Optimization 单选按钮为例来具体说明。选中 Optimization 单选按钮后，对话框界面如图 7.3 所示，选中变量对应的 Include 复选框，则表示该变量可以用于优化设计，反之变量不可以用于优化设计。对于本图所列的两个工程变量，变量 "$Cvalue" 可以用于优化设计，而变量 "$width" 不会会用于优化设计。

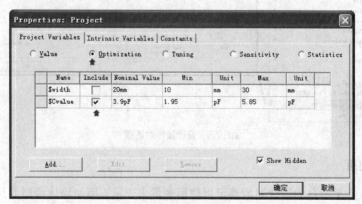

▲图 7.3　设置优化变量

回到图 7.2 所示界面，单击对话框的 Add... 按钮，可以打开图 7.4 所示 Add Property 对话框，添加/定义新的变量。其中，Name 项是变量名，Value 项是变量初始值，初始值可以是数值或是表达式。例如，如果定义一个工程变量 length，其值是已定义工程变量 width 的两倍，则需要在 Name 项输入变量名称 "length" 或 "$length"，在 Value 项输入表达式 "2*$width"，然后单击 OK 按钮，完成添加工程变量 length 的操作。操作完成后，在图 7.2 所示的工程属性对话框中会列出新添加的变量名和变量值。

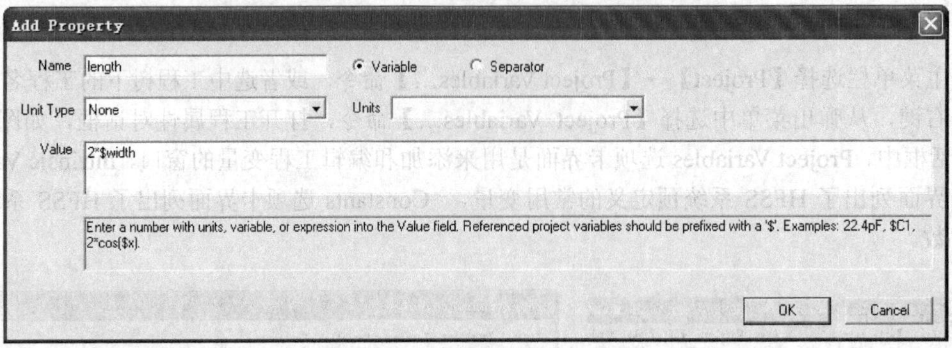

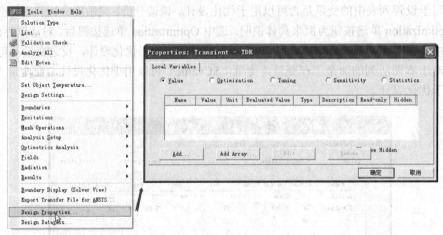

▲图 7.4　Add Property 对话框

如果需要删除已经定义的工程变量，只需要在图 7.2 所示的对话框中选中该变量，然后单击 `Remove` 按钮即可。

2. 定义和删除设计变量

从主菜单栏选择【HFSS】→【Design Properties...】命令，或者选中工程树下的设计名称，然后单击右键，从弹出菜单中选择【Design Properties...】命令，打开设计属性对话框，如图 7.5 所示。设计变量的添加和删除操作步骤与工程变量基本相同，这里不再赘述。

▲图 7.5　设计属性对话框

3. 变量的使用

在 HFSS 中，几乎所有的设计参数都可以使用变量来表示，例如物体模型的尺寸、物体的材料属性、边界条件相关参数等。

对于已定义的变量，可以直接使用变量或者包含变量的表达式来表示设计参数。例如，假设当前设计中定义了工程变量 width 和设计变量 length，现在需要创建一个长方体，长方体的长和宽分别用变量 length 和 width 表示，则只需在长方体的属性对话框中把长方体的长和宽分别用变量 length 和$width 代替即可，如图 7.6 所示。在使用变量时需要注意的是：一是工程变量在使用时需要加前缀$，二是注意变量定义时使用的单位。

在设计过程中，也可以输入未定义的变量表示设计参数。输入未定义的变量后，HFSS 会自动弹出如图 7.7 所示的 Add Variable 对话框，要求定义正在输入的变量，并给该变量指定初始值。

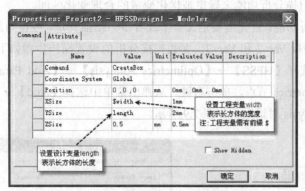

▲图 7.6 使用变量代替长方体的长和宽

（a）添加设计变量

（b）添加工程变量

▲图 7.7 添加变量对话框

7.2 Optimetrics 模块

Optimetrics 是集成在 HFSS 中的设计优化模块，该模块通过自动分析设计参数的变化对求解结果的影响，实现参数扫描分析（Parametric）、优化设计（Optimization）、调谐分析（Tuning）、灵敏度分析（Sensitivity）和统计分析（Statistical）等功能。Optimetrics 提供的分析功能列表如图 7.8 所示。

其中，参数扫描分析功能可以用来分析器件的性能随着指定变量的变化而变化的关系，在优化设计前一般需要使用参数扫描分析功能来确定被优化变量的合理变化区间；优化设计是 HFSS 软件结合 Optimetrics 模块根据特定的优化算法在所有可能的设计变化中寻找出

▲图 7.8 Optimetrics 的功能

一个满足设计要求的值的过程，通过优化设计，软件可以自动分析找到满足设计要求的最佳变量值；调谐分析功能是在改变变量值的同时实时显示求解结果；灵敏度分析功能是用来分析设计参数的微小变化对求解结果的影响程度；统计分析功能是利用统计学的观点来研究设计参数的容差对求解结果的影响，常用的方法是蒙特卡罗（Monte-Carlo）法。下面就来详解介绍 Optimetrics 模块的这几种设计、分析功能。

7.3 参数扫描分析

参数扫描分析功能是用来分析设计模型的性能随着指定变量的变化而变化的关系，在优化设计

前一般需要使用参数扫描分析功能来确定被优化变量的合理变化区间。

使用参数扫描分析功能，首先需要定义一个或者多个扫描变量。假设当前设计中已经定义了工程变量 Var_1，设计变量 Var_2 和 Var_3，参数扫描分析的设置操作步骤如下。

（1）从主菜单栏选择【HFSS】→【Optimetrics Analysis】→【Add Parametric...】命令，或者选中工程树下的 Optimetrics 节点，单击右键，从弹出菜单中选择【Add】→【Parametric...】命令，打开 Setup Sweep Analysis 对话框，如图 7.9 所示。

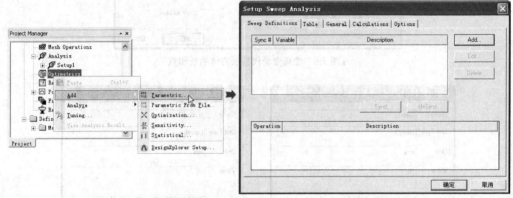

▲图 7.9　打开 Setup Sweep Analysis 对话框

（2）单击该对话框的　Add...　按钮，打开如图 7.10 所示的 Add/Edit Sweep 对话框，添加扫描变量。在图 7.10 所示的对话框中，①处的 Variable 项列出了当前设计中定义的所有变量，单击打开其下拉列表，从中选择一个变量作为扫描变量；②③处是设置扫描变量的变化范围；设置好扫描变量的变化范围后，④处的　Add >>　按钮就会被激活，单击该按钮，就可以把刚刚选择的变量添加为扫描变量，并显示在右侧的空白区域。一次可以添加多个变量作为扫描变量，最后单击⑤处的　OK　按钮，退出 Add/Edit Sweep 对话框，完成添加扫描变量的操作。

（3）完成添加扫描变量的操作后，会返回到图 7.9 所示的 Setup Sweep Analysis 对话框。此时，Setup Sweep Analysis 对话框中会列出已经添加的扫描变量；单击　确定　按钮，完成参数扫描分析设置。设置完成后，参数扫描设置项会添加到工程树的 Optimetrics 节点下，默认名称为 ParametricSetup1，如图 7.11 所示。

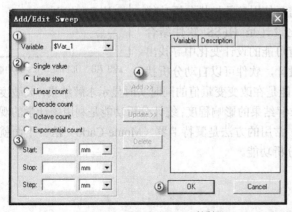

▲图 7.10　Add/Edit Sweep 对话框

▲图 7.11　添加的参数扫描设置

7.4 优化设计

优化设计是指 HFSS 软件结合 Optimetrics 模块在一定的约束条件下根据特定的优化算法对设计的某些参数进行调整，从所有可能的设计变化中寻找出一个满足设计要求的值。优化设计时，首先需要明确设计要求或设计目标，然后用户根据设计要求创建初始结构模型（Nominal Design）、定义优化变量并构造目标函数，最后指定优化算法进行优化。HFSS 优化设计的流程如图 7.12 所示。

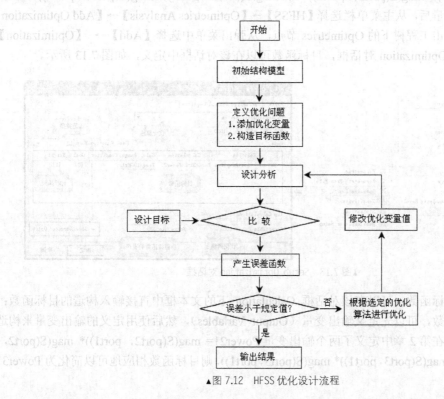

▲图 7.12　HFSS 优化设计流程

7.4.1　初始设计

初始设计或者初始结构模型在 HFSS 中称为 Nominal Design。用户一般根据理论知识和实际经验给出初始设计，创建初始结构模型。初始设计应该尽量接近真实值，否则会导致优化时间过长，有时甚至得不到全局最优解。

7.4.2　定义优化变量

在进行优化设计时，首先需要添加优化变量。如果添加的优化变量是工程变量，需要打开上一节 7.2 所示的工程属性对话框；如果添加的优化变量是设计变量，需要打开上一节图 7.5 所示的设计属性对话框。然后单击选中该变量编辑对话框中的 Optimization 单选按钮，此时对话框中会列出当前设计所定义的全部工程变量或者设计变量，选中变量对应的 Include 项复选框，即把该变量添加为优化变量；同时在 Nominal Value、Min 和 Max 项下的文本框分别输入优化变量的初始值、最小值和最大值；具体操作可以参考图 7.3。在优化设计前，一般先进行参数扫描分析，确定优化变量的初始值和合理的变化区间（即此处的最大值和最小值）。

7.4.3 构造目标函数

在优化设计中，为了评价设计结果的好坏以及判断设计是否已经达到要求的目标，必须定义一个判据，软件根据这个判据来决定是否需要继续进行最优搜索，这个判据就称为目标函数。目标函数需要用户根据具体的设计目标进行构造，例如在第 2 章的设计实例中，设计目标是在 10GHz 工作频率处，端口 3 的输出功率是端口 2 输出功率的两倍，根据这个设计目标可以构造目标函数 mag(S(port3，port1))* mag(S(port3，port1))−2* mag(S(port2，port1))* mag(S(port2，port1))=0。

添加了优化变量后，从主菜单栏选择【HFSS】→【Optimetrics Analysis】→【Add Optimization】命令，或者右键单击工程树下的 Optimetrics 节点，从弹出菜单中选择【Add】→ 【Optimization】命令，打开 Setup Optimization 对话框，目标函数可以在该对话框中定义，如图 7.13 所示。

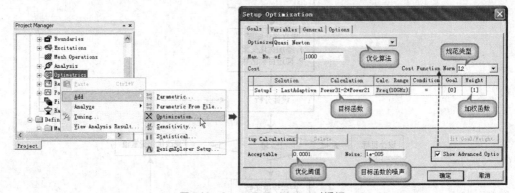

▲图 7.13　Setup Optimization 对话框

对于简单的目标函数，可以在该对话框 **Calculation** 下的文本框中直接输入构造的目标函数；对于复杂的目标函数，可以先定义输出变量（**Output Variables**），然后使用定义的输出变量来构造目标函数。例如，在第 2 章中定义了两个输出变量 Power21= mag(S(port2，port1))* mag(S(port2，port1))，Power31= mag(S(port3，port1))* mag(S(port3，port1))，则目标函数相应地可以简化为 Power31 −2*Power21=0。

1. 加权函数和规范类型

在有些设计中，为了达到设计要求，需要设置多个目标函数。另外，目标函数所包含的性能指标有时也是互相矛盾或互相制约的，一般很难保证全部指标都达到最优。在这两种情况下，可以给每个目标函数分配一个加权值，加权值越大，表示该目标函数越重要；借助于选用适当的加权函数，可以保证在优化分析时重要指标的设计要求得到优先满足。加权函数值可以在图 7.13 所示 Setup Optimization 对话框 Weight 项对应的文本框中输入。

图 7.13 所示对话框中，选中右下角的 Show Advanced Options 复选框，则会在对话框右上角显示 Cost Function Norm 项。该项用于设置目标函数误差计算的规范类型，在其下拉列表中有 3 种规范类型可供选择，分别为 L1、L2 和 Maximum。这 3 种规范类型定义了 3 种计算目标函数误差的方法。

对于有多个目标函数的问题，误差函数值是所有目标函数误差值的加权和，对于 L1 规范类型，误差函数定义为

$$e = \sum_{1}^{N} |w_i e_i| \qquad (7\text{-}4\text{-}1)$$

对于 L2 规范类型，误差函数定义为

$$e = \sum_1^N w_i e_i^2 \qquad (7-4-2)$$

对于 Maximum 规范类型，误差函数定义为

$$e = \max_1^N (w_i e_i) \qquad (7-4-3)$$

式中，w_i 和 e_i 分别代表第 i 个目标函数的加权值和误差值。

在定义目标函数时，目标函数可以是等于、大于等于或者小于等于某个目标值，在图 7.13 所示对话框的 Condition 处需要相应分别选择 =、>=或者<=。假设分别用 s_i 和 g_i 表示第 i 个目标函数的仿真计算值和真实值，则对于上述 3 种情况，第 i 个目标函数误差值 e_i 定义如下。

当目标函数选择小于等于目标值时，即 Condition 处选择 "<=" 时

$$e_i = \begin{cases} s_i - g_i & s_i > g_i \\ 0 & \text{其他} \end{cases} \qquad (7-4-4)$$

当目标函数选择等于目标值时，即 condition 处选择 "=" 时

$$e_i = |s_i - g_i| \qquad (7-4-5)$$

当目标函数选择大于等于目标值时，即 Condition 处选择 ">=" 时

$$e_i = \begin{cases} g_i - s_i & s_i < g_i \\ 0 & \text{其他} \end{cases} \qquad (7-4-6)$$

运行优化分析时，当加权后总的误差函数值小于等于设定的优化阈值，优化完成。

2. 优化阈值

优化阈值是优化过程终止的判别标准，当目标函数的值小于或等于优化阈值时，优化分析完成。图 7.13 所示对话框的左下角 Acceptable 处可以设置优化阈值。优化阈值可以是一个复数。

3. 目标函数的噪声

使用有限元法分析电磁问题时，网格剖分的变化会给目标函数引入各种噪声。在使用拟牛顿优化算法和模式搜索优化算法时，需要提供噪声的估算值，以评估求解过程中网格的变化对目标函数的影响。

例如，构造一个目标函数 c，

$$c = 10000 \times |S_{11}|^2 \qquad (7-4-7)$$

式中，$|S_{11}|$ 是反射系数的幅度，其最小值接近为 0，即 $|S_{11}|_{min} \approx 0$。假设求解过程中，$|S_{11}|$ 的误差 $e_{s_{11}} \approx 0.01$，则目标函数的变化值

$$c_{\text{pertubed}} = 10000 \times \left(|S_{11}|_{min} + e_{s_{11}} \right)^2 \qquad (7-4-8)$$

在最小值附近，目标函数的误差

$$e_c = c_{\text{pertubed}} - c_{min} = 10000 \times (0 + 0.01)^2 - 0 = 1.0 \qquad (7-4-9)$$

因此该例中，目标函数的噪声为 1.0。

可以在图 7.13 所示对话框的 Noise 处设置目标函数的噪声。

7.4.4　优化算法

在 HFSS13 版本中，Optimetrics 模块共支持 5 种优化算法，分别是非线性顺序编程算法

（Sequential Nonlinear Programming，SNLP）、混合整数非线性顺序编程算法（Sequential Mixed-Integer Nonlinear Programming，SMINLP）、拟牛顿法（Quasi-Newton）、模式搜索法（Pattern Search）和遗传算法（Genetic Algorithm）。在图 7.13 所示的 Setup Optimization 对话框中，单击对话框左上方 Optimizer 处的下拉列表，可以选择这 5 种优化算法。下面分别对这 5 种优化算法做个简单的介绍。

1. 拟牛顿法

牛顿法的基本思想是在极小点附近通过对目标函数 $f(x)$ 作二阶泰勒（Taylor）展开，进而找到 $f(x)$ 的极小点的估计值。一维情况下，泰勒展开函数 $\varphi(x)$ 为

$$\varphi(x) = f(x_k) + f'(x_k)(x - x_k) + \frac{1}{2}f''(x_k)(x - x_k)^2 \qquad (7\text{-}4\text{-}10)$$

则其导数 $\varphi'(x)$ 满足

$$\varphi'(x) = f'(x_k) + f''(x_k)(x - x_k) = 0 \qquad (7\text{-}4\text{-}11)$$

因此

$$x_{k+1} = x_k - \frac{f'(x_k)}{f''(x_k)} \qquad (7\text{-}4\text{-}12)$$

将 x_{k+1} 作为 $f(x)$ 极小点的一个进一步的估计值，重复上述过程，可以产生一系列的极小点集合 $\{x_k\}$。一定条件下，这个极小点序列 $\{x_k\}$ 收敛于 $f(x)$ 的极值点。

将上述讨论扩展到 N 维空间，类似地，对于 N 维函数 $f(x)$ 有

$$f(x) \approx \varphi(x) = f(x_k) + \nabla f(x_k)(x - x_k) + \frac{1}{2}(x - x_k)^{\mathrm{T}}\nabla^2 f(x_k)(x - x_k) \qquad (7\text{-}4\text{-}13)$$

式中，$\nabla f(x_k)$ 和 $\nabla^2 f(x_k)$ 分别是目标函数的一阶和二阶导数，表现为 N 维向量和 $N \times N$ 矩阵，后者又称为目标函数 $f(x_k)$ 在 x_k 处的汉森（Hesse）矩阵。假设 $\nabla^2 f(x_k)$ 可逆，则可得与式（7-4-12）类似的迭代公式，即

$$x_{k+1} = x_k - \left[\nabla^2 f(x_k)\right]^{-1}\nabla f(x_k) \qquad (7\text{-}4\text{-}14)$$

这就是原始的牛顿法迭代公式。牛顿法在计算过程中需要计算目标函数的二阶偏导数和 Hesse 矩阵，难度较大；更为复杂的是目标函数的 Hesse 矩阵无法保持正定，从而令牛顿法失效。为了解决这两个问题，提出了拟牛顿法。拟牛顿法的基本思想是不用二阶偏导数构造出可以近似 Hesse 矩阵的逆的正定对称阵。

设第 k 次迭代之后得到点 x_{k+1}，将目标函数 $f(x)$ 在 x_{k+1} 处展开成 Taylor 级数，取二阶近似，得到

$$f(x) \approx f(x_{k+1}) + \nabla f(x_{k+1})(x - x_{k+1}) + \frac{1}{2}(x - x_{k+1})^{\mathrm{T}}\nabla^2 f(x_{k+1})(x - x_{k+1}) \qquad (7\text{-}4\text{-}15)$$

则

$$\nabla f(x) \approx \nabla f(x_{k+1}) + \nabla^2 f(x_{k+1})(x - x_{k+1}) \qquad (7\text{-}4\text{-}16)$$

令 $x = x_k$，有

$$\nabla f(x_{k+1}) - \nabla f(x_k) \approx \nabla^2 f(x_{k+1})(x_k - x_{k+1}) \qquad (7\text{-}4\text{-}17)$$

记

$$s_k = x_{k+1} - x_k, \quad y_k = \nabla f(x_{k+1}) - \nabla f(x_k)$$

同时设 Hesse 矩阵 $\nabla^2 f(x_{k+1})$ 可逆，则式（7-4-15）可以表示为

$$s_k \approx \left[\nabla^2 f(x_{k+1}) \right]^{-1} \Box y_k \tag{7-4-18}$$

因此，拟牛顿法只需计算目标函数的一阶导数，就可以依据式（7-4-18）估计该处的 Hesse 矩阵的逆。

记

$$H_{k+1} = \left[\nabla^2 f(x_{k+1}) \right]^{-1} \tag{7-4-19}$$

则有

$$s_k \approx H_{k+1} y_k \tag{7-4-20}$$

式（7-4-20）称为拟牛顿条件，可以用 DFP 公式构造 H_{k+1}，即

$$H_{k+1} = H_k + \frac{s_k s_k^{\mathrm{T}}}{s_k^{\mathrm{T}} y_k} - \frac{H_k y_k y_k^{\mathrm{T}} H_k}{y_k^{\mathrm{T}} H_k y_k} \tag{7-4-21}$$

可以验证，这样产生的 H_{k+1} 对于二次凸函数而言可以保证正定，且满足拟牛顿条件。

拟牛顿法只有在目标函数的噪声很小的情况下使用是足够准确的，如果目标函数的噪声在工程是十分显著的，需要使用模式搜索优化算法来得到最优结果。

2. 模式搜索法

模式搜索法是求解最优化问题的一种直接搜索算法，它不需要使用目标函数与约束函数的导数信息而只需要用到函数值信息，是求解不可导或求导代价较大的最优化问题的一种有效的算法。

该算法是由 Hooke 和 Jeeves 于 1961 年提出的，算法的基本思想从几何意义上讲是寻找具有较小函数值的"山谷"，力图使迭代产生的序列沿"山谷"走向逼近极小点。模式搜索法由两种搜索移动方式组成，一是探测移动，一是模式移动，两种搜索移动方式交替进行。探测移动的目的是寻找目标函数的下降方向，模式移动是沿着下降方向的一种加速运动，目的是以较快的速度、较少的搜索次数逼近目标函数在下降方向的极小点。

模式搜索方法对目标函数的噪声不敏感。

3. 非线性顺序编程算法

和拟牛顿法相似，非线性顺序编程算法（SNLP）适合解决目标函数的噪声较小的问题，而且 SNLP 算法中引入了噪声滤波，可以适当地降低噪声的影响。SNLP 算法采用 RSM（Response Surface Modeling）技术，可以更准确地估计出目标函数值，相对于拟牛顿法，具有更快的收敛速度。另外，SNLP 算法允许使用非线性约束，这比拟牛顿法和模式搜索法具有更广的使用范围。

对于多数 HFSS 优化设计问题，推荐用户选择使用 SNLP 算法。

4. 混合整数非线性顺序编程算法

混合整数非线性顺序编程算法（SMINLP）能够优化具有连续变量和整数变量的问题，该算法和非线性顺序编程算法相似，不同点是 SMINLP 算法需要标记出整数变量。

5. 遗传算法

遗传算法是 20 世纪 50 年代初由一些生物学家尝试用计算机模拟生物系统演化时提出的。遗传算法是模拟生物通过基因的遗传和变异有效地达到一种稳定的优化状态的繁殖和选择过程，而建立的一种简单、有效的搜索算法：遗传算法运用随机而非确定性的规则对一族而非一个点进行全局而非局部地搜索，仅利用目标函数而不要求其导数信息或其他附加限制。遗传算法虽然在特定问题上

也许不是效率最高的，但其效率远高于传统随机算法，是一种普遍适用于各种问题的有效算法。

遗传算法的主要思路是：用基因代表问题的参数，用染色体（在计算机里为字符串）代表问题的解，从而得到一个由具有不同染色体的个体组成的群体。这个群体在特定的问题环境里生存竞争，适者有最好的机会生存和产生后代。后代随机化地继承了父代的最好特征，并在生存环境的控制支配下继续这一过程。群体的染色体都将逐渐适应环境，不断进化，最后收敛到一族最适应环境的类似个体，此时即得到问题的最优解。

7.5 调谐分析

HFSS 中的调谐分析功能是指用户在手动改变变量值的同时能实时显示分析结果。例如，在执行完成一个优化分析并且得到了变量的最优值之后，可以在该最优值附近手动改变变量的值，观察变量在最优值附近扰动对设计性能的影响。

针对某一变量调谐分析结束后，设计结果将随之更新；如果选择了 Save Fields 项，则当前设计的场解也会随之更新。

调谐分析的具体操作步骤会在 7.8 节的设计实例中详细讲解。

7.6 灵敏度分析

使用 HFSS 进行电磁分析的过程中，不同设计参数的变化对电磁特性的影响程度是不尽相同的。对于相同的变化量，有些参数对电磁特性的影响较大，有些则影响较小。为了衡量各个设计参数变化对电磁特性的影响，通常引用灵敏度的概念，用它来定量表示设计参数变化对电磁性能的影响程度。

灵敏度定义为电磁特性/求解结果的变化与电路参数变化的比值。使用 HFSS 进行电磁分析时，S 参数是很常用的一个分析结果。这里，以 S 参数为例来说明灵敏度的定义。假设 x_i（$i=1, 2, \cdots, m$）为某一设计参数，则第 k、j 两端口之间的传输系数 S_{jk}（$k, j=1, 2, \cdots, n$）对设计参数 x_i 的灵敏度可以定义为

$$C_{x_i}^{S_{jk}} = \frac{\partial S_{jk}}{\partial x_i} \qquad (7\text{-}6\text{-}1)$$

设计参数的灵敏度分析对电路调试和优化设计有着重要的意义。灵敏度计算可以在优化设计中确定电路的关键参数，大量的计算实践表明，有些最优化方法当变量增加时收敛速度变慢，有的甚至发散，这使优化设计毫无结果。如果在优化设计前进行灵敏度分析，找出那些对电路特性有较大影响（即灵敏度较高）的关键性设计参数，并将它们作为优化变量，则不仅能大大减少计算工作量，提高优化设计效率，而且能使原来不收敛的优化过程得到良好的结果。

另外，在电路大批量生产时，灵敏度分析在规定元件参数和降低生产成本等方面起着极其重要的作用。为了保证电路所有特性不超过规定的容差，对灵敏度高的元件参数要选择小的容差，而对灵敏度低的元件，则可以放宽容差。这样既保障了电路性能，又避免了因盲目减小元件容差而导致的加工困难和产品成本的增加。

7.7 统计分析

实际使用的元件或者制造工艺一般都有一定的误差，例如标称值为 1nH、容差为±10%的二极管引线电感，其实际值将是 0.9～1.1nH 之间的随机值。因此，由这些元件所构成的电路模型或者

由这些制造工艺生产出的器件模型也具有随机特性，根据这种模型所求出的电路/电磁特性当然也是一些随机量。统计分析就是利用统计学的观点来研究设计参数容差对求解结果的影响，常用的方法是蒙特卡罗（Monte-Carlo）法（注：蒙特卡罗是摩纳哥公国的一个城镇，位于地中海沿岸，以其赌场和豪华酒店而闻名，俗称赌城，而随机概率、统计分析也俗称为赌徒数学）。这种方法是利用计算机产生各种不同分布的伪随机数，来模拟产生各设计参数的随机值，并对由此形成的电路/器件模型进行分析，计算出表征电路/器件各种特性参数的随机量，然后对这些随机量进行统计分类或计算，画出统计图。

蒙特卡罗法的具体分析步骤如下。

（1）用计算机产生伪随机数，并用它们模拟产生电路/器件各设计参数的随机值序列，然后将这些序列进行随机组合，形成电路/器件的统计分析模型。在给定设计参数标称值和容差的情况下，用伪随机数模拟产生设计参数的随机值可按下式计算

$$P = \Delta P \times RN + P_{\min}\tag{7-7-1}$$

式中，ΔP 是元件参数最大值与最小值之差，$P_{\min}$ 是设计参数的最小值，RN 是一个值在 0～1 之间的伪随机数。按上述方法可以产生各个参数的随机值序列，将这些序列进行随机组合便可形成电路/器件的统计分析模型。

（2）调用分析程序对电路进行分析，计算出电路/器件的各种特性参数，如输入驻波比、S 参数等。为了获得足够的统计分析精度，这种分析需要进行很多次，即对电路的每一个统计分析模型都要进行一次分析。若电路有 n 个元件参数，一般可取分析次数 $M = (100\sim200)n$。

（3）对分析结果进行统计分类，画出直方图。

7.8　Optimetrics 应用实例

前面讲解了使用 Optimetrics 模块进行参数扫描分析、优化设计、调谐分析、灵敏度分析和统计分析的相关知识，下面以一个微带线特征阻抗分析实例来讲解使用 Optimetrics 模块进行参数扫描分析、优化设计、调谐分析、灵敏度分析和统计分析的具体操作。

假设微带线的宽度为 w，介质层的厚度为 h，介质的相对介电常数为 ε_r，根据理论分析可知，微带线的特征阻抗可由下式估算：

$$Z_0 = \frac{376.7}{2\pi\sqrt{\varepsilon_e}}\ln\left[\frac{6+(2\pi-6)e^{-\left(\frac{30.67}{w/h}\right)^{0.7528}}}{w/h} + \sqrt{1+\left(2h/w\right)^2}\right]\tag{7-8-1}$$

式中，ε_e 为有效介电常数，

$$\varepsilon_e = \frac{\varepsilon_r+1}{2} + \frac{\varepsilon_r-1}{2}\left(1+\frac{10h}{w}\right)^{-0.564\left(1+\frac{1}{49}\ln\frac{(w/h)^4+(w/52h)^2}{(w/h)^4+0.432}+\frac{1}{18.7}\ln\left[1+\left(\frac{w}{18.1h}\right)^3\right]\right)\left(\frac{\varepsilon_r-0.9}{\varepsilon_r+3}\right)^{0.053}}\tag{7-8-2}$$

这里使用 HFSS 来分析微带线的宽度和介质层的厚度对微带线特征阻抗的影响。本章主要是讲解 Optimetrics 模块的使用操作，因此对微带线模型的创建过程不做描述，读者请直接打开本书附带的 HFSS 设计文件 Microstrip.hfss（设计文件的位置：DesignFiles/CH7/Microstrip.hfss），打开后的微带线模型如图 7.14 所示。初始设计中，微带线材料为铜箔，厚度为 35μm（1 盎司），宽度为 1 mm；介质层使用 FR4 材料，介质层的厚度为 0.5 mm，空气腔的长×宽×高为 16 mm×10 mm×5 mm。选择模式驱动求解类型，空气腔的前后表面设置为波端口激励，求解频率设置为 1GHz。

注 | 　　读者可以直接从网站下载与本书配套的 HFSS 设计文件，下载网址为 http://www.edatop.com/hfss/。

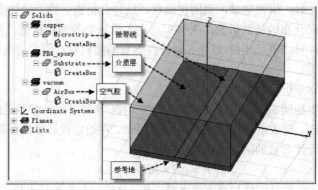

▲图 7.14　微带线模型

7.8.1　定义变量

首先定义两个设计变量 width 和 height，分别用于表示微带线的宽度和介质层的厚度。

从主菜单栏选择【HFSS】→【Design Properties】命令，打开设计属性对话框，单击该对话框的 Add... 按钮，打开 Add Property 对话框，添加设计变量，操作过程如图 7.15 所示。在图示 Add Property 对话框中，Name 项输入定义的变量名称，Value 项输入变量的初始值，然后单击 OK 按钮，即可添加设计变量。分别添加变量 width（初始值为 1 mm）和变量 height（初始值为 0.5 mm）。

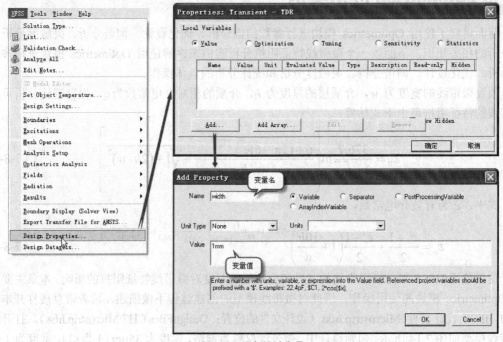

▲图 7.15　添加设计变量

完成添加变量 width 和变量 height 操作之后，确认设计属性对话框如图 7.16 所示。

接下来，再把微带线的宽度用变量 width 表示，介质层的厚度用变量 height 表示。微带线位于介质层的正上方，同时为了让微带线始终位于介质层的中心位置，所以微带线起始点坐标也需要使用变量表示，起始点坐标设置为（–8 mm，–width/2，height）。

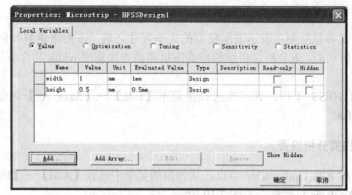

▲图 7.16 添加变量后的设计属性对话框

双击操作历史树微带线 Microstrip 下的 CreateBox，打开 Microstrip 属性对话框的 Command 界面，在该界面下修改模型 Microstrip 的起始点坐标和宽度。其中，把 Position 项的坐标值由（–8，–0.5，0.5）改为（–8 mm，–width/2，height），YSize 项的值由 1 改为 width，如图 7.17 所示，然后单击 确定 按钮退出，即可设置微带线起始点坐标值为（–8 mm，–width/2，height）、宽度为变量 width。

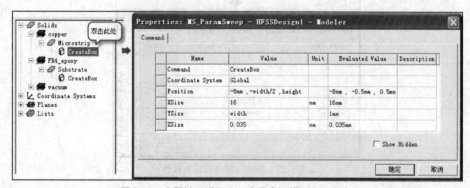

▲图 7.17 在属性对话框中用变量表示模型位置和大小

使用相同的操作，把介质层的厚度修改用变量 height 表示。双击操作历史树介质层模型 Substrate 下的 CreateBox，打开介质层模型 Substrate 属性对话框的 Command 界面，在该界面下修改模型的厚度，把 ZSize 项的值由 0.5 改为 height，如图 7.18 所示，然后单击 确定 按钮退出。

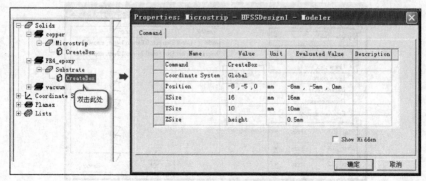

▲图 7.18 在属性对话框中用变量表示模型高度

变量定义和添加设置完成后，选择主菜单【File】→【Save As】命令，把工程另存为 MS_Var.hfss。

7.8.2 参数扫描分析举例

在完成变量定义和使用变量表示表示模型的大小尺寸之后，下面来讲解如何使用 Optimetrics 模块的参数扫描分析功能，来分析微带线的特征阻抗随微带线宽度 width 和介质层厚度 height 的变化关系。

继续上一节的 HFSS 工程，并再次选择主菜单【File】→【Save As】命令，把工程另存为 MS_ParamSweep.hfss。

1. 添加参数扫描分析设置

右键单击工程树下的 Optimetrics 节点，从弹出的菜单中选择【Add】→【Parametric】命令，打开 Setup Sweep Analysis 对话框，如图 7.19 所示。

▲图 7.19　参数扫描分析设置操作

然后单击对话框中的 Add... 按钮，打开如图 7.20 所示的 Add/Edit Sweep 对话框，添加扫描变量。在该对话框中，①处的 Variable 项选择变量 width，②处单击选中 Linear step 单选按钮，③处分别在 Start、Stop 和 Step 项输入 0.6 mm、1.4 mm 和 0.2 mm，然后单击④处的 Add >> 按钮。这样就把变量 width 设置为扫描变量，扫描变化范围为 0.6～1.4 mm。

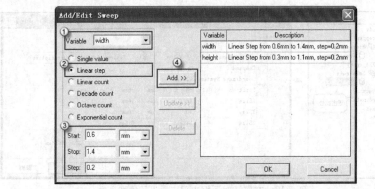

▲图 7.20　Add/Edit Sweep 对话框

再按同样的步骤，添加变量 height 为扫描变量，并设置其扫描范围为 0.3～1.1 mm。即在 Add/Edit Sweep 对话框的 Variable 项选择变量 height，然后单击选中 Linear step 单选按钮，在 Start、Stop 和 Step 项分别输入 0.3 mm、1.1 mm 和 0.2 mm，并再次单击 Add >> 按钮。

变量 width 和 height 都添加为扫描变量之后，单击 Add/Edit Sweep 对话框的 OK 按钮，退出对话框，返回到图 7.19 所示的 Setup Sweep Analysis 对话框；单击 确定 按钮，退出该对话框，完成参数扫描设置。此时，设置的参数扫描分析项会添加到工程树的 Optimetrics 节点下，其默认的名称为 ParametricSetup1。

2．运行参数扫描分析

单击工具栏的 按钮，检查设计的完整性以及设计中是否存在错误，如果设计完整且正确，接着单击工具栏的 按钮，运行参数扫描分析，整个分析耗时约 10 分钟。

3．查看参数扫描分析结果

分析完成后，可以通过 HFSS 数据后处理模块来查看微带线的特征阻抗 Z_0 随着微带线的宽度 width 和介质层厚度 height 的变化关系。这里分别查看特征阻抗 Z_0 的电阻分量和电抗分量随着微带线宽度 width、介质层厚度 height 的变化关系。

（1）查看特征阻抗 Z_0 的电阻分量随微带线宽度 width、介质层厚度 height 的变化关系。

右键单击工程树下的 Results 节点，从弹出的菜单中选择【Create Modal Solution Data Report】→【Rectangular Plot】命令，打开报告设置对话框，如图 7.21 所示。

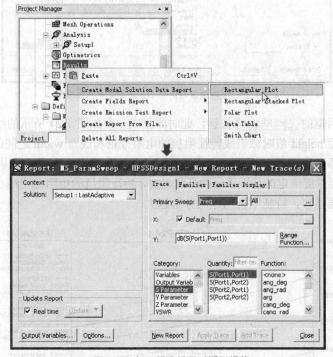

▲图 7.21　打开报告设置对话框操作

首先，单击对话框的 Families 选项卡。在 Families 选项卡界面，单击变量 width 对应的 ... 按钮，在弹出的对话框中选中 Use all values 复选框，如图 7.22 所示。再单击变量 height 对应的 ... 按钮，在弹出的对话框中同样选中 Use all values 复选框。

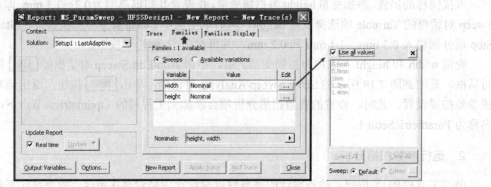

▲图 7.22　报告设置对话框 Families 选项卡界面

其次，单击对话框的 Trace 选项卡。在 Trace 选项卡界面，Primary Sweep 项从下列列表中选择变量 width，Category 项选择 Port Zo，Quantity 项选择 Zo(Port1)， Function 项选择 re，表示查看端口 port1 的特征阻抗的实部，即特征阻抗的电阻分量，如图 7.23 所示。

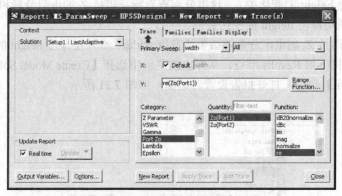

▲图 7.23　报告设置对话框 Trace 选项卡界面设置

最后，单击对话框的 New Report 按钮，此时即生成一个如图 7.24 所示的结果报告窗口，给出在不同的介质层厚度 height 值时微带线特征阻抗的电阻分量和线宽 width 之间的关系曲线。新生成的结果报告会自动添加到工程树的 Results 节点下，其默认名称为 XY Plot 1。从图 7.24 所示结果中可以看出，在介质层厚度一定的情况下，微带线越宽，特征阻抗的电阻分量越小；在微带线宽度一定的情况下，介质层越厚，特征阻抗的电阻分量越大。

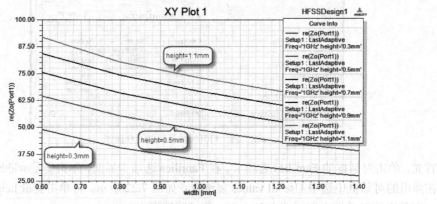

▲图 7.24　特征阻抗电阻分量和变量 width、height 的关系曲线

（2）查看特征阻抗 Z_0 的电抗分量随微带线宽度 width、介质层厚度 height 的变化关系。

查看微带线特征阻抗的电抗分量和介质层厚度 height、微带线宽度 width 之间变化关系的操作步骤和操作设置与前面相同，不同点是在图 7.23 所示 Trace 选项卡界面设置中，需要把 Function 项由选择 re 更改为选择 im，即特征阻抗的虚部，然后单击对话框的 New Report 按钮，即可生成一个如图 7.25 所示的结果报告窗口，给出在不同的介质层厚度 height 值时微带线特征阻抗的电抗分量和线宽 width 之间的关系曲线。

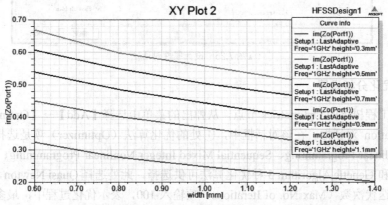

▲图 7.25　特征阻抗电抗分量和变量 width、height 的关系曲线

从图 7.25 所示结果中可以看出，在不同的 width 和 height 值下，微带线的电抗分量都很小，小于 0.7 欧姆，和电阻分量相比可以忽略不计，因此微带线的特征阻抗可以看做是纯阻值。

4. 保存设计

参数扫描分析完成后，单击工具栏的 🖫 按钮，保存设计。

7.8.3　优化设计举例

打开 7.8.1 节保存的设计工程 MS_Var.hfss，然后从主菜单栏选择【File】→【Save As】命令，把工程另存为 MS_Opt.hfss，用于讲解本节优化设计的操作过程和操作步骤。

这里优化设计的目标是：当工作频率为 1GHz 时，在保持介质层厚度 height=0.5 mm 不变的情况下，改变微带线宽度 width，使微带线的特征阻抗达到 50 Ω。因为在 HFSS 数据后处理模块中，特征阻抗是使用 Zo(Port1) 来表示的，且微带线特征阻抗的电抗分量约为 0，所以可以构造目标函数 re(Zo(Port1))－50=0。

1. 添加优化变量 width

由图 7.23 所示的参数扫描分析结果可知，height = 0.5 mm 时，width 值在 0.95 mm 附近，微带线的特征阻抗会达到 50 Ω，因此可以设置变量 width 的优化范围为 0.8～1.1 mm。

从主菜单栏选择【HFSS】→【Design Properties】命令，打开设计属性对话框。在该对话框中，首先对话框上方的 Optimization 单选按钮，然后再勾选变量 width 对应的 Include 复选框，并分别设置 Min 和 Max 项对应的值为 0.8 mm 和 1.1 mm，如图 7.26 所示。最后确认变量 height 的初始值为 0.5 mm，单击 确定 结束。此时即设置了变量 width 为优化变量，且其值在优化分析时的变化范围设置在 0.8mm 到 1.1 mm 之间。

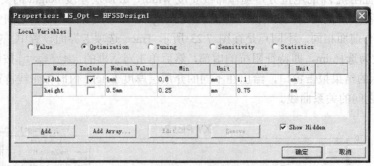

▲图 7.26　设计属性对话框

2. 添加优化分析设置

右键单击工程树下的 **Optimetrics** 节点，从弹出的菜单中选择【Add】→【Optimization】，打开 **Setup Optimization** 对话框。在该对话框中，①处的优化算法（Optimizer）项是选择优化算法，有 Sequential Nonlinear Programming、Sequential Mixed Integer Nonlinear Programming、Quasi Newton、Pattern Search 和 Genetic Algorithm 5 种优化算法可供选择，此处选择 Quasi Newton，即拟牛顿法；在②处的最大迭代次数（Max No. of Iterations）项输入 100，表示优化过程中，最多进行 100 次迭代，优化终止；然后单击 Setup Calculations 按钮，可以打开 **Add/Edit Calculation** 对话框，添加目标函数，整个操作过程图 7.27 所示。

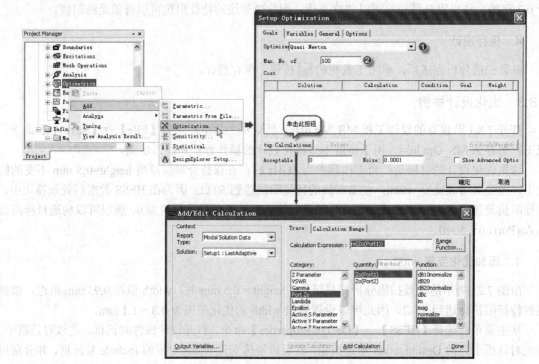

▲图 7.27　优化设置操作

在 **Add/Edit Calculation** 对话框中，Category 项单击选中 Port Zo，Quantity 项单击选中 Zo(Port1)，Function 项单击选中 re，如图 7.27 中高亮部分所示，然后单击 Add Calculation 按钮，添加 re(Zo(Port1)) 到 **Setup Optimization** 对话框的目标函数栏（即 Cost 栏）中。最后单击 Done 按钮，退出 **Add/Edit**

Calculation 对话框，返回到 Setup Optimization 对话框。

此时，Setup Optimization 对话框的 Cost 栏添加了一个目标函数 re(Zo(Port1)，双击 Cost 栏 Calculation 项下的文本窗口，进入编辑状态，输入把目标函数由 re(Zo(Port1)更改为 re(Zo(Port1))－50，Condition 项选择=，Goal 项下文本框输入 0，Weight 项输入加权系数 1，Acceptable 项输入优化阈值 0.1，Noise 项输入目标函数的噪声为 0.1，设置结果如图 7.28 所示。

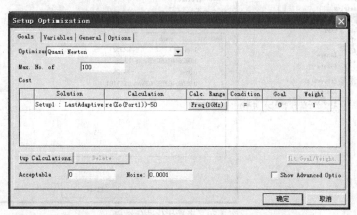

▲图 7.28　在 Setup Optimization 对话框中添加的目标函数

设置好之后单击 确定 按钮，完成添加优化分析项。同时，优化分析项会自动添加到工程树的 Optimetrics 节点下，其默认名称为 OptimizationSetup1。

3. 运行优化分析

单击工具栏的 按钮，检查设计的完整性以及设计中是否存在错误，如果设计完整且正确，即可运行优化分析。

展开工程树下的 Optimetrics 节点，右键单击 Optimetrics 节点下的 OptimizationSetup1 项，在弹出菜单中选择【Analyze】命令，如图 7.29 所示，开始运行优化分析。

▲图 7.29　运行优化分析操作

4. 查看优化结果

优化分析过程中，可以右键单击工程树 Optimetrics 节点下的 OptimizationSetup1 项，在弹出菜单中选择【View Analysis Results】命令，打开 Post Analysis Display 对话框，选中对话框中的 Table 单选按钮，查看每次优化迭代的结果，如图 7.30 所示。本例中，完成第 4 次优化迭代后，目标函数的误差值为 0.011164，小于设置的优化阈值 0.1，达到优化目标，优化完成。此时，优化变量 width

的值约为 0.96 mm，此值即为优化结果。优化完成后，设计中变量 width 的值也会自动更新为优化结果值。

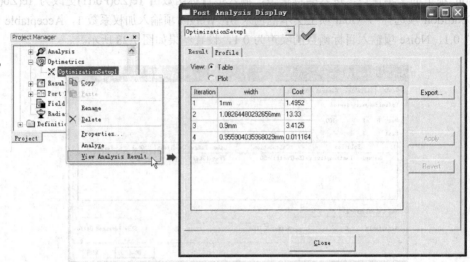

▲图 7.30　查看优化迭代结果

5. 验证优化结果

由上面的优化分析结果可知，当 width = 0.96 mm 时，微带线的特征阻抗为 50 Ω。这里把变量 width 的值更改为 0.96 mm，然后运行仿真分析来验证优化结果的正确性。

从主菜单栏选择【HFSS】→【Design Properties】命令，打开设计属性对话框，把变量 width 的值改为 0.96 mm。然后，右键单击工程树 Analysis 节点下的 Setup1 项，从弹出菜单中选择【Analyze】命令，运行仿真分析。

分析完成后，右键单击工程树 Results 节点，在弹出的菜单中选择【Create Modal Solution Data Report】→【Data Table】命令，打开结果报告设置对话框。在该对话框中，Category 项选择 Port Zo，Quantity 项选择 Zo(Port1)，Function 项同时选中 im 和 re，其他项都保留默认设置不变，如图 7.31 所示。然后，单击对话框 New Report 按钮，即可生成一个结果报告窗口，给出特征阻抗值。生成分析结果报告窗口如图 7.32 所示。由结果报告可知，width = 0.96 mm，height = 0.5 mm 时微带线特征阻抗值是（49.62+j0.37）Ω，约为 50Ω。

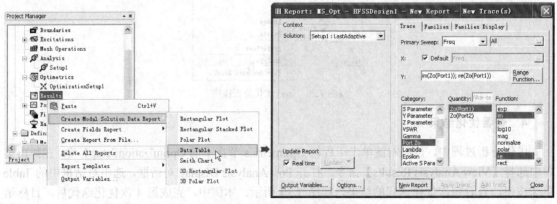

▲图 7.31　结果报告设置对话框

Data Table 1　　　　　HFSSDesign1

	Freq [GHz]	im(Zo(Port1)) Setup1 : LastAdaptive	re(Zo(Port1)) Setup1 : LastAdaptive
1	1.000000	0.367766	49.627548

▲图 7.32　width = 0.96 mm, height = 0.5 mm 时的微带线特征阻抗值

6. 保存设计

优化设计完成后，单击工具栏的 🖫 按钮，保存设计；然后选择主菜单【File】→【Close】命令，关闭当前工程设计。

7.8.4　调谐分析举例

调谐分析功能是指用户在手动改变变量值的同时能够实时查看求解结果。这里继续使用前面的微带线特征阻抗分析实例来讲解调谐分析的具体操作步骤和操作设置。

从主菜单栏选择【File】→【Open】命令，打开 7.8.1 节保存的 HFSS 工程文件 MS_Var.hfss；然后从主菜单栏选择【File】→【Save As】，把该工程另存为 MS_Tuning.hfss。

1. 设置调谐变量

从主菜单栏选择【HFSS】→【Design Properties】命令，打开设计属性对话框。在该对话框中，选中 Tuning 单选按钮，在变量列表中，分别选中变量 width 和变量 height 对应的 Include 复选框。选中该复选框表示相应的变量可以用于调谐分析，反之则不可以用于调谐分析；变量对应的 Min、Max、Step 项用于设置调谐分析时变量的变化范围和变化间隔，这里保持默认值不变，如图 7.33 所示。然后单击 确定 按钮退出设计属性对话框，完成调谐变量设置。

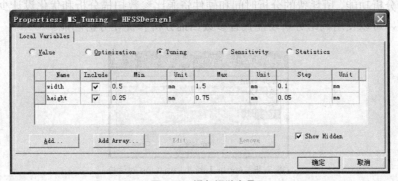

▲图 7.33　添加调谐变量

2. 运行调谐分析

右键单击工程树下的 Optimetrics 节点，从弹出菜单中选择【Tuning】命令，打开调谐分析对话框，如图 7.34 所示。

在调谐分析对话框中，①处的 Real Time 复选框用于设置移动③处的变量滑标时是否实时进行仿真分析，选中该复选框表示移动变量滑标时实时运行仿真分析并给出分析结果，不选中该复选框则表示在移动③处的变量滑标后需要单击④处的 Tune 按钮才开始运行仿真分析，然后给出分析结果。②处的 Sim.Setups 列出了当前设计中的所有求解设置项，如果某个求解设置需要进行调谐分析，则在此勾选该求解设置项对应的复选框，反之则清空对应的复选框；本例中只有一个求解设置

项 Setup1，勾选该求解设置项。③处的 Variables 栏列出了所有的可调谐变量，此处列出了我们在前面设置的两个调谐变量 width 和 height；通过移动变量滑标可以改变调谐变量的值，并实时进行仿真分析，更新分析结果；位于变量名下方的 3 个数值从上到下分别对应该变量可调范围的最大值、初始值和最小值，用户可以根据需要随时修改这些值；如果没有勾选①处的 Real Time 复选框，则每次更改变量的值后，需要单击④处的 Tune 按钮开始运行仿真分析并在分析完成后更新分析结果。

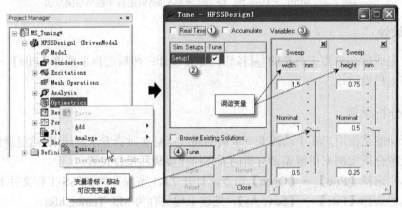

▲图 7.34　调谐分析设置操作

在运行调谐分析时，用户可以首先打开需要查看的分析结果窗口。在调谐分析过程中，每次改变变量的值，分析结果窗口显示的数据都会随之实时更新。

在调谐分析完成后，可以单击 Close 退出图 7.34 所示的调谐分析对话框。退出后，系统会自动弹出如图 7.35 所示的 Apply Tuned Variation 对话框，列出调谐分析时所有分析过的变量值，询问用户是否更新变量的值；如果需要更新变量值，选中新的变量值然后单击 OK 按钮，退出调谐分析；如果不需要更新变量值，直接单击 Don't Apply 按钮，退出调谐分析。

使用调谐分析功能，所耗费的分析时间和硬件资源比参数扫描分析和优化设计少，在要求不太严格的情况下，可以使用调谐分析功能代替参数扫描分析和优化分析功能。

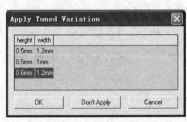

▲图 7.35　Apply Tuned Variation 对话框

3. 保存设计

调谐分析完成后，单击工具栏的 💾 按钮，保存设计；然后从主菜单栏选择【File】→【Close】命令，关闭当前工程设计。

7.8.5　灵敏度分析举例

从主菜单栏选择【File】→【Open】命令，打开 7.8.1 节保存的 HFSS 工程文件 MS_Var.hfss；然后从主菜单栏选择【File】→【Save As】把该工程另存为 MS_Sensitivity.hfss。

和 Optimetrics 模块的其他分析功能一样，在执行灵敏度分析功能之前需要设置用于灵敏度分析的变量。从前面的优化分析一节我们知道，在 width = 0.96 mm，height = 0.5 mm 时，微带线的特征阻抗约为 50 Ω，那么这里就在 width = 0.96 mm，height = 0.5 mm 附近分析这两个变量的变化对微带线的特征阻抗的影响。

1. 添加灵敏度分析变量

从主菜单栏选择【HFSS】→【Design Properties】命令，打开设计属性对话框。在该对话框中，选择 Sensitivity 单选按钮；在变量列表中，勾选变量 width 和变量 height 对应的 Include 复选框，选中该复选框表示该变量可用于灵敏度分析，反之则不可以用于灵敏度分析；Min、Max 项用于设置灵敏度分析时变量的变化范围；因为需要在 width = 0.96 mm，height = 0.5 mm 附近进行灵敏度分析，所以变量 width 的 Min、Max 项分别设置为 0.9 mm 和 1.0 mm，变量 height 的 Min、Max 项分别设置为 0.45 mm 和 0.55 mm；Initial Disp.项主要用于确定灵敏度分析时变量初始值的范围，这里都设置为 0.05 mm；如图 7.36 所示。然后单击 确定 按钮退出设计属性对话框，完成设置灵敏度分析变量。

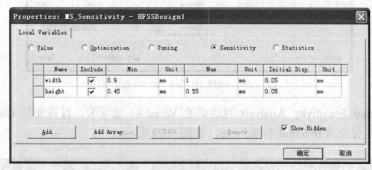

▲图 7.36　设置灵敏度分析变量

2. 添加灵敏度分析项

右键单击工程树下的 Optimetrics 节点，从弹出的菜单中选择【Add】→【Sensitivity】命令，打开 Setup Sensitivity Analysis 对话框，如图 7.37 所示。

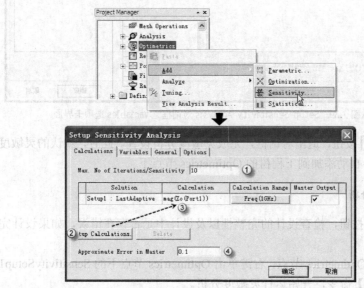

▲图 7.37　添加灵敏度分析项的操作

在该对话框中，①处的 Max. No of Iterations/Sensitivity 项用于设置每个分析变量的最大迭代次数，这里取为默认值 10。在②处单击 Setup Calculations.按钮，打开 Add/Edit Calculation 对话框，在该对话框中，Category 项选中 Port Zo，Quantity 项选中 Zo(Port1)，Function 项选中 re，如图 7.38 所示，然后单击 Add Calculation 按钮，添加函数 re(Zo(Port1))到图 7.37 所示 Setup Sensitivity Analysis 对话框的③处，作为灵敏度分析结果函数，同时选中 Master Output 复选框；在④处的 Approximate Error in Master 后输入 0.1 作为可接受的误差值。

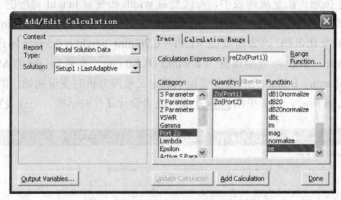

▲图 7.38　Add/Edit Calculation 对话框

然后单击 Setup Sensitivity Analysis 对话框的 Variables 选项卡，设置变量 width 和 height 的 Starting Value 的值分别为 096 mm 和 0.5 mm，如图 7.39 所示。

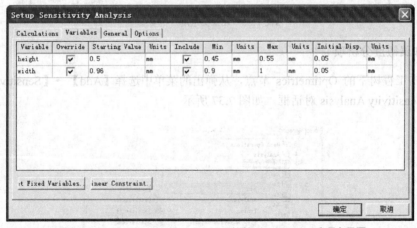

▲图 7.39　Setup Sensitivity Analysis 对话框之 Variables 选项卡界面

最后，单击 确定 按钮，退出对话框，完成灵敏度分析设置。此时，默认的灵敏度分析设置名称 SensitivitySetup1 会自动添加到工程树的 Optimetrics 节点下。

3. 运行灵敏度分析

单击工具栏的 按钮，检查设计的完整性以及设计中是否存在错误，如果设计完整且正确，即可运行灵敏度分析。

展开工程树下的 Optimetrics 节点，右键单击 Optimetrics 节点下的 SensitivitySetup1 项，从弹出菜单中选择【Analyze】命令，开始运行灵敏度分析。

4. 查看结果

灵敏度分析完成后，右键单击工程树 Optimetrics 节点下的 SensitivitySetup1 项，从弹出菜单中选择【View Analyze Result…】命令，即可打开如图 7.40 所示的 Post Analysis Display 对话框，显示分析结果。在该对话框中，选中 Plot 单选按钮则显示定义的输出函数与灵敏度分析变量之间的关系；选择 Table 单选按钮则会显示灵敏度分析变量所对应的输出函数（Output）、输出函数的回归值（Func. Value）、回归的一阶导数（1st D）、回归的二阶导数（2nd D）。

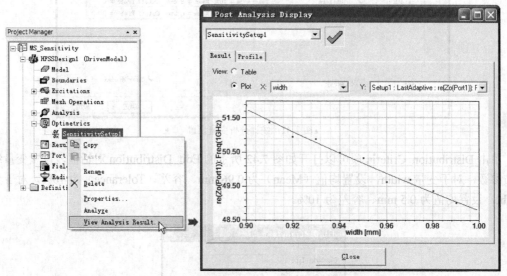

▲图 7.40　灵敏度分析结果

5. 保存设计

灵敏度分析完成后，单击工具栏的 按钮，保存设计；然后选择主菜单【File】→【Close】命令，关闭当前工程设计。

7.8.6　统计分析举例

统计分析就是利用统计学的观点来研究设计参数容差对设计结果的影响。从前面的优化分析一节我们知道，在 width = 0.96 mm，height = 0.5 mm 时微带线的特征阻抗约为 50 Ω；因为制造工艺水平的限制，实际生产的微带线电路板总会存在一定的误差，因此实际生产的微带线的特征阻抗也就随之存在一定的误差。这里，假设 width 和 height 制造误差为±10%，且均匀分布，可以使用 HFSS 的统计分析功能来分析在此种误差存在的情况下微带线特征阻抗的分布情况。

从主菜单栏选择【File】→【Open】命令，打开 7.8.1 节保存的 HFSS 工程文件 MS_Var.hfss；然后从主菜单栏选择【File】→【Save As】命令，把该工程另存为 MS_Stat.hfss。和 Optimetrics 模块的其他分析功能一样，执行统计分析功能前需要设置用于统计分析的变量。

1. 设置统计分析变量

从主菜单栏选择【HFSS】→【Design Properties】命令，打开设计属性对话框，如图 7.41 所示。在该对话框中，首先选中 Statistics 单选按钮，然后勾选变量 width 和变量 height 对应的 Include 复选框，选中该复选框表示该变量可用于统计分析，反之则不可以用于统计分析；Distribution 项是设置变量对应的统计分布类型,有高斯分布(Gaussian)、均匀分布(Uniform)、对数正态分布(Lognormal)和用户自定义分布(User Defined)4 种类型可供选择,这里选择均匀分布;Distribution Criteria 项是设置变量误差的统计分布,该项和选择的分布类型有关。

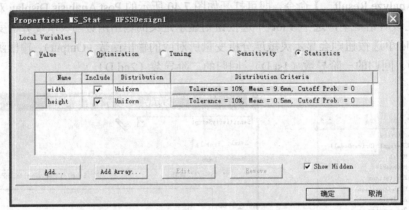

▲图 7.41 统计分析变量设置

单击 Distribution Criteria 项可以打开如图 7.42 所示的 Edit Distribution 对话框,设置变量统计分布参数,对于变量 width,设置均值(Mean)为 0.96 mm、容差(Tolerance)为 10%,对于变量 height,设置均值为 0.5 mm、容差为 10%。

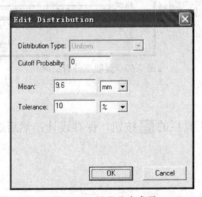

▲图 7.42 设置分布参数

最后单击 确定 按钮退出设计属性对话框,完成统计分析变量的设置操作。

2. 添加统计分析项

添加统计分析项的操作过程如图 7.43 所示。首先,右键单击工程树下的 Optimetrics 节点,从弹出的菜单中选择【Add】→【Statistical】命令,打开 Setup Statistical Analysis 对话框。在该对话框中,①处的 Maximum 项用于设置统计分析的迭代计算次数,达到该次数后统计分析终止,这里输入 100;在②处单击 Setup Calculations.按钮,打开 Add/Edit Calculation 对话框,在该对话框中,Category 项选中 Port Zo,Quantity 项选中 Zo(Port1),Function 项选中 re,然后单击 Add Calculation 按钮,添加函数 re(Zo(Port1))到图 7.43 所示 Setup Sensitivity Analysis 对话框的③处,最后单击 确定 按钮,完成统计分析设置。此时,默认的统计分析设置名称 StatisticalSetup1 会自动添加到工程树的 Optimetrics 节点下。

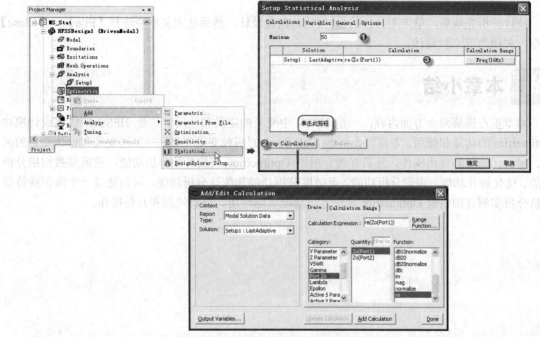

▲图 7.43　添加统计分析设置的操作

3. 运行统计分析

单击工具栏的 ![按钮] 按钮，检查设计的完整性以及设计中是否存在错误，如果设计完整且正确，即可运行统计分析。

展开工程树下的 Optimetrics 节点，右键单击 Optimetrics 节点下的 StatisticalSetup1 项，从弹出菜单中选择【Analyze】命令，开始运行统计分析。

4. 查看结果

统计分析完成后，右键单击工程树 Optimetrics 节点下的 StatisticalSetup1 项，从弹出菜单中选择【View Analyze Result...】命令，即可打开图 7.44 所示的 Post Analysis Display 对话框，显示微带线特征阻抗的统计分布直方图。

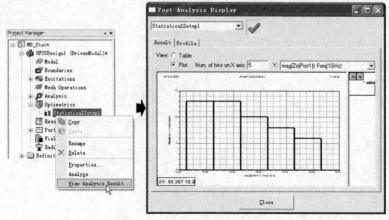

▲图 7.44　查看统计分析结果

5. 保存设计

统计分析完成后，单击工具栏的  按钮，保存设计；然后从主菜单栏选择【File】→【Close】命令，关闭当前工程设计。

7.9 本章小结

本章重点讲解两个方面内容，一是 HFSS 中变量的定义和使用，二是 HFSS 中优化设计模块 Optimetrics 的功能和使用。本章首先讲解了 HFSS 中的两种变量类型——工程变量和设计变量的区别、定义、添加和使用操作，然后详细介绍了 Optimetrics 模块各项分析功能，包括参数扫描分析功能、优化设计功能、调谐分析功能、灵敏度分析功能和统计分析功能，最后通过一个微带线特征阻抗分析实例详细讲解 Optimetrics 模块各项功能实际应用、分析流程和具体操作。

第8章 HFSS 的数据后处理

HFSS 具有强大而又灵活的数据后处理功能，使用 HFSS 进行电磁问题的求解分析过程中以及完成求解分析后，利用数据后处理功能能够直观地给出设计的各种求解信息和求解结果。

在 HFSS 求解分析过程中，利用数据后处理功能能够实时显示出设计中的每个求解设置在运行时所消耗的计算资源等求解信息数据（Solution Data），这些数据主要有计算时间和占用内存等总体信息（Profile）、收敛数据（Convergence）、计算参数矩阵（Matrix Data）以及网格剖分统计信息（Mesh Statistics）等，对于本征模求解类型，还可以显示本征频率和品质因数 Q。

在 HFSS 求解分析完成后，利用数据后处理功能除了能够查看上述数据外，还能够查看更多的求解结果数据，这些结果数据可以分为 3 大类：数值结果（Results）、场分布图（Filed Overlays）和辐射场（Radiation）。

本章具体讲解在仿真计算完成后，如何利用 HFSS 的强大数据后处理功能查看各种计算结果。为了读者帮助读者能够更好地理解，本章在讲解实际操作的同时，对后处理结果中各项参数所表示的实际物理意义也做了相应的说明。通过本章的学习，希望读者不仅能够掌握如何利用 HFSS 的数据后处理功能查看各种仿真分析结果，还能够理解各项分析结果所代表的实际意义。

在本章，读者可以学到以下内容。

● 如何查看求解信息数据。
● 如何查看各种数值结果。
● 编辑和修改图形结果报告。
● 如何添加输出变量。
● 如何绘制场分布图。
● 如何动态演示场分布。
● 如何查看天线三维方向图。
● 如何查看天线平面方向图。
● 如何查看天线参数计算结果。
● HFSS 中天线阵的处理。

8.1 求解信息数据

在 HFSS 求解分析过程中或者求解分析完成后，单击【HFSS】→【Results】→【Solution Data】命令，或者右键单击工程树下的 Results 节点，从弹出菜单中选择【Solution Data】命令，可以打开求解信息显示对话框，实时显示各种求解信息，如图 8.1 所示。

在该对话框中，最上方的 Simulation 项列出了当前设计中所有的求解设置项；从其下拉列表中可以选择相应的求解设置项名称，显示与该求解设置项对应的求解信息；Design Variation 项列出了当前设计中所使用变量以及变量的赋值，单击其右侧的 [...] 按钮，可以选择当前设计中已经分析的变量值，显示与该组变量值对应的求解信息；下方的 Profile、Convergence、Matrix Data 和 Mesh Statistics 4 个选项卡，分别显示不同类型的求解信息。

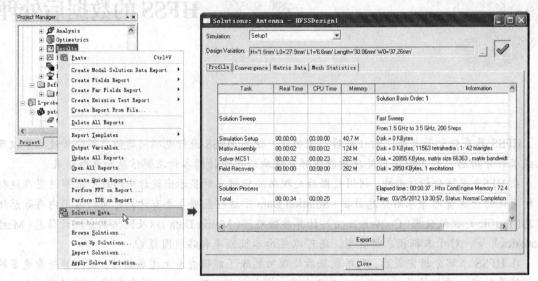

▲图 8.1　求解信息显示对话框

　　其中，Profile 选项卡显示各个模块的求解时间和所占用的内存资源等信息，如图 8.1 所示。
　　Convergence 选项卡显示自适应网格剖分过程的收敛信息，包括网格剖分的迭代次数、网格数目和收敛误差值等信息，当此处 Max Mag Delta S 显示的收敛误差值小于设定的收敛误差时，迭代完成，如图 8.2 所示。

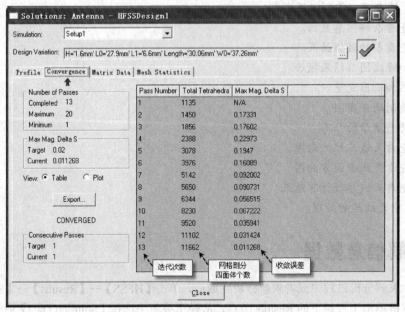

▲图 8.2　求解信息显示对话框之 Convergence 选项卡

Matrix Data 选项卡显示求解的各个参数矩阵结果，如图 8.3 所示。

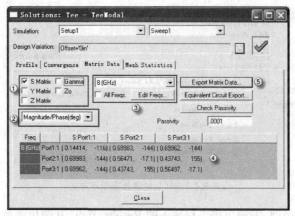

▲图 8.3　求解信息显示对话框之 Matrix Data 选项卡

该选项卡中，①处是选择需要显示的参数，包括散射矩阵（S Matrix）、导纳矩阵（Y Matrix）、阻抗矩阵（Z Matrix）、传播常数（Gamma）和特征阻抗（Z₀）；从②处的下拉列表中可以选择参数的显示方式，包括幅度/相位（Magnitude/Phase）、实部/虚部（Real/Imaginary）、dB/相位（即幅度转换成 dB）等显示方式；③处是选择频率，显示在该频率点上的参数值；④处为参数值显示区域，显示求解的参数矩阵结果；单击⑤处的 Export Matrix Data... 按钮，可以导出 S 参数矩阵，并保存成标准的 Touchstone 文件格式，方便提供给其他 EDA 工具（如 Ansoft Designer、ADS）使用。

Mesh Statistics 选项卡显示网格剖分的相关统计信息，包括网格数目、网格大小等。

8.2　数值结果

求解分析完成后，从主菜单栏选择【HFSS】→【Results】命令，或者右键单击工程树下的 Results 节点，可以弹出查看 HFSS 各种分析求解数值结果的命令。对于本征模求解器、模式驱动求解器、终端驱动求解器和瞬态求解器这 4 种求解类型，分析求解的数据和显示的数值结果也有所不同。下面分别进行介绍。

8.2.1　数值结果的显示方式

HFSS 后处理模块能以多种方式来显示分析数值结果，这些数值结果的显示方式包括以下几种。

- Rectangular Plot：直角坐标图形显示。
- Polar Plot：极坐标图形显示。
- Radiation Pattern：辐射方向图。
- Data Table：数据列表显示。
- Smith Chart：史密斯圆图显示。
- 3D Rectangular Plot：三维直角坐标图形显示。
- 3D Polar Plot：三维球坐标图形显示。

对于模式驱动求解类型，右键单击工程树下的 Results 节点，从弹出菜单中单击【Create Modal Solution Data Report】命令，可以打开数据后处理显示方式子菜单，选择你所需要的数据显示方式，如图 8.4 所示。

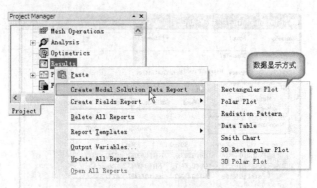

▲图 8.4　选择后处理数据显示方式

对于终端驱动求解类型，右键单击工程树下的 Results 节点，从弹出菜单中单击【Create Terminal Solution Data Report】命令，可以打开数据后处理显示方式子菜单，选择你所需要的数据显示方式。

对于本征模求解类型，右键单击工程树下的 Results 节点，从弹出菜单中单击【Create Eigenmode Parameters Report】命令，可以打开数据后处理显示方式子菜单，选择你所需要的数据显示方式。

对于瞬态求解器类型，右键单击工程树下的 Results 节点，从弹出菜单中单击【Create Terminal Parameters Report】命令，可以打开数据后处理显示方式子菜单，选择你所需要的数据显示方式。

8.2.2　数值结果的类型

HFSS 在求解计算时，既会分析计算系统内建的性能参数（如 S 参数），也会计算用户自定义的输出变量参数；因此，在数据后处理时，既可以显示内建的性能参数分析结果（如 S 参数），也可以显示用户自定义的输出变量参数分析结果。

对于本征模求解器、模式驱动求解器、终端驱动求解和瞬态求解器这 4 种求解类型，在求解分析完成后，数据后处理模块所处理和显示的数值结果类型也有所不同。

其中，本征模求解类型只分析本征模参数，在数据后处理结果中也只显示本征模参数值。瞬态求解类型分析器件的时域特性，数据后处理模块中能够显示的数值结果除了传统的 S 参数等频域参数外，还能显示像 TDR 一类的时域参数。而模式驱动求解类型在求解计算过程中会分析计算 S 参数、电压驻波比等数据；在求解分析完成后，数据后处理模块中能够显示的数值结果参数类型有如下 11 种。

- Output Variables：用户自定义的输出变量。
- S Parameter：散射参数。
- Y Parameter：导纳参数。
- Z Parameter：阻抗参数。
- VSWR：电压驻波比。
- Gamma：复数形式的传播常数。
- Port Z_0：端口特征阻抗。
- Active S Parameter。
- Active Y Parameter。
- Active Z Parameter。
- Active VSWR。

对于终端驱动求解类型，仿真计算的性能参数以及仿真计算完成后数据后处理模块中能够显示的数值结果参数，和模式驱动求解类型相比，大部分都是相同的。但是因为终端驱动求解类型不计算传播常数，因此后处理模块不会显示传播常数的结果；另外，由于终端驱动求解类型需要计算终端的电压，因此后处理模块可以显示电压传输矩阵。终端驱动求解类型在求解分析完成后，数据后处理结果中可以显示的数值结果参数类型有如下 12 种。

- Output Variables：用户自定义的输出变量。
- S Parameter：散射参数。
- Y Parameter：导纳参数。
- Z Parameter：阻抗参数。
- VSWR：电压驻波比。
- Power：功率。
- Voltage Transform matrix：电压传输矩阵。
- Terminal Port Z_0：端口特征阻抗。
- Active S Parameter。
- Active Y Parameter。
- Active Z Parameter。
- Active VSWR。

知识点：Active S 参数

S 参数是建立在入射波、反射波关系基础上的网络参数，以器件端口的反射信号以及从该端口传向另一端口的信号来描述电路网络。传统意义上的 S 参数，第 m 个端口回波损耗 S_{mm} 的定义是基于其他端口都是匹配的这一条件下的，因此 S_{mm} 的定义并没有考虑其他端口的耦合效应。Active S 参数在定义第 m 个端口回波损耗 S_{mm} 时充分考虑了其他端口的耦合分量。对于 N 端口网络来说，假设使用 a_k 表示第 k 个端口的入射波，Active S_{mm} 的定义如下：

$$\text{Active}S_{mm} = \sum_{k=1}^{N}\left[\frac{a_k}{a_m}S_{mk}\right] \qquad (8\text{-}2\text{-}1)$$

知道了 Active S 参数的定义后，根据阻抗参数、导纳参数、电压驻波比与 S 参数之间的关系，可以由 Active S 参数推导出 Active Z 参数、Active Y 参数和 Active $VSWR$，分别如下：

$$\text{Active}Z_{mm} = Z_{0(m)}\left[\frac{1+\text{Active}S_{mm}}{1-\text{Active}S_{mm}}\right] \qquad (8\text{-}2\text{-}2)$$

$$\text{Active}Y_{mm} = \frac{1}{\text{Active}Z_{mm}} \qquad (8\text{-}2\text{-}3)$$

$$\text{Active}VSWR = \frac{1+\text{mag}(\text{Active}S_{mm})}{1-\text{mag}(\text{Active}S_{mm})} \qquad (8\text{-}2\text{-}4)$$

式（8-2-2）中，$Z_{0(m)}$ 表示第 m 端口的特征阻抗。

8.2.3　输出变量

HFSS 在分析计算和数据后处理过程中，除了能够计算、处理系统内建的参数外，还能够计算、处理用户自定义的输出变量。下面来讲解在 HFSS 中如何定义和查看自定义的输出变量。

右键单击工程树下的 Results 节点，从弹出菜单中单击【Output Variables】命令，打开如图 8.5 所示的 Output Variables 对话框，在该对话框中可以添加和定义输出变量。Output Variables 对话框由 6 个部分组成，各部分的说明如下。

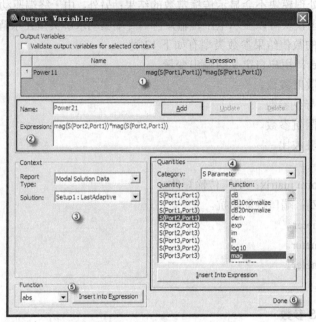

▲图 8.5 Output Variables 对话框

① 此处列出了设计中已经定义的输出变量。例如，图 8.5 表示当前设计中已经定义了一个输出变量 Power11，且 Power11= mag（S（Port1，Port1））* mag（S（Port1，Port1））。

② 此处可以输入、编辑输出变量的名称和表达式。假如需要定义一个输出变量 Power21，且 Power21=mag（S（Port2，Port1））*mag（S（Port2，Port1）），则需要在 Name 项输入变量名 Power21，在 Expression 项输入变量表达式 mag（S（Port2，Port1））* mag（S（Port2，Port1））；然后单击 Add 按钮，即可以定义并添加该输出变量。在 Expression 项输入变量表达式时，HFSS 会自动检查表达式的正确与否；如果表达式的字体是红色的，说明表达式有误或者不完整；如果字体是蓝色的，说明表达式是正确的。

③ 此处 Context 部分，用于选择参数类型（Report Type）和求解设置项（Solution）。选择不同的参数类型会影响到④、⑤两处列表中的参数和表达式函数。

④ 在③处的 Expression 项内如果全部手动输入变量表达式，有时难免会出现一些错误；借助于此处的 Quantity 列表和 Function 列表，用户可以更加方便、准确地定义输出变量表达式。例如，前面定义的输出变量表达式 mag（S（Port2，Port1））* mag（S（Port2，Port1）），可以通过在此处的 Quantity 列表中选择 S（Port2，Port1），Function 列表中选择 mag，然后单击 Insert Into Expression 按钮，即在③处的 Expression 项插入了表达式 mag（S（Port2，Port1））；然后手动输入乘号"*"，最后再次单击 Insert Into Expression 按钮，那么此时就插入了完整的变量表达式 mag（S（Port2，Port1））* mag（S（Port2，Port1））。

⑤单击此处的下拉列表可以选择 HFSS 中定义的数学函数，例如 **abs** 表示求绝对值函数，**cos** 表示余弦函数等；单击此处的 Insert into Expression 按钮可以把选择的数学函数插入到②处的 Expression 项变量表达式中。

⑥ 输出变量地定义完成后，单击 Done 按钮，退出 Output Variables 对话框。

8.2.4 查看数值结果的操作步骤

从前面的讲解中，我们知道 HFSS 数据后处理模块有多种方式显示数值结果，这里我们以直角坐标图形显示 S 参数结果为例,说明查看数值结果的具体操作步骤。打开第 2 章保存的设计 Tee.hfss,该设计中的 T 形波导是一个三端口器件,下面我们来详细介绍如何查看其 S_{11}、S_{21} 和 S_{31} 参数随着频率变化的曲线图。

右键单击工程树下的 Results 节点,从弹出菜单中选择【Create Modal Solution Data Report】→【Rectangular Plot】命令,打开结果报告设置对话框,如图 8.6 所示。

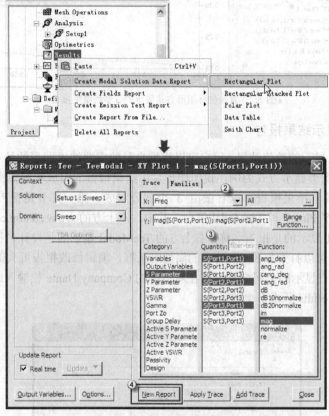

▲图 8.6　结果报告设置对话框

在该对话框中,①处选择求解设置项,本例中是查看 S 参数和频率的关系曲线,因此选择扫频设置 Setup1:Sweep1。在②处设置横坐标 x 轴的参数,这里选择频率变量 Freq 作为横坐标。在③处设置纵坐标 y 轴的参数——把需要查看的参数 S_{11}、S_{21} 和 S_{31} 设置为纵坐标的参数;Category 项列出了所有可显示的参数,这里选择 S Parameter;Quantity 项列出了所有的 S 参数,因为该设计中端口名称分别定义为 Port1、Port2 和 Port3,所以 S_{11} 显示为 S(Port1,Port1),S_{21} 显示为 S(Port2,Port1),依此类推;按住 **Ctrl** 键,同时选择 S(Port1,Port1)、S(Port2,Port1)和 S(Port3,Port1);Function 项列出了 S 参数相关的数学函数,这里选择 mag,表示显示 S 参数的幅度。在④处单击 New Report 按钮,即可生成以直角坐标图形方式显示的 S_{11}、S_{21} 和 S_{31} 的扫频结果报告,报告如图 8.7 所示。最后单击 Close 按钮关闭对话框。

单击 New Report 按钮生成结果报告后,结果报告的名称会自动添加到工程树的 Results 节点下,对于直角坐标图形显示方式,默认的结果报告名称为 XY Plot n,其中 n 是按顺序排列的 1, 2, 3, ⋯,整数。

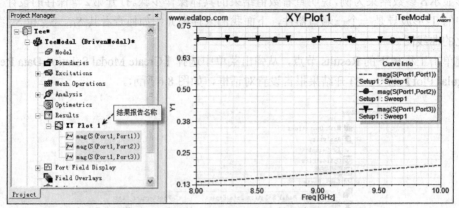

▲图 8.7　直角坐标图形方式显示的 S 参数结果报告

8.2.5　编辑图形显示结果报告

对于以图形形式显示的数值结果，用户可以根据自己的需要编辑图形的显示格式。这里以上图 8.7 所示的直角坐标图形显示方式为例，说明图形显示结果报告的组成和编辑操作。

图 8.7 所示的图形结果报告可以看做由 3 个部分组成。第一部分是报告的页头部分，包括 www.edatop.com、XY Plot 1 和 TeeModal 信息。其中，左上方的 www.edatop.com 显示的是公司名称，中间的 XY Plot 1 显示的是报告名称，右上方的 TeeModal 显示的是设计名称。鼠标移动到上述信息的位置后双击，可以打开如图 8.8 所示的属性对话框，编辑修改报告页头部分的字体、公司名称等信息。报告左上方显示的公司名称可以在对话框的 Company Name 栏输入或更改，中间的报告名称可以在工程树 Results 节点下更改。

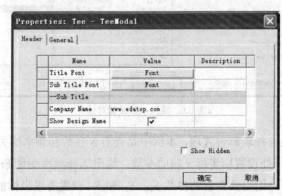

▲图 8.8　图形结果报告页头设置对话框

第二部分是报告的 xy 坐标轴部分，本例中 x 轴对应的是扫描频率，y 轴对应的是 S 参数的幅度值。在坐标轴名称或者坐标轴刻度显示位置双击鼠标，可以打开如图 8.9 所示的属性对话框，在该对话框中可以编辑、修改坐标轴名称、坐标轴刻度范围、刻度单位间隔以及刻度字体和颜色等信息。

第三部分是显示的参数曲线，本例中显示 S_{11}、S_{21} 和 S_{31} 幅度大小，其中 $S_{21}=S_{31}$，二者曲线重合。图中右上角 Curve Info 窗口显示参数曲线的说明信息，例如 - - - mag(S(Port1,Port1)) 表示以虚线显示 S_{11} 的幅度，▼— mag(S(Port3,Port1)) 表示以实线叠加倒三角标志显示 S_{31} 的幅度。双击 Curve Info 窗口的参数或者直接双击报告上的显示曲线，可以打开如图 8.10 所示的属性对话框，编辑和更改曲线的显示形式。

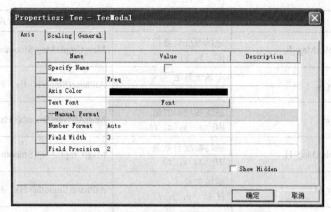

▲图 8.9　图形结果报告坐标轴编辑设置对话框

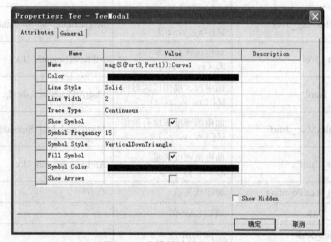

▲图 8.10　曲线属性设置对话框

打开图形化结果报告后，在工具栏上还有多组快捷按钮。其中，一组快捷按钮 ，用于放大和缩小显示结果报告图形；另一组快捷按钮 ，用于标记结果报告曲线，同时给出标记点对应的值。

8.3　场分布图

场分布图用于描述电场、磁场或者电流在某个平面或者在物体内部的分布。在绘制场分布图前必须首先选中一个物体或者选中一个面。可以选择用标量或者矢量来描绘场的分布，标量场采用不同的阴影颜色来标示场量的幅度大小，矢量场除了采用不同的阴影颜色来标示场量的幅度大小外，还采用箭头来标示场的方向。

HFSS 数据后处理模块中可以在物体表面或者物体内部绘制出分布图的场量有电场、磁场、电流分布、坡印廷矢量和 SAR 值等，表 8.1 列出了所有可绘制出分布图的场量。

表 8.1　　　　　　　　　　　HFSS 后处理时可绘制出分布图的场量列表

场量类型	场量名称	含　义	表达式定义
电场 E	Mag_E	电场幅度瞬时值 $|E|$（x, y, z, t）	Mag(AtPhase(Smooth(<Ex, Ey, Ez>), Phase))

场 量 类 型	场 量 名 称	含　义	表达式定义
电场 *E*	ComplexMag_E	电场幅度有效值 $\|E\|\ (x,\ y,\ z)$	Mag(CmplxMag(Smooth(<Ex, Ey, Ez>)))
	Vector_E	电场矢量 *E* $(x,\ y,\ z,\ t)$	AtPhase(Smooth(<Ex, Ey, Ez>), Phase)
磁场 *H*	Mag_H	磁场幅度瞬时值 $\|H\|\ (x,\ y,\ z,\ t)$	Mag(AtPhase(Smooth(<Hx, Hy, Hz >), Phase))
	ComplexMag_H	磁场幅度有效值 $\|H\|\ (x,\ y,\ z)$	Mag(CmplxMag(Smooth(<Hx, Hy, Hz >)))
	Vector_H	磁场矢量 $H\ (x,\ y,\ z,\ t)$	AtPhase(Smooth(<Hx, Hy, Hz >), Phase)
电流密度 *J*	Mag_Jvol	体电流密度幅度瞬时值 $\|J_v\|\ (x,\ y,\ z,\ t)$	Mag(AtPhase(Smooth(<J$_v$x, J$_v$y, J$_v$z>), Phase))
	ComplexMag_Jvol	体电流密度幅度有效值 $\|J_v\|\ (x,\ y,\ z,)$	Mag(CmplxMag(Smooth(<J$_v$x, J$_v$y, J$_v$z >))
	Vector_Jvol	体电流密度矢量 $J_v\ (x,\ y,\ z,\ t)$	AtPhase(Smooth(<J$_v$x, J$_v$y, J$_v$z >), Phase)
	Mag_Jsurf	面电流密度幅度瞬时值 $\|J_s\|\ (x,\ y,\ z,\ t)$	Mag(AtPhase(Smooth(<J$_s$x, J$_s$y, J$_s$z>), Phase))
	ComplexMag_Jsurf	面电流密度幅度有效值 $\|J_s\|\ (x,\ y,\ z,)$	Mag(CmplxMag(Smooth(<J$_s$x, J$_s$y, J$_s$z >))
	Vector_Jsurf	面电流密度矢量 $J_s\ (x,\ y,\ z,\ t)$	AtPhase(Smooth(<J$_s$x, J$_s$y, J$_s$z >), Phase)
其他 Other	Vector_RealPoynting	坡印廷矢量	$E \times H*$
	Local_SAR	局部 SAR 值	/
	Average_SAR	平均 SAR 值	/
	Surface_Loss_Density	表面功率损耗密度	$\mathrm{Re}(S \bullet n)$[①]
	Volume_Loss_Density	体功率损耗密度	$0.5\mathrm{Re}(E \bullet J^* + j\omega B \bullet H^*)$ [②]

注意

① 此处 *S* 是表面处的坡印廷矢量，*n* 是指向表面外侧的单位法向量。

② 此处 *E* 为电场矢量，*J** 为体电流密度的共轭，*B* 为磁通密度矢量，*H** 为磁场矢量的共轭。

知识点：SAR 值的计算

SAR 是 Specific Absorption Rate 的缩写，称为电磁波吸收比值或比吸收率，其定义为电磁辐射能量被人体所吸收的比率，单位为瓦/千克（W/kg）或者毫瓦/克（mW/g）。HFSS 中使用下式来计算 SAR 值：

$$SAR = \sigma \frac{E^2}{2\rho} \tag{8-3-1}$$

式中，σ 为材料的导电率；ρ 是介质材料的质量密度。

对于局部 SAR 值，HFSS 就是使用式（8-3-1）计算各个网格节点上的 SAR 值，然后使用内插法计算网格节点以外的其他点上的 SAR 值。对于平均 SAR 值，HFSS 是计算每个点所在区域上的 SAR 的平均值，计算区域的大小由用户设定的介质材料质量和密度决定。

8.3.1 绘制场分布图的操作步骤

首先选中一个物体或者一个面，然后从主菜单栏选择【HFSS】→【Field】→【Plot Fields】命令，或者右键单击工程树中的 Field Overlays 节点，从右键弹出菜单中选择【Plot Fields】命令，再从弹出的子菜单中选择需要绘制分布图的场量，可以是电场 E、磁场 H 或者电流密度 J 等。

以第 2 章中的 T 形波导设计为例，假设需要绘制波导内矢量电场的分布，则首先选中 T 形波导模型，然后右键单击工程树中的 Field Overlays 节点，从弹出菜单中选择【Plot Fields】→【E】→【Vector_E】命令，打开 Create Field Plot 对话框，如图 8.11 所示。单击该对话框的 Done 按钮，即可以绘制出如图 8.12 所示的波导内部矢量电场的分布图，分布图中箭头表示电场的方向，不同颜色表示电场的幅度大小。

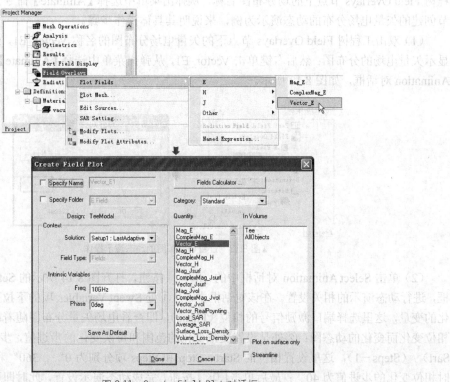

▲图 8.11 Create Field Plot 对话框

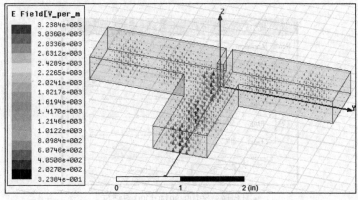

▲图 8.12 电场矢量分布图

使用上述操作创建了场分布图之后，场分布图的名称会自动添加到工程树的 Field Overlays 节点下。例如前面绘制了波导内矢量电场分布后，工程树的 Field Overlays 节点下会自动添加矢量电场分布图的名称。

8.3.2 场分布的动态显示

HFSS 数据后处理模块除了能显示场量的静态分布外，还能显示场量的分布随着变量的变化而动态改变的分布图，变量可以是工作频率、激励信号的相位或者当前设计中使用到的用户自定义的变量。

查看场分布图的动态演示首先需要展开工程树的 Field Overlays 节点，找到相应的场分布图名称，并双击该场分布图名称，这样可以选中并在当前窗口显示出该场的分布图。然后再右键单击工程树 Field Overlays 节点下的场分布图名称，从弹出菜单中选择【Animate】命令。这里以查看 8.3.1 节创建的矢量电场分布的动态演示为例，来说明其具体操作步骤。

（1）双击工程树 Field Overlays 节点下的矢量电场分布图的名称 Vector_E1，选中并在当前窗口显示矢量电场的分布图；然后右键单击 Vector_E1，从弹出菜单中选择【Animate】命令，打开 Select Animation 对话框，如图 8.13 所示。

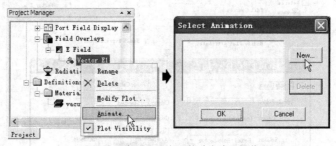

▲图 8.13 查看场分布图的动态演示操作

（2）单击 Select Animation 对话框中的 New... 按钮，打开图 8.14 所示的 Setup Animation 对话框，进行动态演示的相关设置。在该对话框中，从①处 Swept Variables 项的下拉列表中选择动态变化的变量，这里选择端口激励信号的相位（Phase），即查看电场矢量分布图随着端口 1 激励信号的相位变化而变化的动态图；②处是设置变量变化的范围和每次变化的步进值，步进值等于（Stop－Sart）/（Steps－1），这里设置相位的 Start、Stop 和 Steps 项分别为 0°、360° 和 10，则动态演示时相位变化的步进值为 40°；最后单击 OK 按钮，完成动态演示设置，此时即可看到电场矢量的分布图随端口激励信号相位变化的动态演示图。

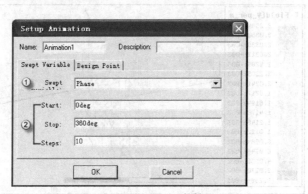

▲图 8.14 Setup Animation 对话框

（3）场分布图动态演示时，在用户界面左上方会出现如图 8.15 所示的 Animation 对话框，通过单击该对话框中的 ■ 和 ▶ 按钮可以控制动态演示暂停或者重新开始，通过移动对话框中的 Speed 滑标可以改变动态演示的速度，单击 Export... 按钮可以把当前场分布图动态演示画面导出保存为 gif 动画或者 AVI 视频格式。

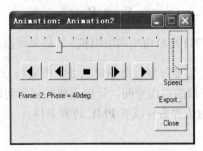

▲图 8.15　Animation 对话框

8.4　天线辐射问题的后处理

在实际应用中，通常使用球坐标系来处理天线的辐射问题。对于直角坐标系中三维空间的任一位置 $P(x, y, z)$，在球坐标系中可以表示为 $P(r, \theta, \varphi)$。其中，r 是坐标原点到点 P 之间的径向距离，θ 是坐标原点到点 P 的连线与 z 轴正向之间的夹角，φ 是坐标原点到点 P 的连线在 xy 平面的投影与 x 轴正向之间的夹角，可以参考图 8.16。球坐标系中 r、θ、φ 的变化范围分别为 $0 \leqslant r < +\infty$，$0 \leqslant \varphi \leqslant 2\pi$，$0 \leqslant \theta \leqslant 2\pi$。

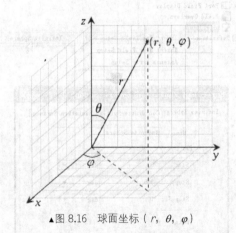

▲图 8.16　球面坐标（r, θ, φ）

在球坐标系下，天线辐射到自由空间的磁场和电场分布可以由下式计算：

$$H = \nabla \times A \tag{8-4-1}$$

$$E = -j\omega\mu_0 A + \frac{\nabla(\nabla \cdot A)}{j\omega\varepsilon_0} \tag{8-4-2}$$

式中，ω 为工作角频率；μ_0 为真空磁导率；ε_0 为真空介质常数；A 是引入的矢量位；且有

$$A = \iiint\limits_V J \frac{e^{-jk_0|r-r'|}}{4\pi|r-r'|} dV' \tag{8-4-3}$$

式中，J 是辐射源电流密度；$k_0 = 2\pi/\lambda$ 是自由空间波数；r 是坐标原点到场点间的矢径，r' 是坐标原点到辐射源间的矢径。对于天线远区辐射场，因为 $r \gg r'$，式（8-4-3）可以近似地表示为

$$A = \iiint\limits_{V} J \frac{e^{-jk_0 r}}{4\pi r} dV' \tag{8-4-4}$$

把式（8-4-4）分别代入式（8-4-1）和式（8-4-2）中，可以求出远区辐射场的磁场强度 **H** 和电场强度 **E**。另外，远区场是球面波，电场强度和磁场强度存在如下关系：

$$E = \eta_0 H \times r \tag{8-4-5}$$

式中，$\eta_0 = 1/\sqrt{\mu_0/\varepsilon_0} \approx 377\Omega$ 是自由空间波阻抗；r 是坐标原点到场点间的单位矢径。

天线辐射能量到自由空间，需要计算远离辐射源处的电磁场分布。HFSS 中定义了辐射边界条件和 PML 边界条件用以模拟开放的自由空间，计算天线的辐射问题。因此，HFSS 在处理天线一类等辐射问题时，必须使用辐射边界条件或者 PML 边界条件。

8.4.1 定义远区场辐射表面

在 HFSS 数据后处理模块，为了能够查看天线方向图、天线方向性系数等参数，首先需要定义远区场辐射表面。

从主菜单栏选择【HFSS】→【Radiation】→【Insert Far Field Setup】→【Infinite Sphere】命令；或者右键单击工程树下的 Radiation 节点，从弹出菜单中选择【Insert Far Field Setup】→【Infinite Sphere】命令，打开 Far Field Radiation Sphere Setup 对话框，如图 8.17 所示；定义和添加远区场辐射表面。

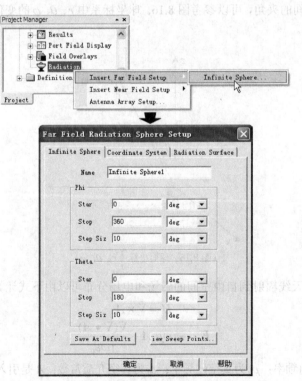

▲图 8.17　Far Field Radiation Sphere Setup 对话框

在该对话框 Infinite Sphere 选项卡界面中，Name 项输入远区场辐射球面的名称，Phi 栏是定义图 8.16 所示的球坐标系中角坐标 φ 的范围和步进值，Theta 栏是定义图 8.16 所示的球坐标系中角坐标 θ 的范围和步进值；二者的角度范围由 Start、Stop 项设置，步进值由 Step Size 项设置，单位可以是角度（deg）或者弧度（rad）。

对话框中的 Coordinate System 选项卡和 Radiation Surface 选项卡界面一般保留默认设置不变。最后单击 确定 按钮，完成远区场辐射表面设置。设置完成后，Name 项定义的辐射表面的名称会添加到工程树的 Radiation 节点下。

8.4.2　天线方向图

天线的辐射场在固定距离上随球坐标系的角坐标 θ、φ 分布的图形被称为天线的辐射方向图，简称方向图；方向图通常是在远区场确定的。用辐射场强表示的方向图称为场强方向图，用辐射功率密度表示的方向图称为功率方向图，用相位表示的方向图称为相位方向图。方向图习惯上采用极坐标绘制，角度表示方向，矢径长度表示场强值或功率密度值。

天线方向图应是三维空间的立体图，但在计算机辅助设计普及之前，三维空间的方向图绘制复杂，工程上常用两个相互垂直的主平面上的方向图表示；主平面的选取因问题而异，通常选取 E 平面和 H 平面作为主平面，E 平面是通过最大辐射方向并与电场矢量平行的平面，H 平面是通过最大辐射方向并与磁场矢量平行的平面。现在，借助于 HFSS 的强大数据后处理功能，在天线问题的分析中能够方便地绘制出三维空间的立体方向图以及任意方向主平面上的方向图。

这里以工作频率在 2.4GHz 的微带天线设计为例，说明使用 HFSS 数据后处理模块绘制天线的立体方向图和平面方向图的操作设置。设计文件所在的位置为 DesignFiles/CH8 /MS_Antenna.hfss，首先双击打开该 HFSS 设计文件，然后单击工具栏的 ⬢ 按钮；运行仿真计算。仿真计算完成后，我们开始讲解如何绘制天线的方向图。

1．绘制立体方向图

首先根据 8.4.1 节介绍的步骤添加定义一个完整的球面作为远区场辐射表面。即右键单击工程树下的 Radiation 节点，从弹出菜单中选择【Insert Far Field Setup】→【Infinite Sphere】命令，打开如上图 8.17 所示的 Far Field Radiation Sphere Setup 对话框。在该对话框的 Infinite Sphere 选项卡界面，　Name 项输入 3D 作为远区场辐射表面的名称，Phi 栏的 Start、Stop 和 Step Size 项分别输入 0deg、360deg 和 10deg，Theta 栏的 Start、Stop 和 Step Size 项分别输入 0deg、180deg 和 10deg。然后单击 确定 按钮，这样就定义了一个完整的球面作为辐射表面。完成后，辐射球面的名称 3D 会添加到工程树的 Radiation 节点下，如图 8.18 所示。

▲图 8.18　自定义的辐射表面 3D

然后，右键单击工程树下的 Results 节点，从弹出菜单中选择【Create Far Fields Report】→【3D Polar Plot】命令，打开报告设置对话框，如图 8.19 所示。

在该对话框中，①处 Context 栏下的 Solution 项是选择求解设置项，这里选择 Setup1: LastAdaptive；Geometry 项是选择已定义的辐射表面名称，这里选择我们前面定义的辐射表面 3D。在②处选择球坐标的角坐标 phi 和 Theta，phi 和 Theta 的范围由 Geometry 处选择的辐射表面设定。在③处选择绘制的方向图的类型，可以选择绘制场强方向图、增益方向图等，这里选择绘制场强方向图；即 Category 项选择场强 rE，Quantity 项选择 rETotal，Function 项选择<none>，如图 8.19 中阴影部分所示；选择好这 3 项后，在对话框的 Mag 文本框中会显示 rETotal。在④处单击 New Report 按钮，便可创建出当前所设计天线的三维空间场强方向图。单击 Close 按钮，退出对话框，可以看到新建的三维场强方向图如图 8.20 所示。此时，新建的方向图的名称会添加到工程树的 Results 节点下，如图 8.21 所示的 🗒 3D Polar Plot 1 / rETotal 。

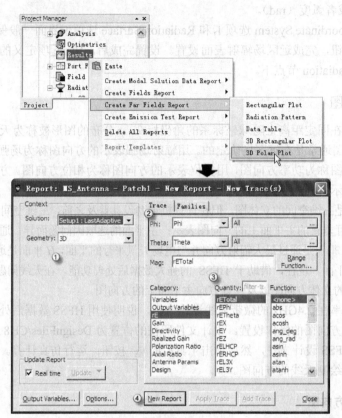

▲图 8.19　报告设置对话框

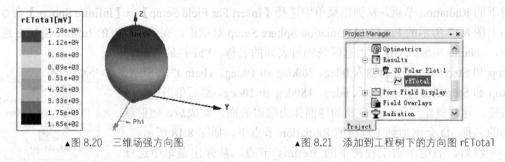

▲图 8.20　三维场强方向图　　　　　　　　　　　　　　▲图 8.21　添加到工程树下的方向图 rETotal

2. 绘制平面方向图

假设此处需要绘制 *yoz* 平面上的场强方向图，那么首先就需要定义 *yoz* 截面作为辐射表面。直角坐标系下的 *yoz* 截面在球坐标系下为 *φ*=90°、0°≤*θ*≤360° 的平面。

使用和 8.4.1 节相同的操作，即右键单击工程树下的 Radiation 节点，在弹出菜单中选择【Insert Far Field Setup】→【Infinite Sphere】命令，打开 Far Field Radiation Sphere Setup 对话框。在该对话框 Infinite Sphere 选项卡界面，Name 项输入 **YOZ Plane** 作为远区场辐射表面的名称，Phi 栏的 Start、Stop 和 Step Size 项分别输入 **90**deg、**90**deg 和 **0**deg，Theta 栏的 Start、Stop 和 Step Size 项分别输入 **0**deg、**360**deg 和 **2**deg。然后单击 确定 按钮，这样就定义了 *yoz* 截面作为辐射表面。完成后，辐射表面的名称 YOZ Plane 会自动添加到工程树的 Radiation 节点下。

然后，右键单击工程树下的 Results 节点，从弹出菜单中选择【Create Far Fields Report】→【Radiation Pattern】命令，打开报告设置对话框，如图 8.22 所示。

E 面方向图和 H 面方向图,如前面 8.2 节定义了两个坐标面 3D 和 YOZ Plane。当义辐射表面时,展开了辐射设置的 Radiation 节点,右键单击某一坐标面,从弹出菜单中选择【Compute Antenna Parameters】命令,打开【Antenna Parameters】对话框,以便查看各种天线参数分析结果,如图 8.24 所示。

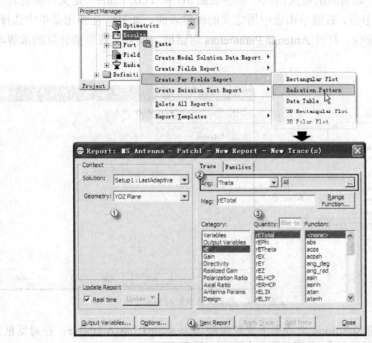

▲图 8.22　平面方向图报告设置对话框

　　绘制平面方向图的对话框设置和绘制三维方向图的对话框设置相似。对话框中,①处 Context 栏下的 Solution 项是选择求解设置项,这里选择 Setup1: LastAdaptive;Geometry 项是选择定义的辐射表面,这里选择上面定义的辐射表面:YOZ Plane。②处的 Ang 项选择绘制平面的角坐标,这里选择默认的 Theta 即可。③处选择绘制的方向图的类型,这里选择绘制场强方向图;所以,Category 项选择场强 rE,Quantity 项选择 rETotal,Function 项选择<none>,如图 8.22 中阴影部分所示。选择好这 3 项后,在对话框的 Mag 文本框中会显示 rETotal。在④处单击 New Report 按钮,即可创建天线在 *yoz* 截面上的场强方向图。然后,单击 Close 按钮,退出对话框,可以看到新建的平面场强方向图,如图 8.23 所示。同时,新建的方向图的名称会添加到工程树的 Results 节点下。

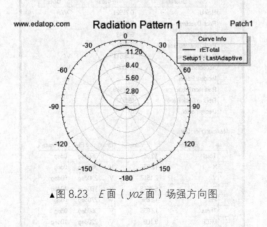

▲图 8.23　*E* 面(*yoz* 面)场强方向图

8.4.3　天线参数

　　HFSS 在天线问题的数据后处理中除了能绘制出天线方向图外,还能给出远区场最大场强、最带极化分量等分析结果和各种天线参数的分析结果。

　　和绘制方向图一样,如果需要查看最大远场数据计算结果和各种天线参数的计算结果,首先也是需要定义辐射表面，如前面所定义的两个辐射表面 3D 和 YOZ Plane。定义好辐射表面后，展开工程树下的 Radiation 节点，右键单击选中所定义的辐射表面，如 3D，在弹出菜单中选择【Compute Antenna Parameters】命令，打开 Antenna Parameters 对话框，设置天线参数计算的求解项和工作频率，如图 8.24 所示。

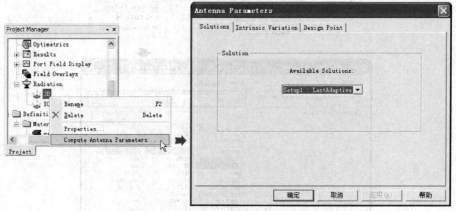

▲图 8.24　查看天线参数操作

此处，在对话框的 Solutions 选项卡下选择求解项为 setup1:LastAdaptive；在对话框的 Intrinsic Variation 选项卡下选择计算频率为 2.4GHz；然后单击 确定 按钮完成设置。此时，弹出如图 8.25 所示的对话框，显示天线参数的计算结果和最大远场数据的计算结果。

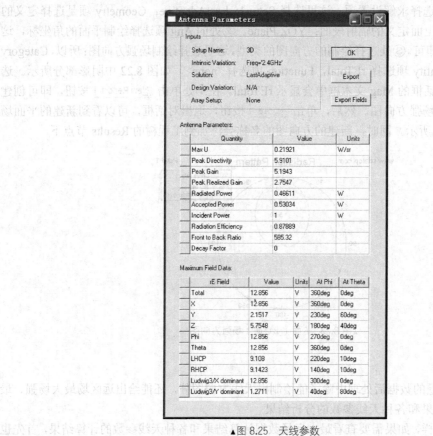

▲图 8.25　天线参数

其中，HFSS 软件后处理模块可以计算的最大远区场数据（Maximum Field Data）类型和表示的意义如表 8.2 所示。

表 8.2　　　　　　　　　　　　　　　最大远区场数据列表

名　称	含　义
Total	总电场的最大值
X	x 方向电场最大值
Y	y 方向电场最大值
Z	z 方向电场最大值
Phi	φ 方向电场最大值
Theta	θ 方向电场最大值
LHCP	左旋圆极化分量的最大值，等于 $\left\| \frac{1}{\sqrt{2}} \left(E_\theta - jE_\varphi \right) \right\|$
RHCP	右旋圆极化分量的最大值，等于 $\left\| \frac{1}{\sqrt{2}} \left(E_\theta + jE_\varphi \right) \right\|$
Ludwig 3/X dominate	Ludwig 第三定义交叉极化的主分量在 x 极化方向上的最大值，等于 $\| E_\theta \cos\varphi - E_\varphi \sin\varphi \|$
Ludwig 3/Y dominate	Ludwig 第三定义交叉极化的主分量在 y 极化方向上的最大值，等于 $\| E_\theta \sin\varphi + E_\varphi \cos\varphi \|$

HFSS 数据后处理模块可以给出各项天线参数的计算结果，图 8.23 所示对话框的 Antenna Parameters 栏即为天线参数的计算结果，包括输入功率（Incident Power）、净输入功率（Acceptable Power）、辐射功率（Radiated Power）、最大辐射强度（Max U）、辐射效率（Radiation Efficiency）、方向性系数（Peak Directivity）、最大增益（Gain）、最大实际增益（Peak Realized Gain）和前后向比（Front to back Ration）。下面来具体讲解每项参数所表示的含义。

1. 输入功率

在 HFSS 中，此处的输入功率是指定义的端口激励功率，默认值为 1W。通过主菜单【HFSS】→【Fields】→【Edit Sources】命令可以查看和编辑端口激励功率。

2. 净输入功率

净输入功率是指实际流入天线端口的输入功率，如果分别使用 P_{acc} 和 P_{inc} 表示净输入功率和输入功率，对于只有一个传输模式的单端口天线，则有

$$P_{acc} = P_{inc} \left(1 - |S_{11}|^2 \right) \tag{8-4-6}$$

式中，S_{11} 是天线端口的反射系数。

3. 辐射功率

辐射功率是指经由天线辐射到自由空间里的电磁能量，天线的辐射功率可以用坡印延矢量的曲面积分来计算，即

$$P_{rad} = \oiint\limits_{S} \boldsymbol{S} \cdot \boldsymbol{n} \mathrm{ds} = \oiint\limits_{S} \frac{1}{2} (\boldsymbol{E} \times \boldsymbol{H}^*) \cdot \boldsymbol{n} \mathrm{ds} \tag{8-4-7}$$

式中，$\boldsymbol{H}^*$ 是磁场强度 $\boldsymbol{H}$ 的共轭；$\boldsymbol{n}$ 是闭合曲面 S 外法线单位矢量。

4. 辐射效率

在 HFSS 中，辐射效率是辐射功率和净输入功率的比值，即

$$\eta_A = \frac{P_{rad}}{P_{acc}} \tag{8-4-8}$$

5. 最大辐射强度

辐射强度 U 是指每单位立体角内天线辐射出的功率，单位为 W/Sr（即瓦/立方弧度），可以由下式计算：

$$U(\theta, \ \varphi) = \frac{1}{2} \frac{|E|^2}{\eta_0} r^2 \tag{8-4-9}$$

式中，$|E|$ 表示电场的幅度；η_0 表示自由空间波阻抗；r 表示场点到天线的距离。HFSS 软件只计算辐射强度 $U(\theta, \ \varphi)$ 的最大值，即最大辐射强度 Max U。

6. 方向性系数

天线的方向性系数是指在相同辐射功率和相同距离的情况下，天线在最大辐射方向上的辐射功率密度与无方向性天线在该方向上的辐射功率密度的比值。方向性系数 D 可以由下式计算：

$$D = \frac{4\pi U}{P_{rad}} \tag{8-4-10}$$

7. 最大增益

天线的增益是指在相同净输入功率和相同距离的情况下，天线在最大辐射方向上的辐射功率密度与无方向性天线在该方向上的辐射功率密度的比值。天线增益 G 可以由下式计算：

$$G = \frac{4\pi U}{P_{acc}} \tag{8-4-11}$$

综合式（8-4-8）、式（8-4-10）和式（8-4-11）可以得到

$$G = \eta_A D \tag{8-4-12}$$

可见，天线的增益与方向性系数密切相关，对于完全匹配的无耗天线，二者是相等的。

8. 最大实际增益

天线的实际增益是指在相同输入功率和相同距离的情况下，天线在最大辐射方向上的辐射功率密度与无方向性天线在该方向上的辐射功率密度的比值。天线的实际增益 Realized G 可以由下式计算：

$$\text{realized}G = \frac{4\pi U}{P_{inc}} \tag{8-4-13}$$

9. 前后向比

前后向比（Front to Back Ration）是指天线主瓣的最大辐射方向（规定为 0°）的功率通量密度与相反方向附近（规定为 180°±20°范围内）的最大功率通量密度之比值，表示天线对后瓣抑制的能力。

8.4.4　HFSS 中天线阵的处理

理论分析结果表明，由相同天线单元构成的天线阵的方向图等于单个天线单元的方向图与阵因子

的乘积。其中，阵因子取决于天线单元之间的振幅、相位差和相对位置，与天线的类型、尺寸无关。

如果使用 $E_{\text{array}}(\theta,\ \varphi)$ 表示由 N 个相同天线单元组成的天线阵的方向图，$E_{\text{element}}(\theta,\ \varphi)$ 表示单个天线单元的方向图，$F(\theta,\ \varphi)$ 表示阵因子，则有

$$E_{\text{array}}(\theta,\ \varphi) = F(\theta,\ \varphi)E_{\text{element}}(\theta,\ \varphi) \tag{8-4-14}$$

式中，阵因子定义为

$$F(\theta,\ \varphi) = \sum_{n=1}^{N} W_n \mathrm{e}^{jk\boldsymbol{r}_n \bullet \boldsymbol{r}} \tag{8-4-15}$$

式中，$(\theta,\ \varphi)$ 表示场点的方向坐标；W_n 表示第 n 个天线单元的复加权值；$k=2\pi/\lambda$，表示自由空间波数；r_n 表示第 n 个天线单元的位矢；$\boldsymbol{r} =< \sin\theta\cos\varphi, \sin\theta\sin\varphi, \cos\varphi >$，表示场点到坐标原点的单位位矢。

式（8-4-15）中的复加权值可以使用幅度 A_n（实数）和相位 ψ_n（实数）的形式来表示，即

$$W_n = A_n \mathrm{e}^{j\psi_n} \tag{8-4-16}$$

如果指定天线阵列的扫描角为 $(\theta_0,\ \varphi_0)$，则第 n 个天线单元的相位为

$$\psi_n = -k\boldsymbol{r}_n \bullet \boldsymbol{r}_0 \tag{8-4-17}$$

式中，$\boldsymbol{r} =< \sin\theta_0\cos\varphi_0, \sin\theta_0\sin\varphi_0, \cos\varphi_0 >$，表示扫描角的单位矢量。

在 HFSS 中，对于天线阵列问题的分析，用户在建模时可以只创建单个天线阵元的模型，然后通过周期性边界条件（如主从边界）和周期性激励方式（如 Floquet 端口激励）的设置，以及天线阵元排列方式的构造来仿真计算整个天线阵列的性能参数，如天线阵列的方向图、方向性系数和增益等。HFSS 支持两种天线阵列类型：规则排列的均匀天线阵列（Regular Uniform Array）和用户自定义阵列（Custom Array）。

1. 规则排列的均匀天线阵列

规则排列的均匀天线阵定义为同一平面上等距排列的等幅单元阵列，阵元之间的相位变化可以由用户通过扫描角或者相位差来设定。

在 HFSS 中，右键单击工程树下的 Radiation 节点，从弹出菜单中选择【Antenna Array Setup】命令，打开 Antenna Array Setup 对话框，可以设置天线阵列，如图 8.26 所示。

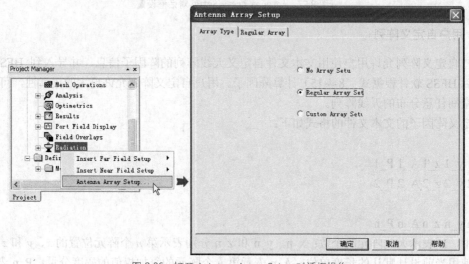

▲图 8.26　打开 Antenna Array Setup 对话框操作

对话框中，首先选中 Regular Array Setup 单选按钮，然后单击选择对话框上方的 Regular Array 选项卡，打开图 8.27 所示的界面，在此界面可以设置、构造规则排列的均匀天线阵列中阵元的排列方式。在图 8.27 所示对话框界面中，First Cell Position 栏是设置第一个阵元的位置坐标，图示值表示第一个阵元位于坐标原点；Directions 栏是设置阵元的排列方向，图示值表示 U 向是沿着 x 轴正向排列，V 向是沿着 y 轴正向排列；Distance Between Cells 栏是设置阵元之间的间距，图示值表示 U 方向上阵元间距为 15 毫米，V 方向上阵元间距为 20 毫米；Number of Cells 栏是设置阵元的个数，图示值表示在 U、V 方向上各排列 10 个天线阵元；Scan Definition 栏是设置阵元间的相位差，这个相位差通常和设计中的主从边界保持一致，即选中 Using settings from slave boundary 单选按钮。最后单击 确定 按钮，完成设置。

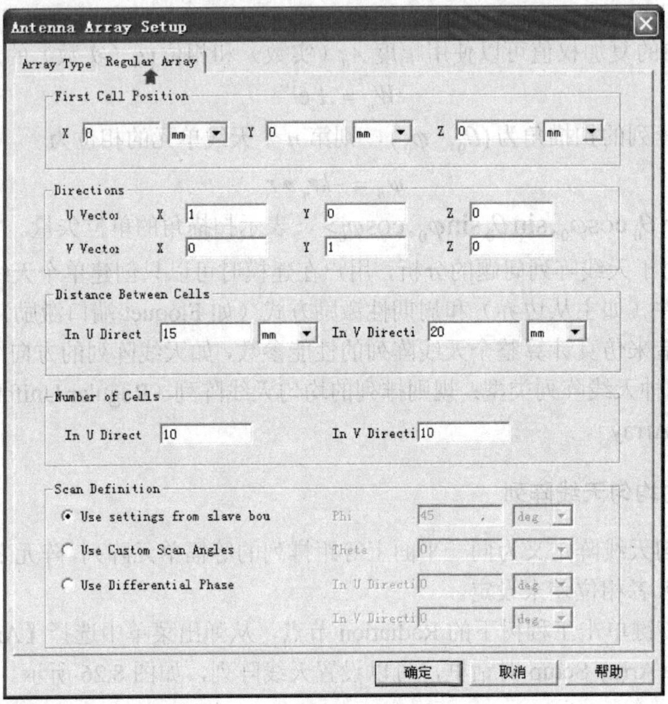

▲图 8.27　Antenna Array Setup 对话框设置

2. 用户自定义阵列

用户自定义阵列允许用户使用文本文件自定义天线阵列的阵因子信息，并导入到 HFSS 软件中，然后 HFSS 软件根据式（8-4-15）计算阵因子。用户自定义阵列允许更大的灵活性，可以构造阵元在空间任意分布的天线阵列。

自定义阵因子的文本文件的格式如下：

N

x_1 y_1 z_1 A_1 P_1

x_2 y_2 z_2 A_2 P_2

⋮

x_n y_n z_n A_n P_n

其中，N 表示天线阵元的个数；x_n、y_n 和 z_n 分别表示第 n 个阵元位置的 x、y 和 z 坐标，坐标值使用当前设计默认的长度单位；A_n 表示第 n 个阵元的复加权值的幅度分量；P_n 表示第 n

个阵元的复加权值的相位分量。

下面以一个用户自定义阵列的实例来详细说明用户自定义阵列的操作。这里，定义一个 2×3 的方阵，阵元沿着 x、y 轴正向排列，沿 x 轴排列的间距为 0.6 个单位长度，沿 y 轴排列的间距为 0.8 个单位长度，天线阵元的加权值都为 1，则阵列的文本文件定义如下：

```
6
    0.0     0.0     0.0     1.0     0.0
    0.6     0.0     0.0     1.0     0.0
    0.0     0.8     0.0     1.0     0.0
    0.6     0.8     0.0     1.0     0.0
    0.0     1.6     0.0     1.0     0.0
    0.6     1.6     0.0     1.0     0.0
```

有了定义阵列信息的文本文件后，使用如下操作步骤将其导入 HFSS 中。首先，在 HFSS 中，右键单击工程树下的 Radiation 节点，从弹出菜单中选择【Antenna Array Setup】命令，打开 Antenna Array Setup 对话框，操作步骤与图 8.26 一致。在对话框的 Array Type 选项卡界面，选中 Custom Array Setup 单选按钮；然后单击选择对话框的 Custom Array 选项卡，在 Custom Array 选项卡界面，单击 import Definition 按钮，从弹出的对话框中找到并导入编辑好的文本文件。

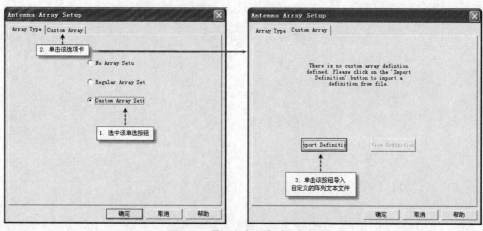

▲图 8.28　导入自定义阵列文本文件

导入阵列信息的文本文件后，单击对话框 Custom Array 选项卡界面的 View Definition 按钮，可以打开图 8.29 所示的 Custom Array Definition 窗口，查看导入的自定义阵列信息。

	X coord	Y coord	Z coord	Amplitude	Phase
1	0	0	0	1	0
2	0.0006	0	0	1	0
3	0	0.0008	0	1	0
4	0.0006	0.0008	0	1	0
5	0	0.0016	0	1	0
6	0.0006	0.0016	0	1	0

Number of Cells:　　6

Note: All values above are in SI units.

OK

▲图 8.29　自定义阵列信息显示窗口

> **注意**　文本文件中自定义的天线阵列的位置坐标使用的是当前 HFSS 设计中默认的长度单位。例如，本例中 HFSS 设计使用的单位是 mm，则文本文件定义的坐标位置也是使用 mm。而单击 `View Definition` 按钮查看导入的阵列信息时，图 8.29 所示的 Custom Array Definition 窗口默认使用 SI 单位制，即长度单位使用 m，所以文本文件定义的 0.6（单位：mm）在图 8.29 所示的窗口显示为 0.0006（单位：m）。

8.5　本章小结

　　本章主要讲解了 HFSS 的数据后处理功能，包括如何查看 S 参数等数值分析结果，如何绘制电场、磁场和电流分布，如何定义输出变量，以及天线问题的数据后处理和天线阵列的构造。通过本章的学习，读者不仅能够掌握如何利用 HFSS 的数据后处理功能查看各种仿真分析结果，还能够了解各项分析结果所代表的实际意义。

下篇

实 践 篇

前面各章主要介绍了 HFSS 软件的工作界面、基本功能、设计流程和具体操作，讲述的重点是如何让读者能够迅速熟悉并掌握 HFSS 设计的各个环节，包括理论基础和使用操作两个部分；学习的主要方法是在阅读、记忆的基础上，理解每个环节的内涵，并配合实际的操作、练习，达到熟练掌握 HFSS 的学习目标。用户只有熟练掌握了 HFSS 设计中的各个环节后，才能把 HFSS 正确地应用到实际的工程设计中去。

从第 9 章开始将进入实际工程应用实战阶段，通过具体的工程设计实例，讲解如何使用 HFSS 软件分析、设计和解决各种工程问题，例如，微波器件设计、天线仿真设计、高速数字信号完整性分析、计算 SAR、雷达散射截面分析和时域瞬态分析等。每个设计实例都对应着一类典型问题的工程应用，因此，希望读者在学习过程中多练习、多操作、勤思考，争取尽快掌握 HFSS 软件的使用，并真正能把 HFSS 软件应用到实际研发工作中。

第 9 章　HFSS 环形定向耦合器
设计实例

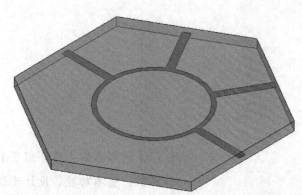

本章通过带状线环形耦合器的分析设计实例，详细讲解了 HFSS 设计微波器件的全过程。本章讲解的内容包括变量定义、创建带状线环形耦合器模型、分配边界条件和激励、设置求解分析项和查看分析结果等内容。

通过本章的学习，希望读者能够熟悉并掌握如何使用 HFSS 分析设计简单的微波器件。在本章，读者可以学到以下内容。

- 在 HFSS 中如何定义和使用变量。
- 如何向材料库中添加新的材料。
- 建模时如何使用合并操作。
- 建模时如何使用相减操作。
- 终端求解类型下，如何设置波端口激励。
- 如何添加扫频设置。
- 如何查看 S 参数矩阵结果。
- 如何使用波端口的端口平移（Deemed）功能。

9.1　环形定向耦合器简介

环形定向耦合器的结构示意图如图 9.1 所示，它是由周长为 3/2 个导波波长的闭合圆环和 4 根输入/输出传输线相连接而构成的，与圆环相连接的 4 根传输线的特征阻抗为 Z_0，圆环的特征阻抗为 $\sqrt{2}\,Z_0$，端口①到端口②、端口①到端口④、端口③到端口④之间的长度为 1/4 个导波波长，端口②到端口③之间的长度为 3/4 个导波波长。当微波信号由端口①输入，端口②、端口③、端口④皆接匹配负载时，输入信号功率可以等分成两部分，分别由端口②和端口④输出，端口③无信号输出，端口①和端口③彼此隔离。

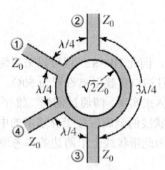

▲图 9.1　环形定向耦合器示意图

环形定向耦合器的散射矩阵可以表示为：

$$S = \frac{j}{\sqrt{2}} \begin{bmatrix} 0 & -1 & 0 & -1 \\ -1 & 0 & 1 & 0 \\ 0 & 1 & 0 & -1 \\ -1 & 0 & -1 & 0 \end{bmatrix} \tag{9-1-1}$$

9.2　使用 HFSS 设计环形定向耦合器概述

本章使用 HFSS 软件设计一个带状线结构的环形定向耦合器。耦合器的工作频率为 4GHz，带状线介质层厚度为 2.286mm，介质材料的相对介电常数为 2.33，损耗正切为 0.000429；带状线的金属层位于介质层的中央；端口负载皆为标准的 50Ω。环形耦合器的 HFSS 模型如图 9.2 所示。

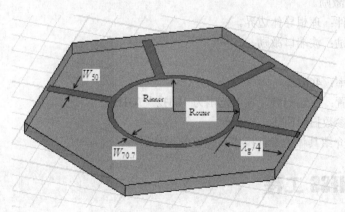

▲图 9.2　环形耦合器在 HFSS 中的模型

9.2.1　耦合器的理论计算

使用带状线计算工具（如 Agilent 公司 Advanced Design System 的 Linecalc 工具，AWR 公司 Microwave Office 的 TXLine 工具或者微波 EDA 网提供的带状线在线计算工具，可在 mweda 网站下载），可以计算出在上述设计条件下，带状线的导波波长 $\lambda_g = 49.13$mm，特征阻抗为 $Z_0 = 50\Omega$ 时对应的带状线宽度 $W_{50} = 1.78$mm，特征阻抗为 $\sqrt{2}\,Z_0 = 70.7\Omega$ 时对应的带状线宽度 $W_{70.7} = 0.98$mm。

对于带状线定向耦合器，圆环的周长是工作波长的 1.5 倍，所以圆环的半径 $R_{center} = 1.5\lambda_g/2\pi = 11.74$mm。因为圆环的宽度 $W_{70.7} = 0.98$mm，则圆环的内径 $R_{inner} = R_{center} - W_{70.7}/2 = 11.24$，圆环的外径 $R_{outer} = R_{center} + W_{70.7}/2 = 12.22$mm。与圆环相连接的 4 根带状传输线的长度这里取 1/4 个导

波波长，即 $\lambda_g/4 = 12.28$mm。

9.2.2　HFSS 设计简介

此环形耦合器使用带状线结构，因此 HFSS 工程可以采用终端驱动求解类型。4 个端口都与背景相接触，所以采用波端口激励，且端口负载阻抗设置为 50Ω。为了简化建模操作以及节省计算时间，带状线的金属层使用理想薄导体来实现，即通过创建二维平面然后给二维平面指定理想导体边界条件来模拟带状线的金属层；带状线的金属层位于介质层的中央。在 HFSS 中，与背景相接触的表面会自动设置为理想导体边界，因此带状线上下两边的参考地无须额外指定，直接使用默认的理想导体边界即可。

与圆环相连接的 4 根带状传输线长度取 1/4 个波长，即 12.28mm，圆环外径为 12.22mm，因此传输线终端到圆心的距离为 24.5mm，六棱柱的外接圆半径设置为 24.5/cos(30°)mm。为了能自由改变端口传输线的长度，定义一个设计变量 length 表示传输线终端到圆心的距离，变量的初始值取 24.5mm。

耦合器的工作频率为 4GHz，所以在进行求解设置时，自适应网格剖分频率设置为 4GHz。另外，为了查看定向耦合器在工作频率两侧的频率响应，需要在设计中添加 1G～7GHz 的扫频设置。

9.2.3　HFSS 设计环境概述

- 求解类型：终端驱动求解。
- 建模操作。
  - 模型原型：正多边体、矩形面、圆面。
  - 模型操作：复制操作、合并操作、相减操作。
- 边界条件和激励。
  - 边界条件：理想导体边界。
  - 端口激励：波端口激励。
- 求解设置。
  - 求解频率：4GHz。
  - 扫频设置：快速扫频，频率范围为 1GHz～7GHz。
- 后处理：S 参数扫频曲线、S 矩阵。

下面就来详细介绍具体的设计操作和完整的设计过程。

9.3　新建 HFSS 工程

1. 运行 HFSS 并新建工程

双击桌面上的 HFSS 快捷方式，启动 HFSS 软件。HFSS 运行后，会自动新建一个工程文件，选择主菜单栏【File】→【Save As】命令，把工程文件另存为 Coupler.hfss；然后右键单击工程树下的设计文件名 HFSSDesign1，从弹出菜单中选择【Rename】命令项，把设计文件重新命名为 Ring。

2. 设置求解类型

设置当前设计为终端驱动求解类型。

从主菜单栏选择【HFSS】→【Solution Type】命令，打开如图 9.3 所示的 Solution Type 对话框，选中 Driven Terminal 单选按钮，然后单击 OK 按钮，退出对话框，完成设置。

▲图 9.3　设置求解类型

9.4　创建环形定向耦合器模型

9.4.1　设置默认的长度单位

设置当前设计在创建模型时使用的默认长度单位为毫米。

从主菜单栏选择【Modeler】→【Units】命令，打开如图 9.4 所示的 Set Model Units 对话框。在该对话框中，Select units 项选择毫米（mm）单位，然后单击 OK 按钮，退出对话框，完成设置。

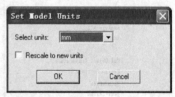

▲图 9.4　Set Model Units 对话框

9.4.2　建模相关选项设置

从主菜单栏中选择【Tools】→【Options】→【Modeler Options】命令，打开 3D Modeler Options 对话框。单击对话框的 Drawing 选项卡，确认 Drawing 选项卡界面的 Edit properties of new primitive 复选框未选中，如图 9.5 所示。然后单击 确定 按钮，退出对话框，完成设置。

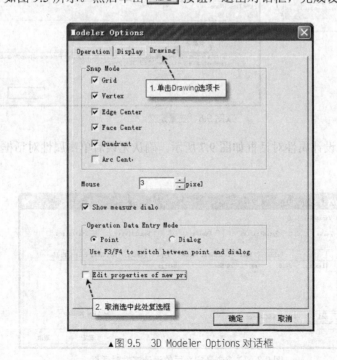

▲图 9.5　3D Modeler Options 对话框

> 说明　选中 Edit properties of new primitive 复选框的目的在于，在当前工程中，每次完成新建一个物体模型后，都会自动弹出该物体模型的属性对话框，方便用户建模操作。如果不选中该复选框，在完成新建一个物体模型后，不会自动弹出模型属性对话框，这种情况下用户如果需要编辑和更改物体属性，可以双击操作历史树下的模型名称和对应的创建模型的操作命令，打开模型属性对话框，然后进行编辑和修改。

9.4.3　定义变量 length

定义一个设计变量 length，用于表示 1/2 个工作波长，其初始值为 24.5mm。

从主菜单栏选择【HFSS】→【Design Properties】命令，打开设计属性对话框，单击对话框中的 Add... 按钮，打开 Add Property 对话框；在 Add Property 对话框中，Name 项输入变量名称 length，Value 项输入该变量的初始值 24.5mm，然后单击 OK 按钮，添加变量 length 到设计属性对话框中。变量定义和添加的过程如图 9.6 所示。

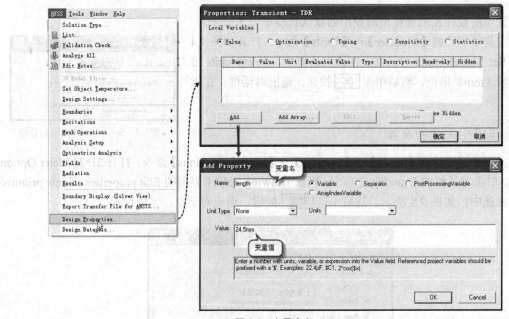

▲图 9.6　变量定义

定义完成后，确认设计属性对话框如图 9.7 所示。确认无误后单击属性对话框的 确定 按钮，完成变量定义。

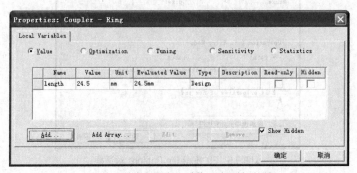

▲图 9.7　完成变量定义后的设计属性对话框

9.4.4　添加新材料

向材料库中添加新的介质材料，取名为 My_Sub，并设置其为建模时使用的默认材料。新添加材料的相对介电常数为 2.33，介质损耗正切为 0.000429。

从主菜单栏中选择【Tools】→【Edit Configured Libraries】→【Materials】命令，打开如图 9.8 所示的 Edit Libraries 对话框。单击该对话框的 Add Material... 按钮，打开如图 9.9 所示的 View/Edit Material 对话框。在 View/Edit Material 对话框中，Material Name 项输入材料名称 My_Sub，Relative Permittivity 项对应的 Value 值处输入相对介电常数 2.33，Dielectric Loss Tangent 项对应的 Value 值处输入介质的损耗正切 0.000429。然后单击 OK 按钮，退出对话框。此时新定义的介质材料 My_Sub 会添加到当前设计的材料库中。

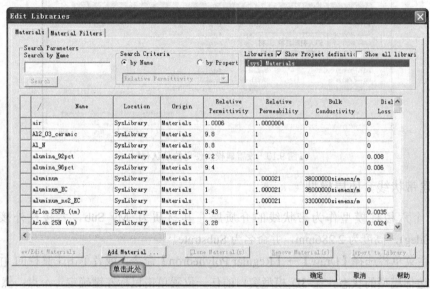

▲图 9.8　Edit Libraries 对话框

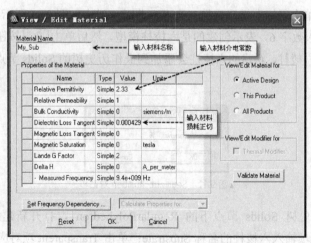

▲图 9.9　View/Edit Material 对话框

单击工具栏中设置默认材料的快捷方式，从其下拉列表中选择"Select..."，打开 Select Definition 对话框；在该对话框的 Search By Name 项输入新添加的材料名称 My_Sub，从材料库中搜索到该材料，并单击选中该材料；然后单击对话框的 确定 按钮，退出 Edit Libraries 对话框，此时即设置

My_Sub 为当前建模所使用的默认材料，整个过程如图 9.10 所示。默认材料的名称会显示在工具栏设置默认材料快捷方式处。

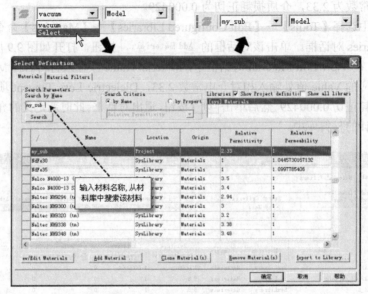

▲图 9.10　设置建模所使用的默认材料

9.4.5　创建带状线介质层模型

创建一个六棱柱模型作为带状线的介质层，其材质为 My_Sub，六棱柱外接圆半径为 length/cos(30deg)，高度为 2.286mm，并命名为 Substrate。

（1）从主菜单栏选择【Draw】→【Regular Polyhedron】命令，或者单击工具栏的 ⬡ 按钮，进入创建正多边体模型的状态。在 3D 模型窗口的任一位置单击鼠标左键确定一个点；然后在 xy 面移动鼠标光标，绘制出一个圆形后，单击鼠标左键确定第二个点；最后沿着 z 轴方向移动鼠标光标，绘制出一个圆柱形后单击鼠标左键确定第三个点。此时，弹出如图 9.11 所示的 Segment number 对话框，在对话框中输入数字 6，表示创建的是六棱柱模型，然后单击 OK 按钮结束。此时即在三维模型窗口创建了一个六棱柱。新建的六棱柱会添加到操作历史树的 Solids 节点下，其默认的名称为 RegularPolyhedron1。

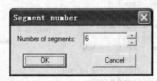

▲图 9.11　Segment Number 对话框

（2）双击操作历史树 Solids 节点下的 RegularPolyhedron1，打开新建六棱柱属性对话框的 Attribute 界面。Name 项输入六棱柱的名称 Substrate；单击 Transparent 项对应的按钮，设置六棱柱的透明度为 0.4；因为在前面已经设置新添加的材料 My_Sub 为建模默认材料，所以此处 Material 项对应的材料即为 My_Sub，不需要重新分配；其他项保留默认值不变，如图 9.12 所示。最后单击 确定 按钮退出。

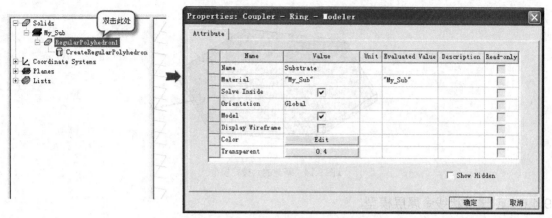

▲图 9.12　六棱柱属性对话框 Attribute 界面

> **注意**　　Transparent 项对应的是模型的透明度设置，其取值范围为 0~1，0 表示物体模型不透明；1 表示物体全透明。

（3）再双击操作历史树 Substrate 节点下的 CreateRegularPolyhedron，打开新建六棱柱属性对话框的 Command 界面，在该界面下设置六棱柱的位置坐标和大小。Center Position 项输入六棱柱外接圆的底面圆心坐标（0，0，–1.143）；Start Position 项输入坐标值（length/cos(30deg)，0mm，-1.143mm），设定六棱柱外接圆半径和一条棱边的起始点，其中 length 是前面定义的设计变量；Height 项输入六棱柱的高度 2.286；其他项保留默认值不变，如图 9.13 所示。最后单击 确定 按钮退出。

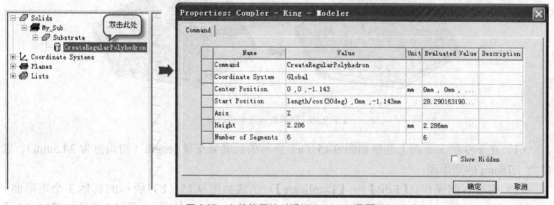

▲图 9.13　六棱柱属性对话框 Command 界面

> **注意**　　在 HFSS 中，三角函数的默认单位是弧度，如 cos(30)则表示 30 弧度（约为 291°）对应的余弦函数值。而本例中，在定义模型半径时需要计算的是 30° 对应的余弦值，所以需要指定角度单位 deg。

此时，就创建了一个外接圆半径为 length/cos(30deg)，高度为 2.286mm，材质为 My_Sub；名称为 Substrate 的六棱柱模型。然后，从主菜单中选择【View】→【Fit All】→【All Views】命令，或者按下快捷键 Crtl+D，适合窗口大小全屏显示所创建的模型，新建的六棱柱模型如图 9.14 所示。

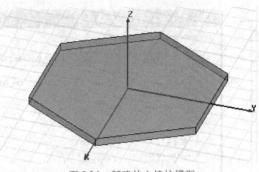

▲图 9.14　新建的六棱柱模型

9.4.6　创建带状线金属层模型

本例中使用厚度为零的理想薄导体作为带状线的金属层，且带状线金属层位于介质层的中央（即 $z=0$ 的 xoy 面上）。下面将使用 HFSS 布尔操作中的合并、相减操作来生成环形带状线。耦合器环形带状线模型的创建过程如图 9.15 所示，创建过程简要说明如下。

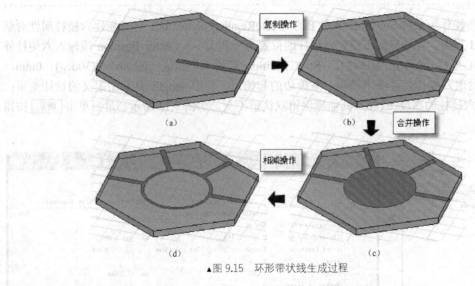

▲图 9.15　环形带状线生成过程

（1）在 $z=0$ 的 xoy 面上创建如图 9.15（a）所示的长度为变量 length（初始值为 24.5mm）、宽度为 1.78mm 的矩形面。

（2）通过复制操作（【Edit】→【Duplicate】）生成如图 9.15（b）所示的其他 3 个矩形面。

（3）在 $z=0$ 的 xoy 面上创建圆心坐标在（0，0）、半径为 12.22mm 的圆面，通过合并操作（【Modeler】→【Boolean】→【Unite】）生成如图 9.15（c）所示的模型。

（4）在 $z=0$ 的 xoy 面上创建圆心坐标在（0，0）、半径为 11.24mm 的圆面，通过相减操作（【Modeler】→【Boolean】→【Substrate】）生成最终的环形带状线。

下面来详细说明具体的创建操作步骤。

1．创建图 9.15（a）所示的矩形面

创建一个顶点位于坐标（-0.89，0，0），长度用变量 length 表示，宽度为 1.78mm 的矩形面，并将其命名为 Trace。

（1）从主菜单栏选择【Draw】→【Rectangle】命令，或者单击工具栏 ▭ 按钮，进入创建矩形面模型的状态，在三维模型窗口任一位置单击鼠标左键确定一个点；然后在 *xoy* 面移动鼠标光标，绘制出一个矩形后单击鼠标左键确定第二个点，此时即在三维模型窗口创建了一个矩形面。新建的矩形面会添加到操作历史树的 Sheets 节点下，其默认的名称为 Rectangle11。

（2）双击操作历史树 Sheets 节点下的 Rectangle1，打开新建矩形面属性对话框的 Attribute 界面。其中，Name 项输入矩形面的名称 Trace；然后单击 Color 项对应的 **Edit** 按钮，打开调色板，选中铜黄色，即把该矩形面的颜色设置为铜黄色；其他项都保留默认设置，如图 9.16 所示。最后，单击 确定 按钮退出。

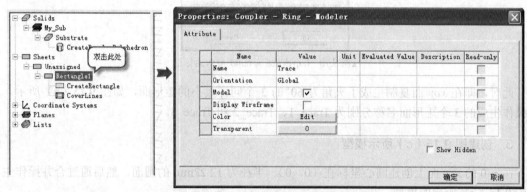

▲图 9.16　矩形面属性对话框 Attribute 界面

（3）再双击操作历史树 Trace 节点下的 CreateRectangle1，打开新建矩形面属性对话框的 Command 界面，在该界面下设置矩形面的顶点位置坐标和大小尺寸。其中，Position 项输入矩形面起始点坐标（−0.89，0，0），XSize 项输入矩形面的宽度 1.78，YSize 项输入矩形面的长度 length；其他项保留默认值不变，如图 9.17 所示。最后单击 确定 按钮退出。

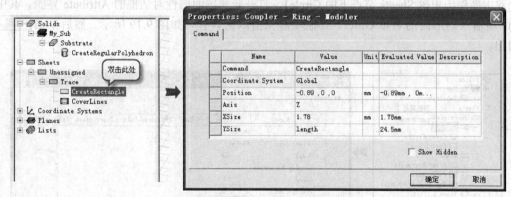

▲图 9.17　矩形面属性对话框 Command 界面

此时，就创建了一个位于 *z*=0 的平面，顶点坐标为（−0.89，0，0），长度用变量 length 表示，宽度为 1.78mm 的矩形面。矩形面的位置和大小如图 9.15（a）所示。

2．复制矩形面

通过复制操作生成如图 9.15（b）所示的其他 3 个矩形面。

（1）单击操作历史树 Sheets 节点下的 Trace，选中新建的矩形面，此时该矩形面会高亮显示。

（2）从主菜单栏选择【Edit】→【Duplicate】→【Around Axis】命令，或者单击工具栏的

按钮，打开如图 9.18 所示的 Duplicate Around Axis 对话框，执行沿坐标轴旋转复制操作。在该对话框中，Axis 项选择 Z 单选按钮，Angle 项输入 60deg，Total number 项输入 4，然后单击 OK 按钮，完成复制操作。

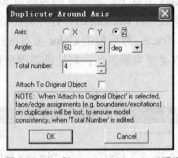

▲图 9.18　Duplicate Around Axis 对话框

此时，即在 *xoy* 面复制生成了夹角为 60°的 3 个同样大小的矩形面，如图 9.15（b）所示。复制操作生成的 3 个矩形面名称分别为 Trace_1、Trace_2 和 Trace_3。

3. 创建图 9.15（c）所示模型

在 *z*=0 的 *xoy* 面上创建圆心坐标在（0，0）、半径为 12.22mm 的圆面，然后通过合并操作生成如图 9.15（c）所示的模型。

（1）创建圆面。

从主菜单栏选择【Draw】→【Circle】命令，或者单击工具栏的 ◎ 按钮，进入创建圆面模型的状态，在 3D 模型窗口任一位置单击鼠标左键确定一个点；然后在 *xoy* 面移动鼠标光标，再绘制出一个圆形后单击鼠标左键确定第二个点，此时即在三维模型窗口创建了一个圆面。新建的圆面会添加到操作历史树的 Sheets 节点下，其默认的名称为 Circle1。

双击操作历史树 Sheets 节点下的 Circle1，打开新建圆面属性对话框的 Attribute 界面。其中，Name 项输入矩形面的名称 Outer，其他项都保留默认设置，如图 9.19 所示。然后单击 确定 按钮退出。

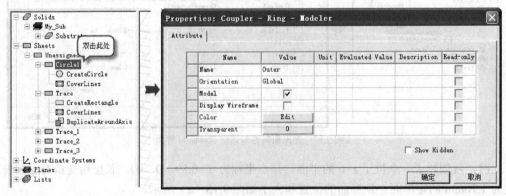

▲图 9.19　圆面属性对话框 Attribute 界面

再双击操作历史树 Outer 节点下的 CreateCircle，打开新建矩形面属性对话框的 Command 界面，在该界面下设置圆面的圆心坐标和半径。其中，Center Position 项输入圆心坐标（0，0，0），Radius 项输入圆面的半径 12.22，其他项保留默认值不变，如图 9.20 所示。最后单击 确定 按钮退出。

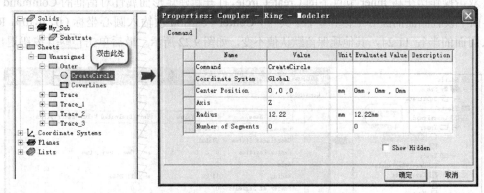

▲图 9.20　圆面属性对话框 Command 界面

此时，就创建了一个位于 $z=0$ 的平面，名称为 Outer，圆心坐标为（0，0，0），半径为 12.22mm 的圆面。

（2）合并操作生成如图 9.15（c）所示的模型。

按住 Ctrl 键，按先后顺序依次单击操作历史树下的 Trace、Trace_1、Trace_2、Trace_3 和 Outer，同时选中这 4 个矩形面和 1 个圆面。然后从主菜单栏选择【Modeler】→【Boolean】→【Unite】命令，或者单击工具栏的 按钮，执行合并操作；把上面选中的 5 个面模型 Trace、Trace_1、Trace_2、Trace_3 和 Outer 合并成如图 9.15（c）所示的一个模型。合并生成的新模型的名称、材质等物体属性与第一个选中的模型相同。以此，此处合并生成的新的模型名称为 Trace。

4. 生成完整的环形带状线模型

在 $z=0$ 的 xoy 面上创建圆心坐标在（0，0）、半径为 11.24mm 的圆面，然后通过相减操作生成最终的环形带状线。

（1）创建圆面。

再次从主菜单栏选择【Draw】→【Circle】命令，或者单击工具栏的 按钮，进入创建圆面模型的状态，在三维模型窗口绘制一个圆面。新建的圆面会添加到操作历史树的 Sheets 节点下，其默认的名称为 Circle1。

双击操作历史树 Sheets 节点下的 Circle1，打开新建圆面属性对话框的 Attribute 界面。其中，Name 项输入矩形面的名称 Inner，其他项都保留默认设置，如图 9.21 所示。然后单击 确定 按钮退出。

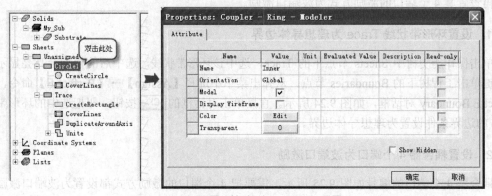

▲图 9.21　圆面属性对话框 Attribute 界面

再双击操作历史树 Inner 节点下的 CreateCircle，打开新建矩形面属性对话框的 Command 界面，在该界面下设置圆面的圆心坐标和半径。其中，Center Position 项输入圆心坐标（0，0，0），Radius 项输入圆面的半径 11.24，其他项保留默认值不变，如图 9.22 所示。最后单击 确定 按钮退出。

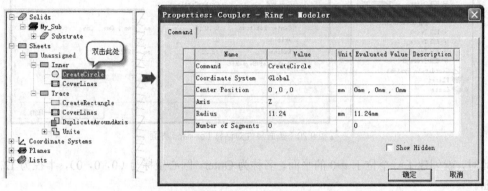

▲图 9.22　圆面属性对话框 Command 界面

此时，就创建了一个位于 z=0 的平面，名称为 Outer，圆心坐标为（0，0，0），半径为 11.24mm 的圆面。

（2）相减操作生成如图 9.15（d）所示的模型。

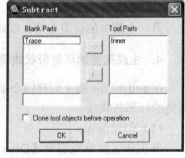

按住 Ctrl 键，按先后顺序依次单击操作历史树下的 Trace 和 Inner，同时选中这两个物体。然后从主菜单栏选择【Modeler】→【Boolean】→【Substrate】命令，或者单击工具栏的 按钮，打开如图 9.23 所示的 Subtract 对话框，确认对话框中 Blank Parts 栏显示的是 Trace，Tool Parts 栏显示的是 Inner，表明使用模型 Trace 减去模型 Inner，然后单击 OK 按钮，执行相减操作。执行相减操作后，即生成如图 9.15（d）所示的环形带状线模型，模型名称仍为 Trace。

至此，就创建好了完整的耦合器环形带状线模型。

▲图 9.23　相减操作对话框

9.5　分配边界条件和激励

设置环形带状线 Trace 为理想导体边界条件，这样面模型 Trace 即可以看做是理想导体平面；然后再设置其 4 个端口的激励方式为波端口激励。

1. 设置环形带状线 Trace 为理想导体边界

单击操作历史树中 Sheets 节点下的 Trace，选中该环形带状线，选中后的模型会高亮显示；然后右键单击工程树下的 Boundaries 节点，从弹出菜单中选择【Assign】→【Perfect E】命令，打开 Perfect E Boundary 对话框，如图 9.24 所示。直接单击对话框的 OK 按钮，即把选中的环形带状线 Trace 的边界条件设置为理想导体边界。

2. 设置耦合器 4 个端口为波端口激励

耦合器 4 个端口的编号如图 9.25 所示，需要把 4 个端口的激励方式都设置为波端口激励。这里，首先设置端口 1 为波端口激励。

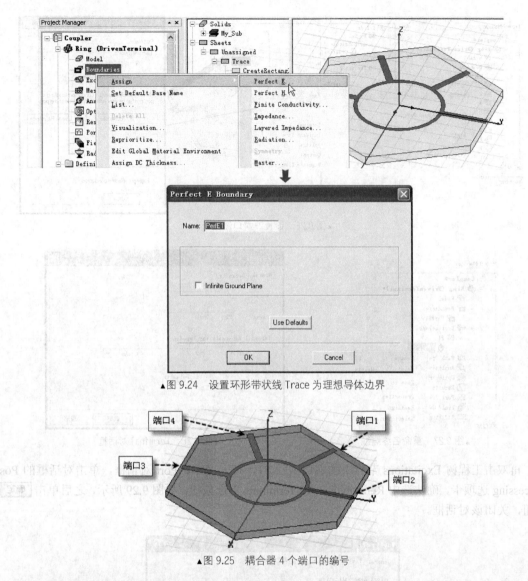

▲图 9.24　设置环形带状线 Trace 为理想导体边界

▲图 9.25　耦合器 4 个端口的编号

　　在三维模型窗口任意位置单击右键，从弹出菜单中选择【Select Faces】命令，或者单击键盘上的 **F** 快捷键，切换到面选择状态。在介质层 Substrate 的上表面靠近端口 1 处，单击鼠标键，选中物体 Substrate 的上表面，然后按下键盘上的 **B** 快捷键，此时会选中端口 1 所在的表面。选中端口 1 所在表面之后，右键单击工程树下的 Excitations 节点，从弹出菜单中选择【Assign】→【Wave Port】，打开 Reference Conductors for Terminals 对话框，在对话框的 Name 项中输入波端口的名称 P1，其他项保留默认设置不变，如图 9.26 所示。然后单击对话框的 OK 按钮，即设置端口 1 的激励方式为波端口激励。设置完成后，端口激励名称 P1 和默认的终端线名称 Trace_T1 会添加到工程树的 Excitations 节点下。

　　单击工程树 Excitations 节点下的端口激励名称 P1 左侧的 田 按钮，可以展开 P1，看到终端线名称 Trace_T1；右键单击 Trace_T1，在弹出菜单中选择【Rename】命令，重新命名终端线名称为 T1，如图 9.27 所示。

　　然后双击工程树下的终端线 T1，打开如图 9.28 所示的 Terminal 对话框，确认其归一化阻抗（即 Terminal Renormalizing Impedance 项）为 50ohm；之后单击 确定 按钮，关闭该对话框。

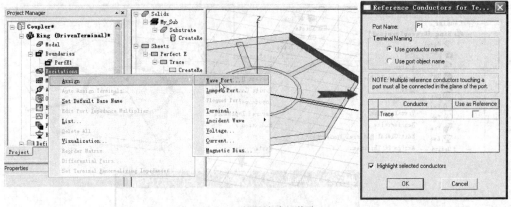

▲图 9.26　设置波端口激励

▲图 9.27　重命名终端线

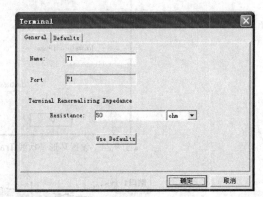

▲图 9.28　Terminal 对话框

再双击工程树 Excitations 节点下的端口激励 P1，打开 Wave Port 对话框，单击对话框的 Post Processing 选项卡，确认选中 Renormalize All Terminals 单选按钮，如图 9.29 所示，之后单击 确定 按钮，关闭该对话框。

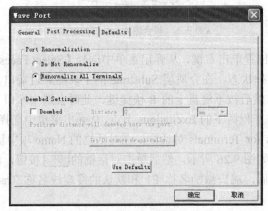

▲图 9.29　Wave Port 对话框

至此，即正确完成把端口 1 设置为波端口激励方式。

使用相同的操作，按图 9.25 所示顺序，分别设置端口 2、端口 3、端口 4 的激励方式为波端口激励，并把波端口激励和终端线的名称分别命名为 P2、P3、P4 和 T2、T3、T4。波端口设置好之后，工程树 Excitations 节点如图 9.30 所示。

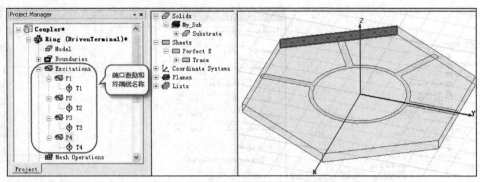

▲图 9.30 工程树下的波端口和终端线名称

9.6 求解设置

本章设计的环形耦合器工作频率为 4GHz，所以设置自适应网格剖分频率为 4GHz。另外，为了查看所设计的环形耦合器在工作频率两侧的频率响应，需要设置 1～7GHz 的扫频分析。

9.6.1 求解设置

右键单击工程树下的 Analysis 节点，从弹出菜单中选择【Add Solution Setup】命令，打开如图 9.31 所示的 Solution Setup 对话框。在该对话框中，Setup Name 项保留默认名称 Setup1；Solution Frequency 项输入 4GHz，即设置求解频率为 4GHz；Maximum Number of Passes 项输入 20，即设置 HFSS 软件进行网格剖分的最大迭代次数为 20；Maximum Delta S 项输入 0.02，即设置收敛误差为 0.02；其他项保留默认设置。然后单击 确定 按钮，完成求解设置，退出对话框。设置完成后，求解设置的名称 Setup1 会添加到工程树的 Analysis 节点下。

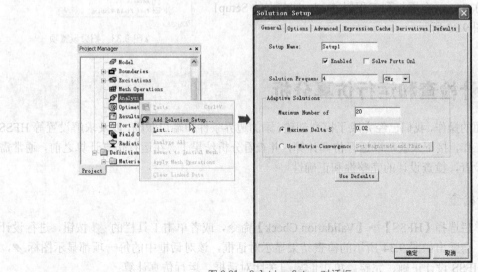

▲图 9.31 Solution Setup 对话框

9.6.2 扫频设置

展开工程树的 Analysis 节点，单击右键 Analysis 节点下的求解设置 Setup1，从弹出菜单中选择

【Add Frequency Sweep】命令，打开 Edit Sweep 对话框，进行扫频设置，如图 9.32 所示。

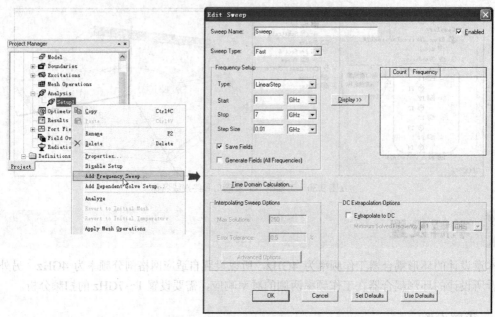

▲图 9.32　扫频设置

在该对话框中，Sweep Name 项保留默认名称 Sweep；Sweep Type 项选择 Fast，设置扫频类型为快速扫频；在 Frequency Setup 栏，Type 项选择 LinearStep，Start 项输入 1GHz，Stop 项输入 7GHz，Step 项输入 0.01GHz，即设置扫频范围为 1～7GHz，频率步进为 0.01GHz。然后单击对话框的 OK 按钮，完成扫频设置，退出对话框。设置完成后，扫频设置的名称 Sweep 会添加到工程树 Analysis 节点的 Setup1 项下面，如图 9.33 所示。

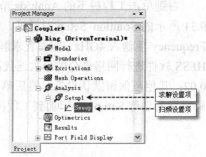

▲图 9.33　扫频设置项

9.7　设计检查和运行仿真分析

通过前面的操作，我们已经完成了模型创建、添加边界条件和端口激励，以及求解设置等 HFSS 设计的前期工作，接下来就可以运行仿真计算，并查看分析结果了。在运行仿真计算之前，通常需要进行设计检查，检查设计的完整性和正确性。

9.7.1　设计检查

从主菜单栏选择【HFSS】→【Validation Check】命令，或者单击工具栏的 🖉 按钮，进行设计检查。此时，会弹出如图 9.34 所示的检查结果显示对话框，该对话框中的每一项都显示图标✔，表示当前的 HFSS 设计正确、完整。单击 Close 关闭对话框，运行仿真计算。

9.7.2　运行仿真分析

右键单击工程树 Analysis 节点下的求解设置项 Setup1，从弹出菜单中选择【Analyze】命令，

或者单击工具栏 ![icon] 按钮，运行仿真计算。

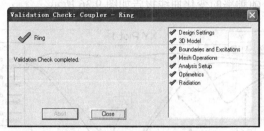

▲图 9.34　检查结果显示对话框

整个仿真计算大概只需 3 分钟即可完成。在仿真计算的过程中，进度条窗口会显示出求解进度，在仿真计算完成后，信息管理窗口会给出完成提示信息。

9.8　查看仿真分析结果

设计的环形耦合器工作频率为 4GHz，设计中仿真分析了耦合器在 1~7GHz 频段的扫频特性。在分析结果中，我们主要查看两个指标：一是 1~7GHz 频带内 S 参数的扫频特性；二是在 4GHz 工作频点上的 S 参数矩阵。

9.8.1　查看 S 参数扫频结果

右键单击工程树下的 Results 节点，从弹出菜单中选择【Create Terminal Solution Data Report】→【Rectangular Plot】命令，打开结果报告设置对话框。在该对话框中，Category 项选中 Terminal S Parameter，Quantity 项在按住 **Ctrl** 键的同时选中 St(T1,T1)、St(T1,T2)、St(T1,T3)和 St(T1,T4)，在 Function 栏选中 dB，整个操作设置如图 9.35 所示。

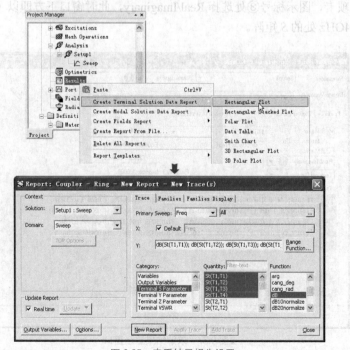

▲图 9.35　查看结果报告设置

然后单击 New Report 按钮，生成结果报告；再单击 Close 按钮关闭对话框。此时，生成的 S_{11}、S_{12}、S_{13} 和 S_{14} 在 1～7GHz 随频率的变化曲线报告如图 9.36 所示。

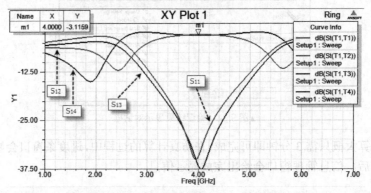

▲图 9.36　S 参数随频率变化的关系曲线图

在结果报告工作界面，单击工具栏的　按钮，进入标记（Marker）模式，移动鼠标光标到 S_{14} 曲线的 4GHz 频点处，然后单击鼠标左键，此时会在 S_{14} 曲线的 4GHz 频点上作一个标记 m1，并显示出该处的值为 –3.1159（约为 –3dB）。然后，按 Esc 键退出标记模式。

因为环形耦合器是个互易器件，所以有 $S_{12}=S_{21}$，$S_{13}=S_{31}$，$S_{14}=S_{41}$。从结果报告中可以分析得出，在 4GHz 处端口 2 和端口 4 的输出功率是端口 1 输入功率的一半（约为 –3dB），端口 3 和端口 1 互相隔离（隔离度>35dB）。

9.8.2　查看 4GHz 频点的 S 矩阵

右键单击工程树下的 Results 节点，从弹出菜单中选择【Solution Data】命令，打开如图 9.37 所示的求解结果显示窗口。结果显示窗口中，在图示标号①处选择 LastAdaptive，图示标号②处选择 Matrix Data 选项卡，图示标号③处选择 Real/Imaginary，此时窗口下方即以（实部，虚部）的形式显示耦合器在 4GHz 处的 S 矩阵。

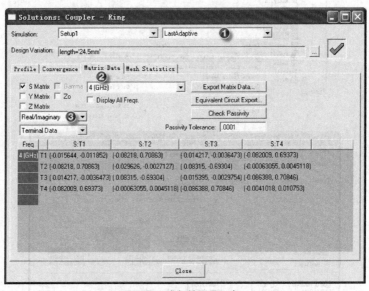

▲图 9.37　求解结果显示窗口

从结果显示数据中可以得出，设计的环形耦合器在 4GHz 处的 S 矩阵为（精确到小数点后两位）：

$$\mathbf{S} = \begin{bmatrix} -0.02-j0.01 & -0.08+j0.71 & 0.01 & -0.08+j0.69 \\ -0.08+j0.71 & -0.03 & 0.08-j0.69 & 0 \\ 0.01 & 0.08-j0.69 & -0.02 & -0.09+j0.71 \\ -0.08+j0.69 & 0 & -0.09+j0.71 & j0.01 \end{bmatrix}$$

$$\approx \begin{bmatrix} 0 & j0.7 & 0 & j0.7 \\ j0.7 & 0 & -j0.7 & 0 \\ 0 & -j0.7 & 0 & j0.7 \\ j0.7 & 0 & j0.7 & 0 \end{bmatrix}$$

$$\approx \frac{j}{\sqrt{2}} \begin{bmatrix} 0 & 1 & 0 & 1 \\ 1 & 0 & -1 & 0 \\ 0 & -1 & 0 & 1 \\ 1 & 0 & 1 & 0 \end{bmatrix} \tag{9-8-1}$$

9.9　结果讨论

细心的读者对比由仿真计算得出的 S 矩阵结果——即式（9-8-1）和理论分析的 S 矩阵结果——即式（9-1-1），可以发现仿真计算结果和理论分析结果有着很大差异。那么，是什么原因导致这样的差异呢？

我们知道，在前面的设计中，每个端口传输线的长度取的是 1/4 个导波波长。这 1/4 个导波波长的传输线会在每个端口引入 $\pi/2$ 的相位差，从而导致了 S 参数矩阵仿真计算结果和理论分析结果的差异。

9.9.1　重新仿真验证 S 矩阵结果

为了验证我们的分析结论，把每个端口传输线长度设置为 0.2mm（远小于工作波长 49.13mm），然后重新运行仿真计算。

把每个端口传输线长度设置为 0.2mm，只需要把变量 length 的初始值由原来的 24.5mm 改为 12.42mm 即可。从主菜单栏选择【HFSS】→【Design Properties】，打开设计属性对话框，把变量 length 对应的 Value 值由 24.5 修改为 12.42，如图 9.38 所示，然后单击 确定 按钮退出对话框。

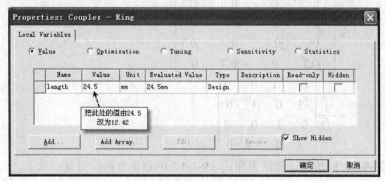

▲图 9.38　设计属性对话框

单击工具栏的 按钮，重新运行仿真计算。

因为此处只需要查看 4GHz 工作频点上的 S 参数矩阵，不需要查看耦合器扫频特性，所以为了节约仿真计算时间，可以取消前面的扫频设置后再运行仿真。在工程树中，展开 Analysis 下的 Setup1 节点，选中 Sweep1，单击右键，从弹出菜单中选择【Disable Sweep】命令，即可取消扫频设置。

仿真计算完成后，执行和前面 9.8.2 小节相同的操作，查看端口传输线长度为 0.2mm 时的 S 参数矩阵计算结果，如图 9.39 所示。

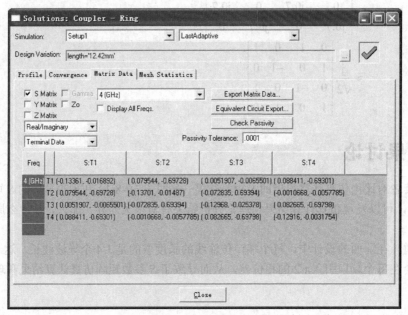

▲图 9.39　S 矩阵结果显示窗口

此时，

$$
\mathbf{S} = \begin{bmatrix}
-0.13 - \mathrm{j}0.02 & 0.08 - \mathrm{j}0.7 & 0.01 - \mathrm{j}0.01 & 0.09 - \mathrm{j}0.69 \\
0.08 - \mathrm{j}0.7 & -0.14 - \mathrm{j}0.7 & -0.07 + \mathrm{j}0.69 & 0 \\
0.01 - \mathrm{j}0.01 & 0.07 + \mathrm{j}0.69 & -0.12 - \mathrm{j}0.03 & 0.08 - \mathrm{j}0.7 \\
0.09 - \mathrm{j}0.69 & 0 & 0.08 - \mathrm{j}0.7 & -0.13
\end{bmatrix}
$$

$$
\approx \begin{bmatrix}
0 & -\mathrm{j}0.7 & 0 & -\mathrm{j}0.7 \\
-\mathrm{j}0.7 & 0 & \mathrm{j}0.7 & 0 \\
0 & \mathrm{j}0.7 & 0 & -\mathrm{j}0.7 \\
-\mathrm{j}0.7 & 0 & -\mathrm{j}0.7 & 0
\end{bmatrix}
$$

$$
\approx \frac{\mathrm{j}}{\sqrt{2}} \begin{bmatrix}
0 & -1 & 0 & -1 \\
-1 & 0 & 1 & 0 \\
0 & 1 & 0 & -1 \\
-1 & 0 & -1 & 0
\end{bmatrix} \tag{9-9-1}
$$

这里，式（9-9-1）的仿真计算结果和式（9-1-1）的理论分析结果就一致了。

9.9.2　使用端口平移功能验证 S 矩阵结果

在验证此处的讨论结果时，除了使用上述改变端口传输线长度然后重新仿真计算这种方法外，还有另外一种更加简便的方法，就是通过波端口的端口平移（Deemed）功能来实现。使用端口平移（Deemed）功能无须重新计算，可以大大节省验证时间。

我们最初设计的环形耦合器，其端口传输线长度为 1/4 个导波波长（即 12.28mm），为了消除传输线引入的相差对 S 矩阵的影响，可以使用端口平移功能，把每个端口向内侧平移 12.28mm。

从主菜单栏选择【HFSS】→【Design Properties】，打开设计属性对话框，把变量 length 对应的 Value 值改为最初的 24.5mm。

双击工程树 Excitations 节点下的端口激励 P1，打开如图 9.40 所示的 Wave Port 对话框，选择对话框的 Post Processing 选项卡，勾选 Deemed 复选框，并在 Distance 项的文本框内输入 12.28mm；然后单击 确定 按钮，完成端口平移设置，退出对话框。

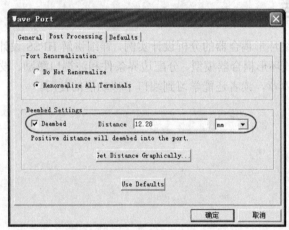

▲图 9.40　在 Wave Port 对话框中进行端口平移设置

使用相同的操作，分别设置端口 P2、P3 和 P4 向内侧平移 12.28mm。此时，再使用和前面 9.8.2 节相同的操作显示 S 矩阵，如图 9.41 所示。

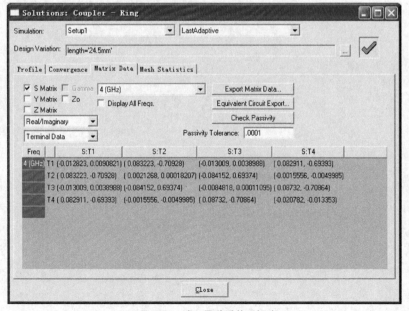

▲图 9.41　端口平移后的 S 矩阵

此处显示的 S 矩阵约为

$$S \approx \frac{j}{\sqrt{2}} \begin{bmatrix} 0 & -1 & 0 & -1 \\ -1 & 0 & 1 & 0 \\ 0 & 1 & 0 & -1 \\ -1 & 0 & -1 & 0 \end{bmatrix} \qquad (9\text{-}9\text{-}2)$$

式（9-9-2）和式（9-1-1）的理论分析也是一致的。

至此，我们完成了环形定向耦合器的仿真设计分析。最后，单击工具栏的 ▤ 按钮，保存设计；并从主菜单栏选择【File】→【Exit】项，退出 HFSS。

9.10 本章小结

本章主要通过带状线环形耦合器的分析设计实例，详细讲解 HFSS 设计微波器件的全过程，包括变量定义、创建带状线环形耦合器模型、分配边界条件和波端口激励、设置求解分析项和查看分析结果等内容。同时在本章，读者还能学习到端口平移功能的使用。

第10章　HFSS 微带天线设计实例

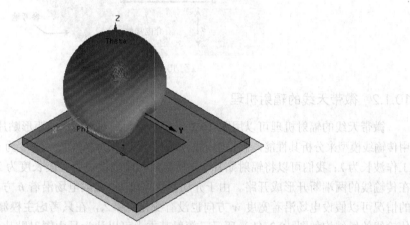

　　本章通过矩形微带贴片天线的性能分析和优化设计实例，详细讲解使用 HFSS 分析设计天线的具体流程和详细操作步骤。在微带天线的分析设计讲解过程中，详细讲述并演示了 HFSS 中变量的定义和使用、创建矩形微带贴片天线模型的过程、分配边界条件和激励的具体操作、如何设置求解分析项、如何进行参数扫描分析、优化设计和查看天线分析结果等内容。

　　通过本章的学习，希望读者能够熟悉和掌握如何把 HFSS 应用到天线问题的设计分析工作中去。在本章，读者可以学到以下内容。

- 定义和使用设计变量。
- 如何使用辐射边界条件。
- 如何设置集总端口激励。
- 如何进行参数扫描分析。
- 如何进行优化设计。
- 如何查看天线的方向图。
- 如何在 Smith 圆图上查看 S 参数。
- 如何查看方向性系数、增益等天线参数。

10.1　微带天线简介

　　微带天线的概念首先是由 Deschamps 于 1953 年提出来的，它是在一块厚度远小于工作波长的介质基片的一面敷以金属辐射片、一面全部敷以金属薄层作接地板而成。辐射片可以根据不同的要求设计成各种形状。微带天线由于具有质量轻、体积小、易于制造等优点，现今已经广泛应用于个人无线通信中。

10.1.1 微带天线结构

图 10.1 是一个简单的微带贴片天线的结构示意图，由辐射元、介质层和参考地三部分组成。与天线性能相关的参数包括辐射元的长度 L、辐射元的宽度 W、介质层的厚度 h、介质的相对介电常数 ε_r 和损耗正切 $\tan\delta$、介质层的长度 LG 和宽度 WG。

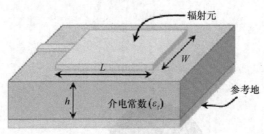

▲图 10.1　微带天线的结构

10.1.2 微带天线的辐射机理

微带天线的辐射机理可以用图 10.2 来简单说明。对于图示的矩形贴片微带天线，理论上可以采用传输线模型来分析其性能，假设辐射贴片的长度近似为半波长，宽度为 w，介质基片的厚度为 h，工作波长为 λ；我们可以将辐射贴片、介质基片和接地板视为一段长度为 $\lambda/2$ 的低阻抗微带传输线，在传输线的两端断开形成开路。由于介质基片厚度 $h \ll \lambda$，故电场沿着 h 方向基本没有变化。最简单的情况可以假设电场沿着宽度 w 方向也没有变化。那么，在只考虑主模激励（TM_{10} 模）的情况下，传输线的场结构如图 10.2（b）所示；辐射基本上可以认为是由辐射贴片开路边的边缘引起的。在两开路端的电场可以分解为相对于接地板的垂直分量和水平分量；由于辐射贴片长度约为半个波长，所以两垂直分量电场方向相反，水平分量电场方向相同。因此，两开路端的水平分量电场可以等效为无限大平面上同相激励的两个缝隙，缝隙的宽度为 ΔL（近似等于基片厚度 h），长度为 w，两缝隙相距为半波长，缝隙的电场沿着 w 方向均匀分布，电场方向垂直于 w，如图 10.2（c）所示。

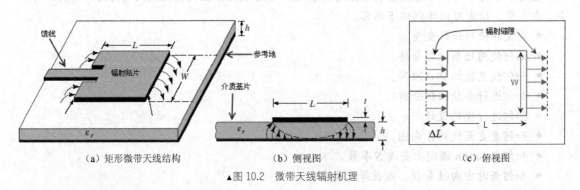

（a）矩形微带天线结构　　　　　（b）侧视图　　　　　（c）俯视图
▲图 10.2　微带天线辐射机理

如果介质基片中的场同时沿宽度和长度方向变化，这时微带天线应该用辐射贴片周围的 4 个缝隙的辐射来等效。

10.1.3 微带天线的馈电

微带天线有多种馈电方式，如微带线馈电、同轴线馈电、耦合馈电（Coupled Feed）和缝隙馈电（Slot Feed）等，其中最常用的是微带线馈电和同轴线馈电两种馈电方式。本章将要设计的矩形微带贴片天线采用的是同轴线馈电。

同轴线馈电又称为背馈，它是将同轴插座安装在接地板上，同轴线内导体穿过介质基片接在辐射贴片上，如图 10.3 所示，寻取正确的馈电点的位置就可以获得良好的匹配。

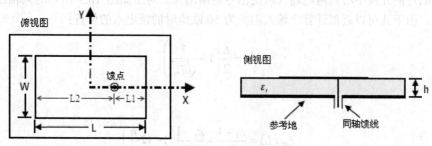

▲图 10.3　同轴线馈电

10.1.4　矩形微带天线的特性参数

1. 微带辐射贴片尺寸估算

设计微带天线的第一步是选择合适的介质基片，然后再估算出辐射贴片的尺寸。假设介质的介电常数为 ε_r，对于工作频率 f 的矩形微带天线，可以用下式设计出高效率辐射贴片的宽度 w，即：

$$w = \frac{c}{2f}\left(\frac{\varepsilon_r + 1}{2}\right)^{-\frac{1}{2}} \tag{10-1-1}$$

式中，c 是光速。

辐射贴片的长度一般取为 $\lambda_e / 2$，这里，λ_e 是介质内的导波波长，即：

$$\lambda_e = \frac{c}{f\sqrt{\varepsilon_e}} \tag{10-1-2}$$

考虑到边缘缩短效应后，实际上的辐射单元长度 L 应为：

$$L = \frac{c}{2f\sqrt{\varepsilon_e}} - 2\Delta L \tag{10-1-3}$$

式中，ε_e 是有效介电常数，ΔL 是等效辐射缝隙长度，可以分别用下式计算：

$$\varepsilon_e = \frac{\varepsilon_r + 1}{2} + \frac{\varepsilon_r - 1}{2}\left(1 + 12\frac{h}{w}\right)^{-\frac{1}{2}} \tag{10-1-4}$$

$$\Delta L = 0.412h\frac{(\varepsilon_e + 0.3)(w/h + 0.264)}{(\varepsilon_e - 0.258)(w/h + 0.8)} \tag{10-1-5}$$

2. 同轴馈点位置的估算

对于同轴线馈电的微带贴片天线，在确定了贴片长度 L 和宽度 W 之后，还需要确定同轴线馈点的位置，馈点的位置会影响天线的输入阻抗。在主模 TM_{10} 工作模式下，在宽度 w 方向上电场强度不变，因此馈电点在宽度 w 方向的位移对输入阻抗的影响很小，但在宽度方向上偏离中心位置时，会激发 TM_{1n} 模式，增加天线的交叉极化辐射，因此宽度方向上馈电点的位置一般取在中心点

（$y = 0$）。馈电点在矩形辐射贴片长度 L 方向边缘处（$x = \pm L/2$）的输入阻抗最高，约为 100 到 400 欧姆之间，而在辐射贴片的几何中心点（$x = 0$，$y = 0$）处的输入阻抗则为零，因此在长度 L 方向上，从辐射贴片的几何中心到两侧输入阻抗由零逐渐增大。对于如图 10.3 所示的同轴线馈电的微带贴片天线，由下式可以近似计算出输入阻抗为 50 欧姆时的馈电点的位置：

$$L_1 = \frac{L}{2}\left(1 - \frac{1}{\sqrt{\xi_{re}}}\right) \tag{10-1-6}$$

式中，

$$\xi_{re}(L) = \frac{\varepsilon_r + 1}{2} + \frac{\varepsilon_r - 1}{2}\left(1 + 12\frac{h}{L}\right)^{-1/2} \tag{10-1-7}$$

3. 辐射场

如前所述，矩形微带天线可以视作一段长 L 为 λ/2 的低阻抗微带传输线，它的辐射场被认为是由传输线两端开路处的缝隙所形成的。因此，矩形微带天线可以等效为长 w、宽 h、间距为 L 的二元缝隙天线阵。

单个缝隙天线的方向性函数为：

$$F(\theta,\varphi) = \frac{\sin(\frac{kh}{2}\sin\theta\cos\varphi)}{\frac{kh}{2}\sin\theta\cos\varphi}\frac{\sin(\frac{kw}{2}\cos\theta)}{\frac{kw}{2}\cos\theta}\sin\theta \tag{10-1-9}$$

因此，矩形微带天线的辐射场只需在单缝隙天线的表达式中乘以二元阵的阵因子就可以了。这样，矩形微带天线的方向性函数可以表示为：

$$F(\theta,\varphi) = \frac{\sin(\frac{kh}{2}\sin\theta\cos\varphi)}{\frac{kh}{2}\sin\theta\cos\varphi}\frac{\sin(\frac{kw}{2}\cos\theta)}{\frac{kw}{2}\cos\theta}\sin\theta\cos\left(\frac{kL}{2}\cos\varphi\right) \tag{10-1-10}$$

工程设计中关心的多是 E 面（$\theta = 90°$）和 H 面（$\varphi = 90°$）方向图，于是由式（10-1-10）可得 E 面的方向性函数为：

$$F_E(\theta,\varphi) = \frac{\sin(\frac{kh}{2}\cos\varphi)}{\frac{kh}{2}\cos\varphi}\cos\left(\frac{kL}{2}\cos\theta\right) \tag{10-1-11}$$

考虑到 $kh \ll 1$，则式（4-1-9）可以近似写为：

$$F_E(\theta,\varphi) = \cos\left(\frac{kL}{2}\cos\theta\right) \tag{10-1-12}$$

H 面的方向性函数为：

$$F_H(\theta,\varphi) = \frac{\sin(\frac{kw}{2}\cos\theta)}{\frac{kw}{2}\cos\theta}\sin\theta \tag{10-1-13}$$

4. 方向性系数

根据方向性系数的定义，可以给出微带天线的方向性系数为：

$$D = \frac{8}{I}\left(\frac{w\pi}{\lambda}\right)^2 \tag{10-1-14}$$

10.2 设计指标和天线几何结构参数计算

本章设计的矩形微带天线工作于 ISM 频段，其中心频率为 2.45GHz；无线局域网（WLAN）、蓝牙、ZigBee 等无线网络均工作在该频段上。介质基片采用厚度为 1.6mm 的 FR4 环氧树脂（FR4 Epoxy）板，其相对介质常数 ε_r=4.4，天线使用 50 欧姆同轴线馈电。

下面根据 10.1 节给出的推导公式来计算微带天线的几何尺寸，包括贴片的长度 L、宽度 W 和同轴线馈点的位置。

1. 矩形贴片的宽度 W

把 c=3.0×10^{8}m/s，f_0=2.45GHz，ε_r=4.4 代入式（10-1-1），可以计算出微带天线矩形贴片的宽度，即

$$W = 0.03726\text{m} = 37.26\text{mm}$$

2. 有效介电常数 ε_e

把 h=1.6mm，W=37.26mm，ε_r=4.4 代入式（10-1-4），可以计算出有效介电常数，即

$$\varepsilon_e = 4.08$$

3. 辐射缝隙的长度 ΔL

把 h=1.6mm，W=37.26mm，ε_e=4.08 代入式（10-1-5），可以计算出微带天线辐射缝隙的长度，即

$$\Delta L = 1.12\text{mm}$$

4. 矩形贴片的长度 L

把 c=3.0×10^{8}m/s，f_0=2.45GHz，ε_e=4.08，ΔL=1.12mm 代入式（10-1-3），可以计算出微带天线矩形贴片的长度，即

$$L = 28\text{mm}$$

5. 同轴线馈点的位置

把 ε_r=4.4、W=37.26mm、L=28.07mm 代入式（10-1-7）和式（10-1-6）计算出 50 欧姆匹配点的近似位置，即

$$L_1 = 7\text{mm}$$

10.3 HFSS 设计和建模概述

本章所设计的天线实例是使用同轴线馈电的微带结构，HFSS 工程可以选择模式驱动求解类型。

在 HFSS 中如果需要计算远区辐射场，必须设置辐射边界表面或者 PML 边界表面，这里使用辐射边界条件。为了保证计算的准确性，辐射边界表面距离辐射源通常需要大于 1/4 个波长。因为使用了辐射边界表面，所以同轴馈线的馈电端口位于模型内部，因此端口激励方式需要定义为集总端口激励。

天线的中心频率为 2.45GHz，因此设置 HFSS 的求解频率（即自适应网格剖分频率）为 2.45GHz，同时添加 1.5～3.5GHz 的扫频设置，分析天线在 1.5～3.5GHz 频段内的回波损耗或者电压驻波比。如果天线的回波损耗或者电压驻波比扫频结果显示谐振频率没有落在 2.45GHz 上，还需要添加参数扫描分析，并进行优化设计，改变辐射贴片的尺寸和同轴线馈点的位置，以达到良好的天线性能。

10.3.1　微带天线建模概述

为了方便建模和后续的性能分析，在设计中我们首先定义一系列变量来表示矩形天线的结构尺寸。变量的定义以及天线的结构尺寸总结如表 10.1 所示。

表 10.1　　　　　　　　　　　　　　　变量定义

结构名称		变量名	变量值（单位：mm）
介质基片	厚度	H	1.6
辐射贴片	长度	L0	28
	宽度	W0	37.26
同轴馈电点	离贴片中心距离	L1	7
1/4 工作波长		Length	30.6

矩形微带天线的 HFSS 设计模型如图 10.4 所示。模型的中心位于坐标原点，辐射贴片的长度方向是沿着 x 轴方向，宽度方向是沿着 y 轴方向。介质基片的大小是辐射贴片的 2 倍，参考地和辐射贴片使用理想薄导体来代替，在 HFSS 中通过给一个二维平面模型分配理想导体边界条件的方式来模拟理想薄导体。对于馈电所用的 50 欧姆同轴线，这里用圆柱体模型来模拟。使用半径为 0.6mm、材质为理想导体（pec）的圆柱体模型模拟同轴馈线的内芯，圆柱体与 z 轴平行放置，其底面圆心坐标为（L1，0，0）；圆柱体顶部与辐射贴片相接，底部与参考地相接，即其高度使用变量 H 表示；在与圆柱体相接的参考地面上需要挖出一个半径 1.5mm 的圆孔，作为信号输入输出端口，该端口的激励方式设置为集总端口激励，端口归一化阻抗为 50Ω。

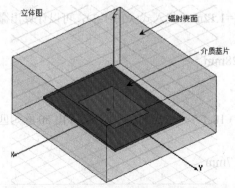
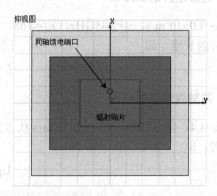

▲图 10.4　同轴馈电矩形微带天线的 HFSS 设计模型

使用 HFSS 分析设计天线一类的辐射问题，在模型建好之后，用户还必须设置辐射边界条件。辐射边界表面距离辐射源通常需要大于 1/4 个波长，2.45GHz 时自由空间中 1/4 个波长约为 30.6mm，用变量 Length 表示。所以在设计中设置辐射边界表面和微带天线模型之间的距离为变量 length。这里，首先创建一个长方体模型，长方体模型各个表面和微带天线模型之间的距离都为变量 length，然后再把长方体模型的所有表面边界都设置为辐射边界。

10.3.2　HFSS 设计环境概述

- 求解类型：模式驱动求解。
- 建模操作。
  - ➢ 模型原型：长方体、圆柱体、矩形面、圆面。
  - ➢ 模型操作：相减操作。
- 边界条件和激励。
  - ➢ 边界条件：理想导体边界、辐射边界。
  - ➢ 端口激励：集总端口激励。
- 求解设置。
  - ➢ 求解频率：2.45GHz。
  - ➢ 扫频设置：快速扫频，频率范围为 1.5～3.5GHz。
- Optimetrics。
  - ➢ 参数扫描分析。
  - ➢ 优化设计。
- 数据后处理：S 参数扫频曲线、VSWR、Smith 圆图、天线方向图、天线参数。

下面就来详细介绍具体的设计操作和完整的设计过程。

10.4　新建 HFSS 工程

1．运行 HFSS 并新建工程

双击桌面上的 HFSS 快捷方式，启动 HFSS 软件。HFSS 运行后，会自动新建一个工程文件，选择主菜单栏【File】→【Save As】命令，把工程文件另存为 Antenna.hfss。

2．设置求解类型

把当前设计的求解类型设置为模式驱动求解。

从主菜单栏选择【HFSS】→【Solution Type】命令，打开如图 10.5 所示的 Solution Type 对话框，选中 Driven Modal 单选按钮，然后单击 OK 按钮，退出对话框，完成设置。

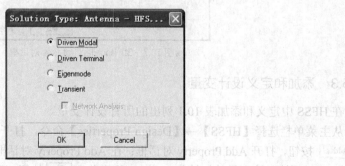

▲图 10.5　设置求解类型

10.5 创建微带天线模型

10.5.1 设置默认的长度单位

设置当前设计在创建模型时所使用的默认长度单位为毫米。

从主菜单栏选择【Modeler】→【Units】命令，打开如图 10.6 所示的 Set Modal Units 对话框。在该对话框中，Select units 项选择毫米单位，即 mm；然后单击 OK 按钮，退出对话框，完成设置。

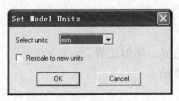

▲图 10.6 设置长度单位

10.5.2 建模相关选项设置

从主菜单栏中选择【Tools】→【Options】→【Modeler Options】命令，打开 3D Modeler Options 对话框。单击对话框的 Drawing 选项卡，确认 Drawing 选项卡界面的 Edit properties of new primitive 复选框未选中，如图 10.7 所示。然后单击 确定 按钮，退出对话框，完成设置。

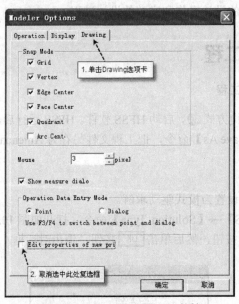

▲图 10.7 3D Modeler Options 对话框

10.5.3 添加和定义设计变量

在 HFSS 中定义和添加表 10.1 列出的所有设计变量。

从主菜单栏选择【HFSS】→【Design Properties】命令，打开设计属性对话框，单击对话框中的 Add... 按钮，打开 Add Property 对话框；在 Add Property 对话框中，Name 项输入第一个变量名称 H，Value 项输入该变量的初始值 1.6mm，然后单击 OK 按钮，添加变量 H 到设计属性对话框中。变量定义和添加的过程如图 10.8 所示。

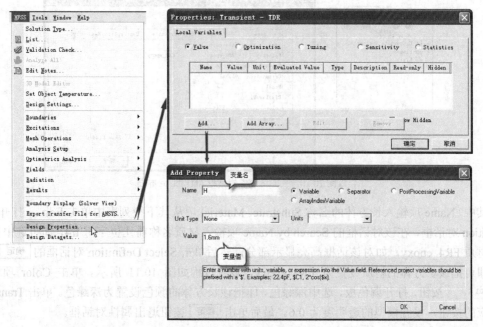

▲图 10.8　定义变量

使用相同的操作步骤，分别定义变量 L0，其初始值为 28mm；定义变量 W0，其初始值为 37.26mm；定义变量 L1，其初始值为 7mm；定义变量 length，其初始值为 30.6mm。定义完成后，确认设计属性对话框如图 10.9 所示。

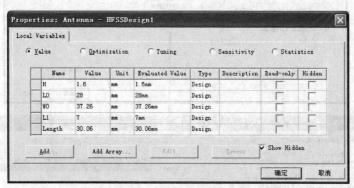

▲图 10.9　定义所有设计变量后的设计属性对话框

最后，单击设计属性对话框的 确定 按钮，完成所有变量的定义和添加工作，退出对话框。

10.5.4　创建介质基片

创建一长方体模型用以表示介质基片，模型的底面位于 *xoy* 平面，中心位于坐标原点；模型的材质为 FR4，并将模型命名为 Substrate。

（1）从主菜单栏选择【Draw】→【box】命令，或者单击工具栏的 ⬡ 按钮，进入创建长方体的状态，然后移动鼠标光标在三维模型窗口创建一个任意大小的长方体。新建的长方体会添加到操作历史树的 Solids 节点下，其默认的名称为 Box1。

（2）双击操作历史树 Solids 节点下的 Box1，打开新建长方体属性对话框的 Attribute 界面，如图 10.10 所示。

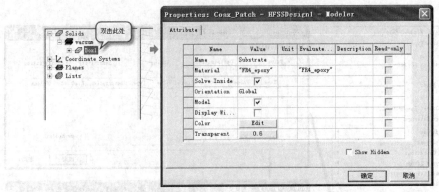

▲图 10.10　长方体属性对话框 Attribute 界面

其中，Name 项输入长方体的名称 Substrate。Material 项从其下拉列表中单击 Edit...，打开 Select Definition 对话框，在该对话框的 Search by Name 项输入材质名称前几位字母 fr4，即可选中材料库中的材质 FR4_epoxy，如对该话框高亮显示部分，然后单击 Select Definition 对话框的 [确定] 按钮，此时即可把该长方体的材质设置为 FR4_epoxy，设置过程如图 10.11 所示。单击 Color 项对应的 [Edit] 按钮，打开调色板，选中深绿色，即把该长方体的颜色设置为深绿色。单击 Transparent 项对应的按钮，设置模型的透明度为 0.6。最后单击 [确定] 按钮退出属性对话框。

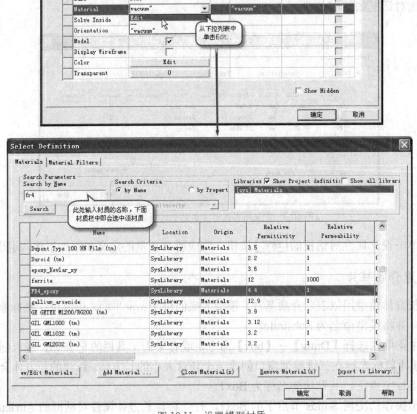

▲图 10.11　设置模型材质

（3）再双击操作历史树 Substrate 节点下的 CreateBox，打开新建长方体属性对话框的 Command 界面，在该界面下设置长方体的顶点位置坐标和大小尺寸。其中，Position 项输入顶点位置坐标为（–L0，–W0，0），在 XSize、YSize 和 ZSize 项分别输入长方体的长、宽和高为 2*L0、2*W0 和 H，如图 10.12 所示，然后单击 确定 按钮退出。

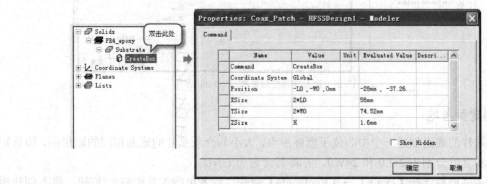

▲图 10.12　长方体属性对话框 Command 界面

此时就创建好了名称为 Substrate 的介质基片模型。然后按下快捷键 Ctrl+D，全屏显示创建的物体模型。

10.5.5　创建辐射贴片

在介质基片的上表面创建一个中心位于坐标原点，长宽分别用变量 L0 和 W0 表示的矩形面，并将其命名为 Patch。

（1）从主菜单栏选择【Draw】→【Rectangle】命令，或者单击工具栏的 □ 按钮，进入创建矩形面的状态；然后移动鼠标光标在三维模型窗口的 *xoy* 面上创建一个任意大小的矩形面。新建的矩形面会添加到操作历史树的 Sheets 节点下，其默认的名称为 Rectangle1。

（2）双击操作历史树 Sheets 节点下的 Rectangle1，打开新建矩形面属性对话框的 Attribute 界面。把矩形面的名称修改为 Patch；设置其颜色为铜黄色，透明度为 0.4，如图 10.13 所示。然后单击 确定 按钮退出。

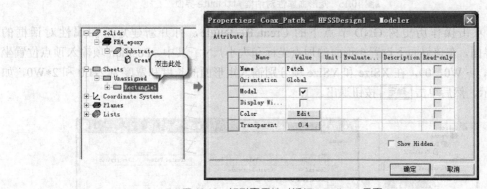

▲图 10.13　矩形面属性对话框 Attribute 界面

（3）再双击操作历史树 Patch 节点下的 CreateRectangle，打开新建矩形面属性对话框的 Command 界面，在该界面下设置矩形面的顶点坐标和大小尺寸。其中，Position 项输入顶点位置坐标为（–L0/2，–W0/2，H），在 XSize 和 YSize 项分别输入矩形面的长度和宽度为 L0 和 W0，如图 10.14 所示，然后单击 确定 按钮退出。

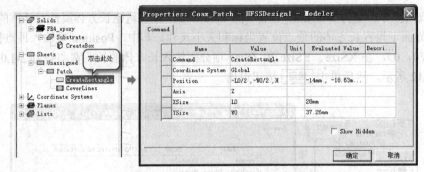

▲图 10.14　矩形面属性对话框 Command 界面

10.5.6　创建参考地

在介质基片的底面创建一个中心位于坐标原点，大小与介质基片的底面相同的矩形面，即该矩形面的长度和宽度分别为 2*L0 和 2*W0，并将其命名为 GND。

（1）从主菜单栏选择【Draw】→【Rectangle】命令，或者单击工具栏的 □ 按钮，进入创建矩形面的状态；然后在三维模型窗口的 xoy 面上创建一个任意大小的矩形面。新建的矩形面会添加到操作历史树的 Sheets 节点下，其默认的名称为 Rectangle1。

（2）双击操作历史树 Sheets 节点下的 Rectangle1，打开新建矩形面属性对话框的 Attribute 界面，如图 10.15 所示；把矩形面名称修改为 GND，透明度设为 0.4，然后单击 确定 按钮退出。

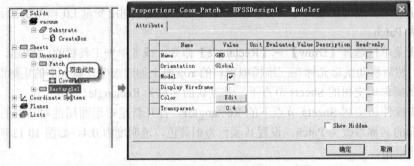

▲图 10.15　矩形面属性对话框 Attribute 界面

（3）再双击操作历史树 GND 节点下的 CreateRectangle，打开新建矩形面属性对话框的 Command 界面，在该界面下设置矩形面的顶点坐标和大小尺寸；其中，Position 项输入顶点位置坐标为（-L0，-W0，0），在 XSize 和 YSize 项分别输入矩形面的长度和宽度为 2*L0 和 2*W0，如图 10.16 所示，然后单击 确定 按钮退出。

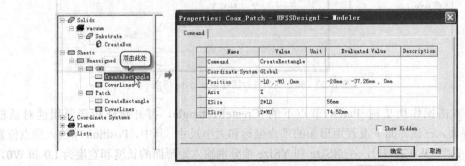

▲图 10.16　矩形面属性对话框 Command 界面

10.5.7　创建同轴馈线的内芯

创建一个圆柱体作为同轴馈线的内芯，圆柱体的半径为 0.6mm，长度为 H，圆柱体底部圆心坐标为（L1，0，0），材质为理想导体，同轴馈线命名为 Feed。

（1）从主菜单栏选择【Draw】→【Cylinder】命令，或者单击工具栏的 ⬚ 按钮，进入创建圆柱体的状态，在三维模型窗口创建一个任意大小的圆柱体；新建的圆柱体会添加到操作历史树的 Solids 节点下，其默认的名称为 Cylinder 1。

（2）双击操作历史树 Solids 节点下的 Cylinder1，打开新建圆柱体属性对话框的 Attribute 界面，把圆柱体的名称修改为 Feed，设置其材质为 pec，如图 10.17 所示；然后单击 确定 按钮退出。

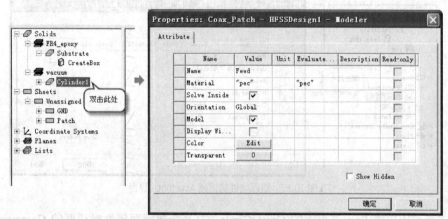

▲图 10.17　圆柱体属性对话框 Attribute 界面

（3）再双击操作历史树 Feed 节点下的 CreateCylinder，打开新建圆柱体属性对话框的 Command 界面，在该界面下设置圆柱体的底面圆心坐标、半径和长度；在 Position 项输入底面圆心坐标为（L1，0，0），其中，Radius 项输入半径值 0.6，在 Height 项输入长度值 H，如图 10.18 所示；然后单击 确定 按钮退出，完成圆柱体 Feed 的创建。

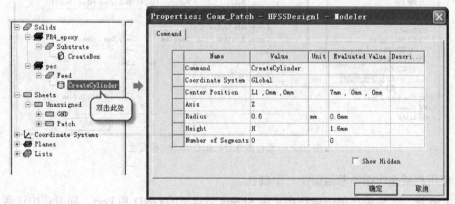

▲图 10.18　圆柱体属性对话框 Command 界面

10.5.8　创建信号传输端口面

同轴馈线需要穿过参考地面，传输信号能量。因此，需要在参考地面 GND 上开一个圆孔允许能量传输。首先在参考地面 GND 上创建一个半径为 1.5mm、圆心坐标为（L1，0，0）的圆面，并将其命名为 Port；然后再执行相减操作，使用面 GND 减去 Port，这样即可在参考地面 GND 上开出这样的一个圆孔。

（1）创建圆面 Port。

从主菜单栏选择【Draw】→【Circle】命令，或者单击工具栏的 ◯ 按钮，进入创建圆面的状态，在三维模型窗口创建一个任意大小的圆面；新建的圆柱体会添加到操作历史树的 Sheets 节点下，其默认的名称为 Circle 1。

双击操作历史树 Sheets 节点下的 Circle1，打开新建圆面属性对话框的 **Attribute** 界面，把圆面的名称修改为 Port，如图 10.19 所示，然后单击 确定 按钮退出。

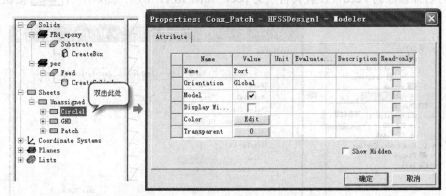

▲图 10.19　圆面属性对话框 Attribute 界面

再双击操作历史树 Port 节点下的 CreateCircle，打开新建圆面属性对话框的 **Command** 界面，在该界面下设置圆面的底面圆心坐标和半径；在 Position 项输入底面圆心坐标为（L1，0，0），在 Radius 项输入半径值 1.5，如图 10.20 所示，然后单击 确定 按钮退出，完成圆面 Port 的创建。

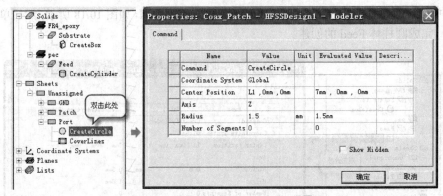

▲图 10.20　圆面属性对话框 Command 界面图

（2）使用相减操作在参考地面挖一个圆孔。

按住 Ctrl 键，先后依次单击操作历史树 Sheets 节点下的 GND 和 Port，同时选中这两个平面。然后从主菜单栏选择【Modeler】→【Boolean】→【Substrate】命令，或者单击工具栏的 ⊟ 按钮，打开如图 10.21 所示的 Subtract 对话框；确认对话框中，Blank Parts 栏显示的是 GND，Tool Parts 栏显示的是 Port，表明使用参考地模型 GND 减去圆面模型 Port；同时，为了保留圆面 Port 本身，需要选中对话框的 Clone tool objects before operation 复选框。最后单击 OK 按钮，执行相减操作，即从 GND 模型中挖去了一块与圆面 Port 一样大小的圆孔，同时保留了圆面 Port 本身。

至此，就创建好了同轴线馈电的矩形微带天线的设计模型，如图 10.22 所示。接下来开始设置边界条件和端口激励方式。

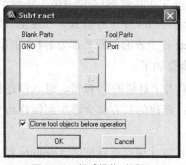

▲图 10.21   相减操作对话框

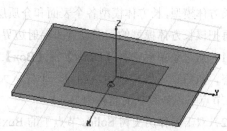

▲图 10.22   同轴线馈电矩形微带天线的设计模型

10.6   设置边界条件和激励

10.6.1   设置边界条件

作为微带天线模型，辐射贴片和参考地都需要是导体。这里把辐射贴片 Patch 和参考地 GND 的边界条件设置理想导体边界，即可把模型 Patch 和 GND 看做是理想导体面。另外，对于天线问题的分析，还需要设置辐射边界条件。

1. 把辐射贴片 Patch 和参考地 GND 设置为理想导体边界

单击操作历史树 Sheets 节点下的 Patch，选中该面模型，然后单击右键，从右键弹出菜单中选择【Assign Boundary】→【Perfect E】命令，打开理想导体边界条件设置对话框，如图 10.23 所示；对话框保留默认设置不变，直接单击 OK 按钮，设置面模型 Patch 的边界条件为理想导体边界条件。理想导体边界条件的默认名称 PerfE1 会自动添加到工程树的 Boundaries 节点下。此时，面模型 Patch 等效于一个理想导体面。

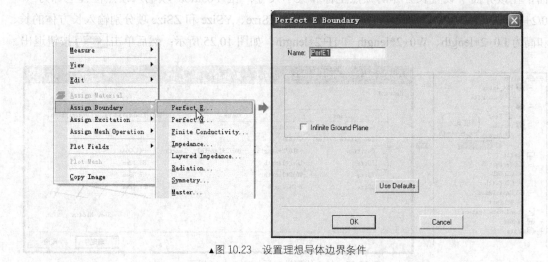

▲图 10.23   设置理想导体边界条件

单击操作历史树 Sheets 节点下的 GND，选中该平面模型，使用和前面相同的操作，设置平面 GND 为理想导体边界条件。

2. 设置辐射边界条件

在 HFSS 中辐射边界表面距离辐射体通常需要不小于 1/4 个工作波长，2.45GHz 工作频率下 1/4 个工作波长即为 30.6mm，设计中我们定义了变量 length 来表示 1/4 个工作波长。在这里首先创建一个长方体模型，长方体模型各个表面和介质层模型 Substrate 各个表面的距离都为 1/4 个工作波长；然后再把该长方体模型的表面设置为辐射边界，具体操作步骤如下。

（1）从主菜单栏选择【Draw】→【Box】命令，或者单击工具栏的 按钮，进入创建长方体的状态，然后在三维模型窗口创建一个任意大小的长方体；新建的长方体会添加到操作历史树的 Solids 节点下，其默认的名称为 Box1。

（2）双击操作历史树 Solids 节点下的 Box1，打开新建长方体属性对话框的 Attribute 界面，把长方体的名称修改为 AirBox，设置其透明度为 0.8，如图 10.24 所示，然后单击 确定 按钮退出。

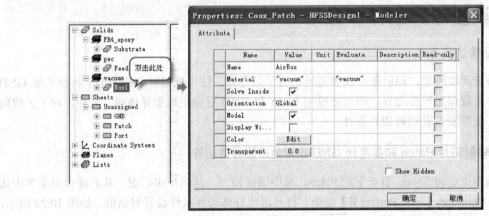

▲图 10.24　长方体属性对话框 Attribute 界面

（3）再双击操作历史树 AirBox 节点下的 CreateBox，打开新建长方体属性对话框的 Command 界面，在该界面下设置长方体的顶点坐标和大小尺寸；在 Position 项输入顶点位置坐标为（-（L0/2+length），-（W0/2+length），-length），在 XSize、YSize 和 ZSize 项分别输入长方体的长、宽和高为 L0+2*length、W0+2*length 和 H+2*length，如图 10.25 所示；然后单击 确定 按钮退出。

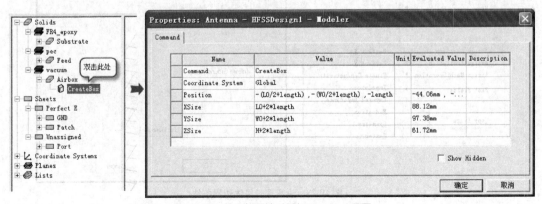

▲图 10.25　长方体属性对话框 Command 界面

（4）长方体模型 AirBox 创建好了之后，单击操作历史树 Solids 节点下的 AirBox，选中该模型。

然后在三维模型窗口单击右键，从右键弹出菜单中，选择【Assign Boundary】→【Radiation】命令，打开如图 10.26 所示的辐射边界条件设置对话框，保留对话框的默认设置不变，直接单击 OK 按钮，把长方体模型 AirBox 的表面设置为辐射边界条件。

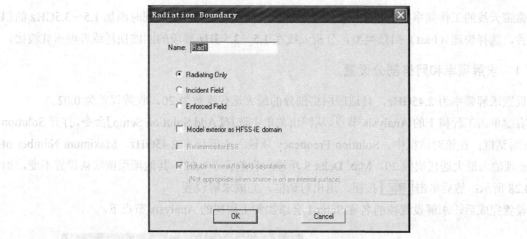

▲图 10.26　辐射边界条件设置对话框

10.6.2　设置端口激励

因为同轴线馈电端口在设计模型的内部，所以需要使用集总端口激励。在设计中，把端口平面 Port 设置集总端口激励，端口阻抗设置为 50Ω。

单击操作历史树 Sheets 节点下的 Port，选中该端口平面。再单击右键，从右键弹出菜单中选择【Assign Excitation】→【Lumped Port】命令，打开如图 10.27 所示的集总端口设置对话框。在该对话框中，Name 项输入端口名称 1，端口阻抗（Full Port Impedance 项）保留默认的 50ohm 不变，单击 下一步(N)> 按钮；在 Modes 界面，单击 Integration Line 项的 none，从下拉列表中单击 New Line...，进入三维模型窗口设置积分线。此时，在工作界面左下角状态栏的 X、Y、Z 文本框输入积分线起始点坐标（7.6，0，0），单击回车键确认；然后在状态栏的 dX、dY、dZ 文本框输入相对坐标（0.9，0，0），并再次单击回车键确认。此时回到 Modes 界面，Integration Line 项由 none 变成 Defined，再次单击 下一步(N)> 按钮，在 Post Processing 界面选中"Renormalized All Modes"单选按钮，并设置 Full Port Impedance 项为 50ohm；最后单击 完成 按钮，完成集总端口激励方式的设置。

▲图 10.27　设置集总端口激励

设置完成后，集总端口激励的名称"1"会添加到工程树的 Excitations 节点下。

10.7 求解设置

微带天线的工作频率为 2.45GHz，所以求解频率设置为 2.45GHz；同时添加 1.5～3.5GHz 的扫频设置，选择快速（Fast）扫频类型，分析天线在 1.5～3.5GHz 频段的回波损耗或者电压驻波比。

10.7.1 求解频率和网格剖分设置

设置求解频率为 2.45GHz，自适应网格剖分的最大迭代次数为 20，收敛误差为 0.02。

右键单击工程树下的 Analysis 节点，从弹出菜单中选择【Add Solution Setup】命令，打开 Solution Setup 对话框；在该对话框中，Solution Frequency 项输入求解频率 2.45GHz，Maximum Number of Passes 项输入最大迭代次数 20，Max Delta S 项输入收敛误差 0.02，其他项保留默认设置不变，如图 10.28 所示；然后单击 确定 按钮，退出对话框，完成求解设置。

设置完成后，求解设置项的名称 Setup1 会添加到工程树的 Analysis 节点下。

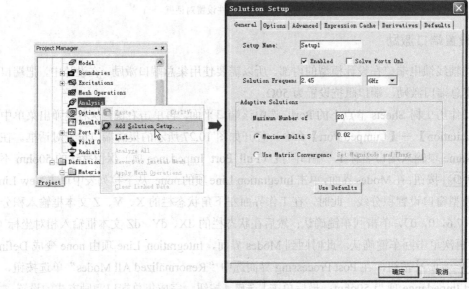

▲图 10.28 求解设置

10.7.2 扫频设置

扫频类型选择快速扫频，扫频频率范围为 1.5GHz～3.5GHz，频率步进为 0.01GHz。

展开工程树下的 Analysis 节点，右键单击求解设置项 Setup1，从弹出菜单中选择【Add Frequency Sweep】命令，打开 Edit Sweep 对话框，如图 10.29 所示。在该对话框中，Sweep Type 项选择扫描类型为 Fast；在 Frequency Setup 栏，Type 项选择 LinearStep，Start 项输入 1.5GHz，Stop 项输入 3.5GHz，Step 项输入 0.01GHz；其他项都保留默认设置不变，最后单击对话框 OK 按钮，完成设置，退出对话框。

设置完成后，该扫频设置项的名称 Sweep 会添加到工程树中求解设置项 Setup1 下。

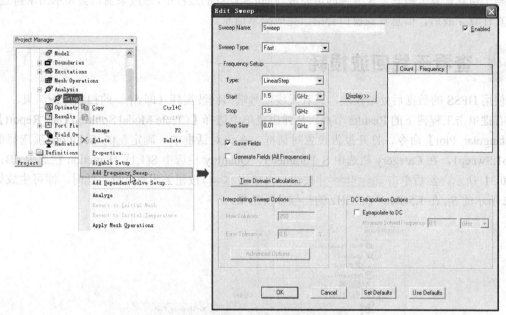

▲图 10.29　扫频设置

10.8　设计检查和运行仿真分析

通过前面的操作，我们已经完成了模型创建、添加边界条件和端口激励，以及求解设置等 HFSS 设计的前期工作，接下来就可以运行仿真计算，并查看分析结果了。在运行仿真计算之前，通常需要进行设计检查，检查设计的完整性和正确性。

10.8.1　设计检查

从主菜单栏选择【HFSS】→【Validation Check】命令，或者单击工具栏的 按钮，进行设计检查。此时，会弹出如图 10.30 所示的检查结果显示对话框，该对话框中的每一项都显示图标，表示当前的 HFSS 设计正确、完整。单击 Close 关闭对话框，运行仿真计算。

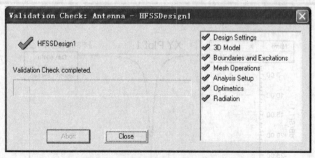

▲图 10.30　检查结果显示对话框

10.8.2　运行仿真分析

右键单击工程树 Analysis 节点下的求解设置项 Setup1，从弹出菜单中选择【Analyze】命令，或者单击工具栏 按钮，运行仿真计算。

整个仿真计算大概只需 3 分钟即可完成。在仿真计算的过程中，进度条窗口会显示出求解进度，在仿真计算完成后，信息管理窗口会给出完成提示信息。

10.9 查看天线回波损耗

使用 HFSS 的数据后处理模块，查看天线信号端口回波损耗（即 S_{11}）的扫频分析结果。

右键单击工程树下的 Results 节点，从弹出菜单中选择【Create Modal Solution Data Report】→【Rectangular Plot】命令，打开报告设置对话框，在该对话框中，确定左侧 Solution 项选择的是 Setup1:Sweep1，在 Category 栏选中 S Parameter，Quantity 栏选中 S(1,1)，Function 栏选中 dB；如图 10.31 所示。然后单击 New Report 按钮，再单击 Close 按钮关闭对话框。此时，即可生成如图 10.32 所示的 S_{11} 在 1.5GHz～3.5GHz 的扫频分析结果。

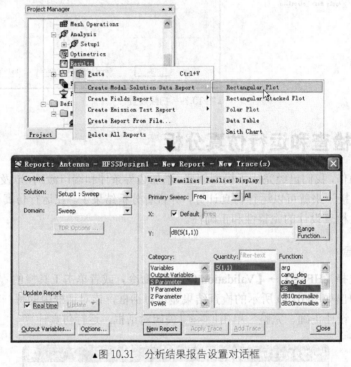

▲图 10.31　分析结果报告设置对话框

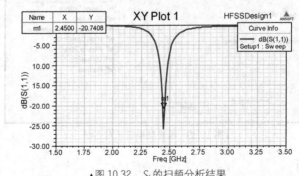

▲图 10.32　S_{11} 的扫频分析结果

从分析结果中可以看出设计的微带天线谐振频率在 2.45GHz 附近，且在 2.45GHz 频点上的回波损耗值为 20.7dB 左右。

10.10　参数扫描分析

对于微带天线，辐射贴片的长度 L0、宽度 W0 和同轴线馈电点位置 L1 是影响天线的性能的重要参数。其中，辐射贴片的长度 L0 和宽度 W0 会影响天线的谐振频率，同轴线馈电点位置 L1 会影响天线的输入阻抗。下面就使用 HFSS 的参数扫描分析功能来分别分析辐射贴片的长度 L0 和宽度 W0 与谐振频率之间的关系，以及同轴线馈电点位置 L1 和天线输入阻抗的关系。

10.10.1　分析谐振频率随辐射贴片长度 L0 的变化关系

使用 HFSS 的参数扫描分析功能，添加辐射贴片的长度变量 L0 为参数扫描变量，分析天线谐振频率和辐射贴片的长度变量 L0 之间的关系。因为从 10.9 节的分析结果中可以看出，L0=28mm 时谐振频率已经在 2.45GHz 左右，所以在进行参数扫描分析时，可以设定扫描范围在 28mm 附近，这里设定长度变量 L0 扫描分析范围为 26mm～28.5mm。

1．添加参数扫描分析项

添加辐射贴片长度变量 L0 为参数扫描变量，进行参数扫描分析，变量 L0 扫描分析范围为 26mm～28.5mm，扫描步进为 0.5mm。

（1）右键单击工程树下的 Optimetrics 节点，从弹出菜单中选择【Add 】→【Parametric】命令，打开 Setup Sweep Analysis 对话框。

（2）单击该对话框中的 Add... 按钮，打开 Add/Edit Sweep 对话框，在 Add/Edit Sweep 对话框中，Variable 项选择变量 L0，扫描方式选择 LinearStep 单选按钮，Start、Stop 和 Step 项分别输入 26mm、28.5mm 和 0.5mm，然后单击 Add >> 按钮，添加辐射贴片长度变量 L0 为扫描变量。上述操作完成后，单击 OK 按钮，关闭 Add/Edit Sweep 对话框。

（3）单击 Setup Sweep Analysis 对话框中的 确定 按钮，完成添加参数扫描操作。整个操作如图 10.33 所示。

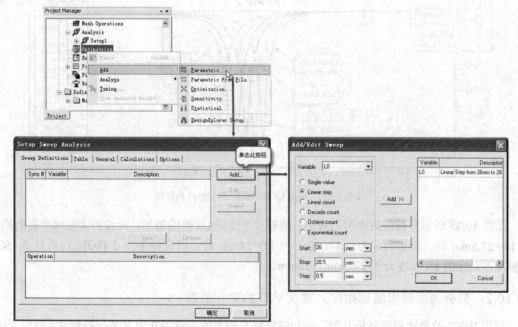

▲图 10.33　添加参数扫描分析

完成后，参数扫描分析项的名称会添加到工程树的 Optimetrics 节点下，其默认的名称为 ParametricSetup1。

2. 运行参数扫描分析

右键单击工程树 Optimetrics 节点下的 ParametricSetup1 项，从弹出菜单中选择【Analyze】，运行参数扫描分析，如图 10.34 所示。

▲图 10.34 运行参数扫描分析

3. 查看分析结果

整个参数扫描分析需要耗时 10～15 分钟。参数扫描分析完成后，查看 S_{11} 的扫频分析结果，给出不同 L0 值时对应的谐振频率。

右键单击工程树下的 Results 节点，从弹出菜单中选择【Create Modal Solution Data Report】→【Rectangular Plot】命令，打开报告设置对话框，在该对话框中，确定左侧 Solution 项选择的是 Setup1:Sweep1，在 Category 栏选中 S Parameter，Quantity 栏选中 S(1,1)，Function 栏选中 dB；操作设置和 10.9 节图 10.31 相同。然后单击 New Report 按钮，再单击 Close 按钮关闭对话框。此时，即可生成如图 10.35 所示的不同 L0 值所对应的 S_{11} 在 1.5～3.5GHz 的扫频分析结果。

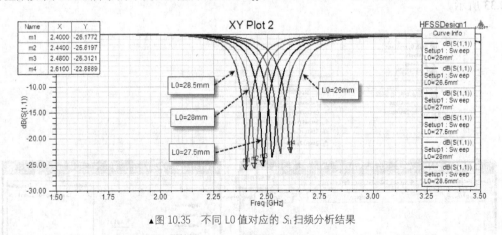

▲图 10.35 不同 L0 值对应的 S_{11} 扫频分析结果

从图 10.35 所示分析结果中可以看出，随着长度变量 L0 值的增加，天线的谐振频率逐渐降低。当 L0=27.5mm 时，谐振频率为 2.44GHz；当 L0=28mm 时，谐振频率为 2.48GHz；所以 2.45GHz 谐振频率对应的 L0 长度介于 27.5mm～28mm。

10.10.2 分析谐振频率随辐射贴片宽度 W0 的变化关系

使用 HFSS 的参数扫描分析功能，添加辐射贴片的宽度变量 W0 为参数扫描变量，分析天线谐振频率和辐射贴片的宽度变量 W0 之间的关系。这里设定宽变量 W0 的扫描分析范围为 30mm～40mm。

1. 添加参数扫描分析项

使用和 10.10.1 小节相同的操作设置，步骤添加辐射贴片宽度变量 W0 为参数扫描变量，进行参数扫描分析，变量 W0 扫描分析范围为 30mm～40mm，扫描步进为 2mm。

（1）右键单击工程树下的 Optimetrics 节点，从弹出菜单中选择【Add 】→【Parametric】命令，打开 Setup Sweep Analysis 对话框。

（2）单击该对话框中的 Add... 按钮，打开 Add/Edit Sweep 对话框，在 Add/Edit Sweep 对话框中，Variable 项选择变量 W0，扫描方式选择 LinearStep 单选按钮，Start、Stop 和 Step 项分别输入 30mm、40mm 和 2mm，然后单击 Add >> 按钮，添加辐射贴片长度变量 W0 为扫描变量，如图 10.36 所示。上述操作完成后，单击 OK 按钮，关闭 Add/Edit Sweep 对话框。

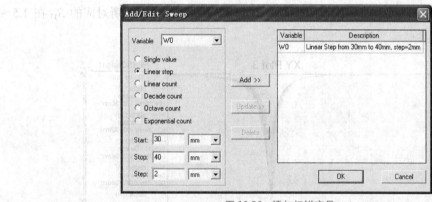

▲图 10.36　添加扫描变量

（3）单击 Setup Sweep Analysis 对话框中的 确定 按钮，完成添加参数扫描操作。

完成后，参数扫描分析项的名称会添加到工程树的 Optimetrics 节点下，其默认的名称为 ParametricSetup2。

2. 运行参数扫描分析

右键单击工程树 Optimetrics 节点下的 ParametricSetup2 项，从弹出菜单中选择【Analyze】，运行参数扫描分析。

3. 查看分析结果

整个参数扫描分析需要耗时 10 分钟左右。参数扫描分析完成后，查看 S_{11} 的扫频分析结果，给出不同 W0 值时对应的谐振频率。

（1）右键单击工程树下的 Results 节点，从弹出菜单中选择【Create Modal Solution Data Report】→【Rectangular Plot】命令，打开报告设置对话框。

（2）在该对话框中，确定左侧 Solution 项选择的是 Setup1:Sweep1，在 Category 栏选中 S Parameter，Quantity 栏选中 S(1,1)，Function 栏选中 dB；操作设置和 10.9 节图 10.31 相同。

（3）再单击对话框的 Families 选项卡，在该界面单击 L0 右侧的 ... 按钮，在弹出对话框中，取消勾选 Use all values 复选框，并选中 28mm，设置 L0 的值为 28mm；同时确认 W0 对应的值为 All，如图 10.37 所示。

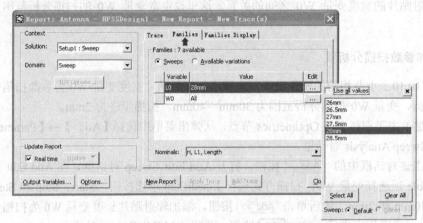

▲图 10.37　报告设置对话框 Families 选项卡界面

（4）最后，单击 New Report 按钮，生成如图 10.38 所示的不同 W0 值所对应的 S_{11} 在 1.5～3.5GHz 的扫频分析结果。

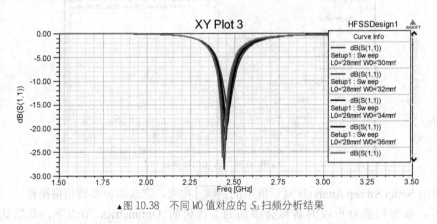

▲图 10.38　不同 W0 值对应的 S_{11} 扫频分析结果

从图 10.38 所示分析结果中可以看出，辐射贴片宽度 W0 由 30mm 变化到 40mm 时，天线的谐振频率变化很小。即天线的谐振频率不随辐射贴片宽度变化而变化。

10.10.3　输入阻抗和同轴线馈电点位置的变化关系

对于图 10.3 所示的同轴线馈电的矩形微带天线，当馈电点沿着 x 轴移动，从辐射贴片的中心位置（x=0）移动到边缘位置（x=L/2）时，天线的输入阻抗逐渐变大，其中在辐射贴片中心位置的输入阻抗约为 0Ω，在边缘位置的输入阻抗通常在 100～400Ω。添加同轴线馈电点位置变量 L1 为参数扫描变量，进行参数扫描分析，分析天线在 2.45GHz 中心工作频率处的输入阻抗随同轴线馈电点位置变量 L1 的变化关系。

1.　添加参数扫描分析项

使用和 10.10.1 节相同的操作设置步骤添加馈电点位置变量 L1 为参数扫描变量，进行参数扫描分析，变量 W0 扫描分析范围为 0mm～12mm，扫描步进为 2mm。

（1）右键单击工程树下的 Optimetrics 节点，从弹出菜单中选择【Add 】→【Parametric】命令，打开 Setup Sweep Analysis 对话框。

（2）单击该对话框中的 Add... 按钮，打开 Add/Edit Sweep 对话框，在 Add/Edit Sweep 对话

框中，Variable 项选择变量 L1，扫描方式选择 LinearStep 单选按钮，Start、Stop 和 Step 项分别输入 0mm、12mm 和 2mm，然后单击 Add >> 按钮，添加辐射贴片长度变量 L1 为扫描变量，如图 10.39 所示。上述操作完成后，单击 OK 按钮，关闭 Add/Edit Sweep 对话框。

▲图 10.39　添加扫描变量

（3）单击 Setup Sweep Analysis 对话框中的 确定 按钮，完成添加参数扫描操作。

完成后，参数扫描分析项的名称会添加到工程树的 Optimetrics 节点下，其默认的名称为 ParametricSetup3。

2. 运行参数扫描分析

右键单击工程树 Optimetrics 节点下的 ParametricSetup3 项，从弹出菜单中选择【Analyze】，运行参数扫描分析。

3. 查看分析结果

整个参数扫描分析需要耗时 15 分钟左右。参数扫描分析完成后，查看输入阻抗与同轴线馈电点位置（即变量 L1）的变化关系。

（1）右键单击工程树下的 Results 节点，从弹出菜单中选择【Create Modal Solution Data Report】→【Rectangular Plot】命令，打开报告设置对话框。

（2）在对话框的 Trace 界面，Primary Sweep 项从下拉列表中选择 L1，Category 项选择 Z Parameter，Quantity 项选择 Z(1，1)，Function 项按住 Ctrl 键同时选中 im 和 re，如图 10.40 所示。

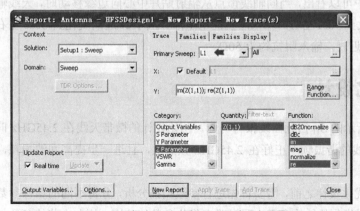

▲图 10.40　报告设置对话框 Trace 选项卡界面

（3）再单击对话框的 Families 选项卡，在该界面分别单击 Freq 右侧的 ⋯ 按钮，设置 L0 的值为 28mm；单击 L0 右侧的 ⋯ 按钮，设置 L0 的值为 28mm；单击 W0 右侧的 ⋯ 按钮，设置 W0 的值为 37.26mm；如图 10.41 所示。

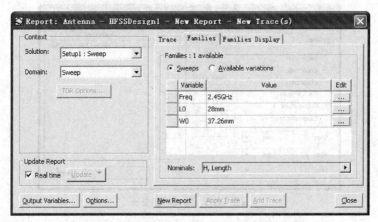

▲图 10.41　报告设置对话框 Families 选项卡界面

（4）最后，单击 New Report 按钮，生成 2.45GHz 频点处的输入阻抗实部和虚部与同轴线馈电点位置的变化关系曲线，如图 10.42 所示。

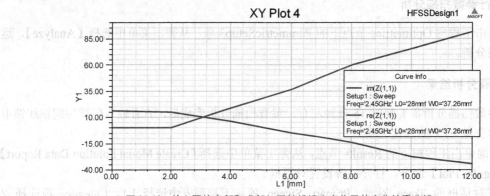

▲图 10.42　输入阻抗实部和虚部与同轴线馈电点位置的变化关系曲线

从结果报告中可以看出，当同轴线馈点从辐射贴片中心向边缘移动时，天线输入阻抗的电阻部分从 0Ω 逐渐增大到 90Ω 左右，输入阻抗的电阻部分从 15Ω 逐渐变化到-35Ω 左右。馈电点位置变量 L1 的值 7.1 附近时，输入阻抗约为 50Ω。

10.11　优化设计

由图 10.31 所示的 S_{11} 扫频曲线报告可知，初始设计的微带天线在 2.45GHz 时的回波损耗约为 20dB，为了使天线的谐振频率正好在 2.45GHz 频点上，且进一步提高回波损耗，可以继续对天线进行优化设计。

通常在进行优化设计之前，需要首先进行参数扫描分析，分析不同的结构参数对天线性能的影响，从而确认需要优化的结构参数，同时确定优化参数的范围。从上一节的参数扫描分析结果可以知道，辐射贴片的长度会影响天线的谐振频率，且长度在 28mm 附近时，天线谐振频率在 2.45 附近；辐射贴片的宽度对天线的谐振频率几乎没有影响；同轴线馈电点的位置会影响天线的输入阻抗，且馈电点偏离辐射贴片中心 7.1mm 时，输入阻抗约为 50Ω。所以设计中可以把辐射贴片的长度变量 L0 和同轴线馈电点的位置变量 L1 作为优化设计变量，同时设置优化分析时 L0 和 L1 的变化范围分别为 27.5mm～28.1mm 和 6.5mm～7.5mm。优化目标设定为在 2.45GHz 时 S_{11} < - 30dB。

10.11.1　设置优化变量

把辐射贴片的长度变量 L0 和同轴线馈电点的位置变量 L1 设置为优化变量。

从主菜单栏选择【HFSS】→【Design Properties】命令，打开设计属性对话框；单击选中对话框的 Optimization 单选按钮，然后在变量列表中选中变量 L0 和 L1 对应的复选框，如图 10.43 所示，最后单击 确定 按钮，把 L0 和 L1 设置为优化变量。

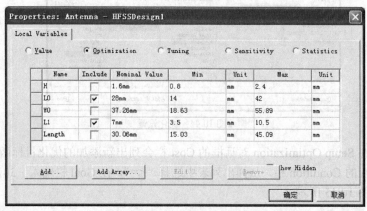

▲图 10.43　设置 L0 和 L1 为优化变量

10.11.2　添加优化设计

添加优化设计，优化目标为在 2.45GHz 时 S_{11} < - 30dB，优化变量 L1 和 L0 的取值范围分别为 27.5mm～28.1mm 和 6.5mm～7.5mm。

1. 设置优化目标

优化目标的设置过程如图 10.44 所示，具体描述如下。

（1）右键单击工程树下的 Optimetrics 节点，从弹出菜单中选择【Add 】→【Optimization】命令，打开 Setup Optimization 对话框。

（2）在 Setup Optimization 该对话框中，优化算法（Optimizer 项）选择 Sequential Nonlinear Programming，最大优化迭代次数（Max No. of Iterations 项）设为 50，然后单击 Setup Calculations. 按钮，打开 Add/Edit Calculation 对话框，设置优化目标函数。

（3）在 Add/Edit Calculation 对话框中，左侧的 Solution 项从下拉列表中选择 Setup1: LastAdaptive，右侧 Category 项选择 S Parameter，Quantity 项选择 S(1，1)，Function 栏选择 dB；然后单击 Add Calculation 按钮，添加 dB(S(1,1)) 为目标函数。然后单击 Done 按钮，关闭 Add/Edit Calculation 对话框，返回到 Setup Optimization 对话框界面。

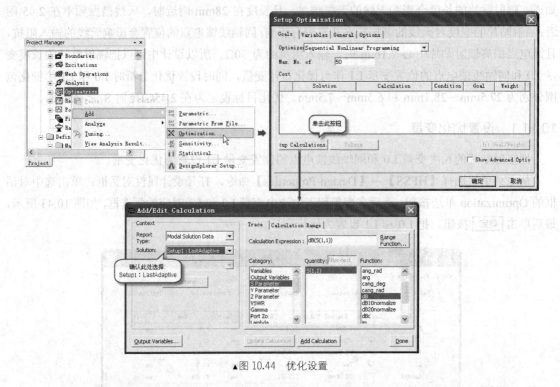

▲图 10.44　优化设置

（4）此时，在 Setup Optimization 对话框的 Cost 栏会列出新添加的优化目标函数 dB(S(1，1))，单击目标函数对应的 Condition 栏，从弹出列表中选择 "<="，在 Goal 栏输入 – 30，Weight 输入 1；完成后的状态如图 10.45 所示。

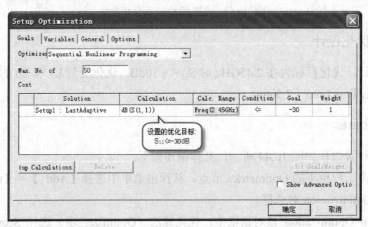

▲图 10.45　完成后的 Setup Optimization 对话框

2. 设置优化变量取值范围

单击 Setup Optimization 对话框的 Variables 选项卡，在打开的界面中，变量 L0 对应的 Starting Value 栏输入 28mm；Min 和 Max 栏分别输入 27.5mm 和 28.1mm，设置变量优化范围为 27.5mm～28.1mm；Min Focus 和 Max Focus 栏也分别输入 27.5mm 和 28.1mm。变量 L1 对应的 Starting Value 栏输入 7.1mm；Min 和 Max 栏分别输入 6.5mm 和 7.5mm，设置变量优化范围为 6.5～7.5mm；Min Focus 和 Max Focus 栏也分别输入 6.5mm 和 7.5mm；如图 10.46 所示最后单击 ▢确定▢ 按钮，完成优

化设置。

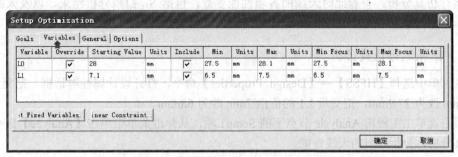

▲图 10.46　优化设置对话框 Variables 选项卡

设置完成后，优化设计项的名称会自动添加到工程树的 Optimetrics 节点下，其默认的名称为
OptimizationSetup1。

10.11.3　运行优化设计查看优化结果

右键单击工程树 Optimetrics 节点下的 OptimizationSetup1，从弹出菜单中选择【Analyze】命令，
运行优化设计。

在优化分析过程中，右键单击工程树 Optimetrics 节点下的 OptimizationSetup1，从弹出菜单中选
择【View Analysis Result】命令，可以打开 Post Analysis Display 对话框，在该对话框中选择 Table 单
选按钮，可以查看优化分析过程中每次优化分析的结果，如图 10.47 所示。从图 10.47 所示优化结果
中可以看出，第 15 次优化迭代后，目标函数 Cost 值为 0，达到优化设计目标要求，此时可以结束优
化分析。达到优化目标时，L1 对应的值约为 27.9mm，L0 对应的值为 6.6mm，此值即为优化结果。

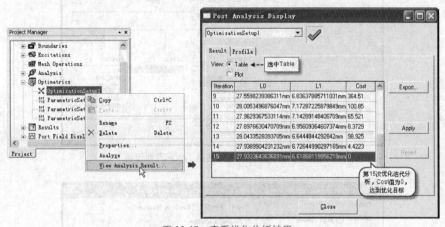

▲图 10.47　查看优化分析结果

> **注意**　优化分析过程带有一定的随机性，如果一次优化不能达到设定的优化目标，可
> 以试着取此次优化分析结果中目标函数 Cost 值最小时对应的一组优化变量值作为优
> 化分析的初始值，重新进行优化分析。

10.12　查看优化后的天线性能

从前面的优化分析结果中可知，当 L0=27.9mm、L1=6.6mm 时，在 2.45GHz 中心工作频率处

$S_{11} < -30dB$，达到优化分析目标。接下来把变量 L0、L1 的值分别设置为 27.9mm 和 6.6mm，然后再次运行仿真分析，查看此时天线的各项性能参数，包括 S_{11} 扫频分析结果、以及天线的增益方向图。

10.12.1　重新运行仿真分析

从主菜单中选择【HFSS】→【Design Properties】命令，打开设计属性对话框，把变量 L0 的值由 28mm 改为 27.9mm，把变量 L1 的值由 7mm 改为 6.6mm。

然后右键单击工程树 Analysis 节点下的 Setup1 项，从弹出菜单中单击【Analyze】命令，重新运行仿真分析，分析此时的天线性能。

10.12.2　查看天线性能

分析完成后，查看天线的谐振频率、S_{11} 扫频分析结果、S_{11} 的 Smith 圆图分析结果、增益方向图、方向性系数等性能。

1. 查看 S_{11} 扫频分析结果

分析完成后，右键单击工程树下的 Results 节点，从弹出菜单中选择【Create Modal Solution Data Report】→【Rectangular Plot】命令，打开报告设置对话框，对话框的 Trace 选项卡设置如图 10.48 所示；然后单击 Families 选项卡，确认 L0、W0 和 L1 对应的值都为 Nominal，如图 10.49 所示。最后单击 New Report 按钮生成 S_{11} 分析结果报告，如图 10.50 所示。

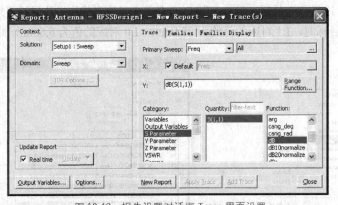

▲图 10.48　报告设置对话框 Trace 界面设置

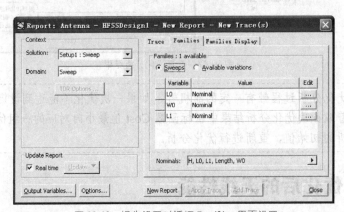

▲图 10.49　报告设置对话框 Families 界面设置

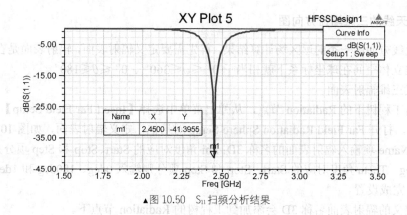

▲图 10.50 S_{11} 扫频分析结果

从结果报告中可以看出，此时微带天线的谐振频率为 2.45GHz，且在 2.45GHz 处，S_{11} 值约为 − 41.4 dB。

2. 查看 S_{11} 的 Smith 圆图结果和输入阻抗

右键单击工程树下的 Results 节点，从弹出菜单中选择【Create Modal Solution Data Report】→【Smith Chart】命令，打开报告设置对话框，对话框的 Trace 选项卡界面设置如图 10.51 所示；然后单击 Families 选项卡，Families 选项卡的设置与图 10.49 相同。最后单击 New Report 按钮生成 S_{11} 的 Smith 圆图结果，如图 10.52 所示。

从结果报告中可以看出，2.45GHz 时的归一化阻抗为 0.9909 − j0.0143，因为归一化参考阻抗为 50Ω，所以，天线在 2.45GHz 频点上的输入阻抗为（49.5 − j0.7）Ω，约为 50Ω。

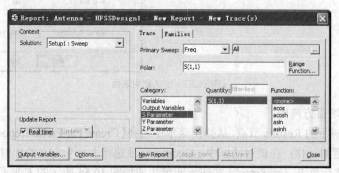

▲图 10.51 报告设置对话框

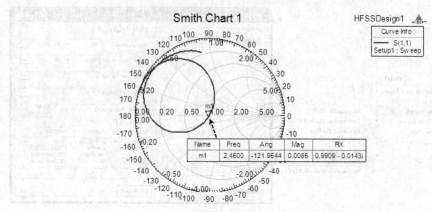

▲图 10.52 S_{11} 的 Smith 圆图结果

3. 查看天线的三维增益方向图

要查看天线方向图一类的远区场计算结果，首先需要定义辐射表面，辐射表面是在球坐标系下定义的。三维立体空间在球坐标系下就相当于 $0° \leq \varphi \leq 360°$、$0° \leq \theta \leq 180°$。

（1）定义三维辐射表面。

右键单击工程树下的 Radiation 节点，从弹出菜单中选择【Insert Far Field Setup】→【Infinite Sphere】命令，打开 Far Field Radiation Sphere Setup 对话框，定义辐射表面，如图 10.53 所示。在该对话框中，Name 项输入辐射表面的名称 3D；Phi 角度对应的 Start、Stop 和 Step 项分别输入 0deg、360deg 和 1deg；Theta 角度对应的 Start、Stop 和 Step 项分别输入 0deg、180deg 和 1deg；然后单击 确定 按钮，完成设置。

此时，定义的辐射表面名称 3D 会添加到工程树的 Radiation 节点下。

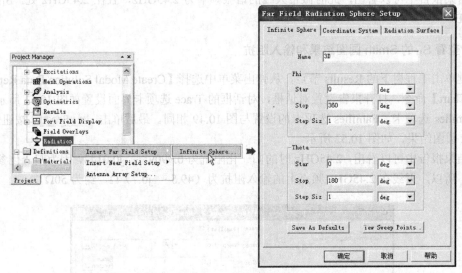

▲图 10.53　定义辐射表面

（2）查看三维增益方向图。

右键单击工程树下的 Results 节点，从弹出菜单中选择【Create Far Fields Report】→【3D Polar Plot】命令，打开报告设置对话框；在该对话框中，Geometry 项选择上一步定义的辐射面 3D，其他项设置与图 10.54 相同，然后单击 New Report 按钮，即可生成如图 10.55 所示的 E 平面增益方向图。

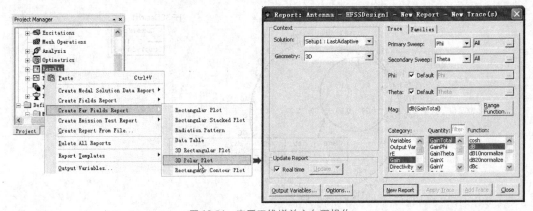

▲图 10.54　查看三维增益方向图操作

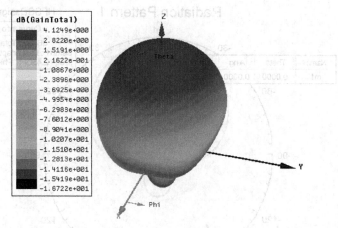

▲图 10.55　三维增益方向图

从三维增益方向图中可以看出该微带贴片天线最大辐射方向是微带贴片的法向方向，即 *z* 轴正向。

4. 查看天线的 E 面增益方向图

E 面即最大辐射电场所在平面，对于设计的辐射贴片平行于 *xoy* 平面放置的微带天线，E 面可以是 *xoz* 平面上。所以首先添加 *xoz* 面为辐射表面，球坐标系下 *xoz* 面即为 $\varphi = 0°$、$-180° \leqslant \theta \leqslant 180°$ 的平面。

（1）定义 *xoz* 面为辐射表面。

使用和前面定义三维辐射表面相同的步骤添加 *xoz* 面为辐射表面。首先，右键单击工程树下的 Radiation 节点，从弹出菜单中选择【Insert Far Field Setup】→【Infinite Sphere】命令，打开 Far Field Radiation Sphere Setup 对话框；在该对话框中，Name 项输入辐射表面的名称 E_Plane；Phi 角度对应的 Start、Stop 和 Step 项分别输入 0deg、0deg 和 0deg；Theta 角度对应的 Start、Stop 和 Step 项分别输入 -180deg、180deg 和 1deg；然后单击 确定 按钮，完成设置。

此时，定义的辐射表面名称 E_Plane 会添加到工程树的 Radiation 节点下。

（2）查看 E 面增益方向图。

右键单击工程树下的 Results 节点，从弹出菜单中选择【Create Far Fields Report】→【Radiation Pattern】命令，打开报告设置对话框；在该对话框中，Geometry 项选择定义的辐射面 E_Plane，其他项设置与图 10.56 相同，然后单击 New Report 按钮，即可生成如图 10.57 所示的 *E* 平面增益方向图。

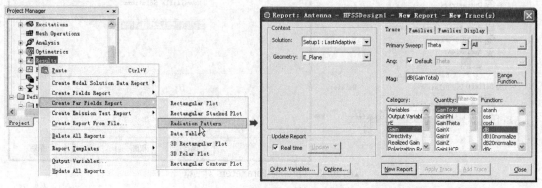

▲图 10.56　查看平面增益方向图操作

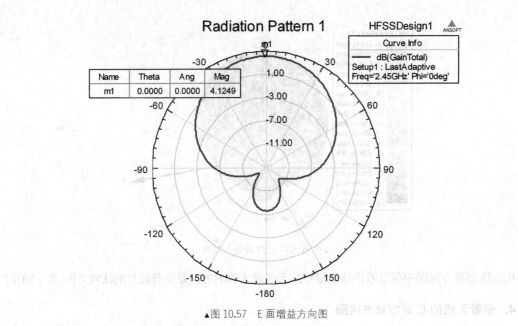

Name	Theta	Ang	Mag
m1	0.0000	0.0000	4.1249

▲图 10.57　E 面增益方向图

5. 查看天线的 E 面增益方向图

　　HFSS 在天线问题的数据后处理中，还可以给出工作频率上辐射强度、方向性、前后比等各种天线参数的分析结果。查看这些天线性能参数的分析结果步骤如下。

　　（1）展开工程树下的 Radiation 节点，单击选中前面定义的辐射表面 3D，在弹出菜单中选择【Compute Antenna Parameters】命令，打开 Antenna Parameters 对话框，如图 10.58 所示。

　　（2）在该对话框中，Solutions 选项卡界面选择求解项为 Setup1:LastAdaptive，其他项保留默认设置不变，然后单击 确定 按钮，完成设置。

　　（3）此时，弹出图 10.59 所示的窗口，显示各项天线参数计算结果和最大远场数据计算结果。其中各项结果的含义读者可以参见第 8 章 8.4 节的解释。

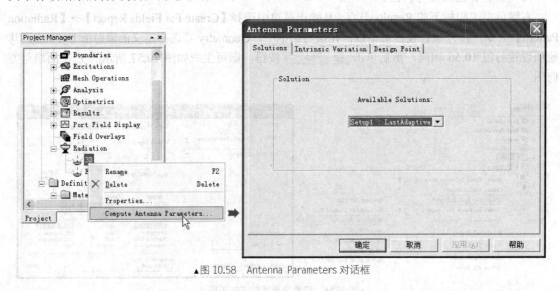

▲图 10.58　Antenna Parameters 对话框

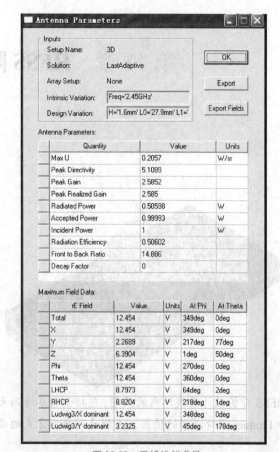

▲图 10.59　天线性能参数

10.13 本章小结

　　本章通过一个同轴线馈电的矩形微带贴片天线的性能分析和优化设计实例，详细讲解使用 HFSS 分析设计天线的具体流程和详细操作步骤。本章在讲解如何使用 HFSS 进行天线分析设计之外，还详细讲解了变量的定义和使用，参数扫描分析的设计应用和优化设计的设计流程。

第 11 章　HFSS 阵列天线分析

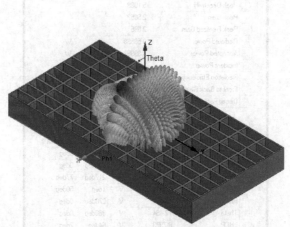

本章主要讲解使用 HFSS 分析设计天线阵列的问题,包括如何从阵列天线中提取单个阵元模型并建模、主从边界条件和 Floquet 端口激励的使用、天线阵列排列方式的设置以及天线阵列分析结果数据后处理。

通过本章的学习,希望读者熟悉并掌握如何使用 HFSS 分析设计阵列天线一类的问题。在本章,读者可以学到以下内容。

- 如何提取并创建天线阵列的阵元模型。
- 主从边界条件的使用和设置步骤。
- Floquet 端口激励的使用和设置步骤。
- 如何设置阵元的排列方式和相位差来构造出天线阵列。
- 如何定义和使用变量。
- 天线阵分析结果数据的后处理,如何查看天线阵方向图。

11.1　HFSS 设计概述

本章设计一个由 25×25 个阵元组成的平面阵列天线,阵列天线的工作频率为 9.25GHz,阵列天线的阵元为 WR90 型号的矩形波导。阵元沿着 x、y 轴方向规则排列,在 x、y 轴方向上阵元间距分别为 0.5 英寸和 1 英寸;阵元之间的相位差通过阵列天线的扫描角来确定,设置天线的扫描角在 $\theta=30°$ 的方向上。WR90 型号矩形波导的截面尺寸为 10.16mm×22.86mm,即 0.4英寸×0.9 英寸,工作频率在 8.20GHz～12.5GHz。平面 WR90 矩形波导天线阵列的示意图如图 11.1 所示。

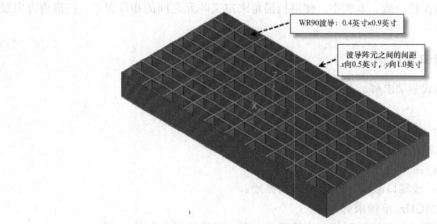

▲图 11.1　平面 WR90 矩形波导天线阵列示意图

11.1.1　阵元模型

对于阵列天线一类的平面周期性结构问题，在 HFSS 中建模时不需要创建整个天线阵的模型，只需要创建单个阵元模型，然后结合主从边界条件和 Floquet 激励端口设置便可以构造并计算出由任意多个阵元组成的天线阵的性能。

阵列天线的阵元模型由阵元和自由空间两部分组成。本例中的阵元是一个横截面尺寸为 0.4 英寸×0.9 英寸的 WR90 矩形波导，在 xoy 平面上规则排列，沿 x 轴方向排列的阵元间距为 0.5 英寸，沿 y 轴方向排列的阵元间距为 1.0 英寸。因此，阵元模型可以由两个长方体模型组成，一个用于模拟截面尺寸为 0.4 英寸×0.9 英寸的矩形波导，一个用于模拟截面尺寸为 0.5 英寸×1.0 英寸的自由空间，模拟矩形波导阵元和自由空间的长方体的高度都取 1 英寸，如图 11.2 所示。

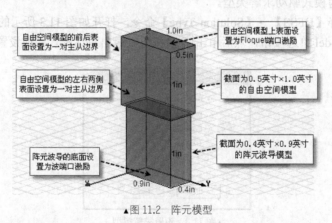

▲图 11.2　阵元模型

矩形波导阵元模型的底面设置为波端口激励；因为在 HFSS 中与背景相接触的表面自动设置为理想导体表面，所以阵元波导模型的四壁不需要分配边界条件，采用默认分配的理想导体边界条件即可。

自由空间模型的上表面需要设置为 Floquet 端口激励，用于模拟周期性表面的辐射问题；Floquet 端口的 A、B 坐标轴方向必须和阵元排列方向一致，扫描角或相位延迟需要和主从边界条件设置的扫描角或相位延迟保持一致。自由空间模型的四壁需要设置为主从边界条件；4 个表面共有两组主从边界条件，前后两侧表面为一组主从边界条件，左右两侧表面为一组主从边界条件；同一组主从边界表面，其 U、V 坐标轴方向必须完全一致，扫描角或相位延迟需要和 Floquet 激励端口设置的扫描角或相位延迟保持一致。本例中，使用扫描角来定义阵元之间的相位误差，扫描角方向设为 $\theta = 30°$。

11.1.2　HFSS 设计环境概述

- 求解类型：模式驱动求解。
- 建模操作。
    - ➤　模型原型：长方体。
- 边界条件和激励。
    - ➤　边界条件：主从边界。
    - ➤　端口激励：波端口激励、Floquet 端口激励。
- 求解设置：9.25GHz 单频求解。
- 后处理：天线阵元和天线阵列的二维场强方向图、三维场强方向图。

11.2　新建工程

1. 运行 HFSS 并新建工程

双击桌面上的 HFSS 快捷方式 ，启动 HFSS 软件。HFSS 运行后，会自动新建一个工程文件，选择主菜单【File】→【Save As】，把工程文件另存为 Antenna_Array.hfss；然后右键单击工程树下的设计文件 HFSSDesign1，从弹出菜单中选择【Rename】命令项，把设计文件重新命名为 Cell。

2. 设置求解类型

设置当前设计为模式驱动求解类型。

从主菜单栏选择【HFSS】→【Solution Type】命令，打开如图 11.3 所示的 Solution Type 对话框，选中 Driven Model 单选按钮，然后单击 OK 按钮，退出对话框，完成设置。

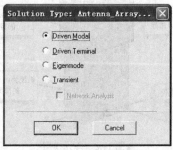

▲图 11.3　设置求解类型

11.3　创建阵元模型

创建两个长方体模型，分别用于表示矩形波导阵元和阵元波导外的自由空间。

11.3.1　设置默认的长度单位

设置当前设计在创建模型时使用的默认长度单位为英寸。

从主菜单栏选择【Modeler】→【Units】命令，打开如图 11.4 所示的"模型长度单位设置"对话框。在该对话框中，Select units 项选择单位英寸（in），然后单击 OK 按钮，退出对话框，完成设置。

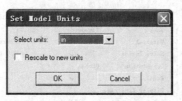

▲图 11.4　模型长度单位设置对话框

11.3.2　建模相关选项设置

从主菜单栏中选择【Tools】→【Options】→【Modeler Options】命令，打开 3D Modeler Options 对话框。单击对话框的 Drawing 选项卡，确认 Drawing 选项卡界面的 Edit properties of new primitive 复选框未选中，如图 9.5 所示。然后单击 确定 按钮，退出对话框，完成设置。

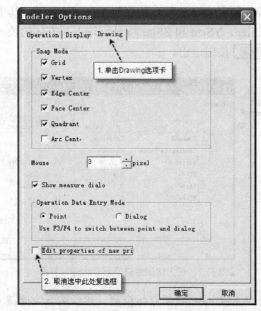

▲图 11.5　3D Modeler Options 对话框

11.3.3　创建波导阵元

创建一个顶点位于坐标原点，长×宽×高为 0.4 英寸×0.9 英寸×1.0 英寸的长方体模型作为矩形波导阵元模型，并命名为 WaveGuide。

（1）从主菜单栏选择【Draw】→【box】命令，或者单击工具栏的 按钮，进入创建长方体的状态，然后移动鼠标光标在三维模型窗口创建一个任意大小的长方体。新建的长方体会添加到操作历史树的 Solids 节点下，其默认的名称为 Box1。

（2）双击操作历史树 Solids 节点下的 Box1，打开新建长方体属性对话框的 Attribute 界面；在 Name 项输入长方体的名称 WaveGuide；确认 Material 项对应的材质为 vacuum；单击 Transparent 项对应按钮，设置模型透明度为 0.4，如图 11.6 所示。然后单击对话框的 确定 按钮，完成设置，退出对话框。

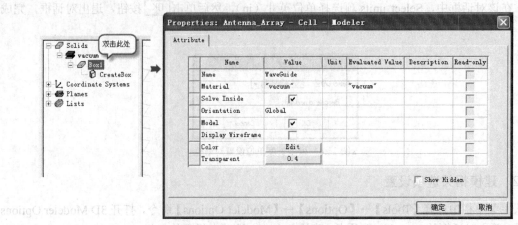

▲图 11.6　长方体属性对话框 Attribute 界面

（3）再双击操作历史树 WaveGuide 节点下的 CreateBox，打开新建长方体属性对话框的 Command 界面，在该界面下设置长方体的顶点位置坐标和大小尺寸。其中，Position 项输入顶点位置坐标为（0，0，0），在 XSize、YSize 和 ZSize 项分别输入长方体的长、宽和高为 0.4、0.9 和 1，如图 11.7 所示，然后单击 确定 按钮退出。

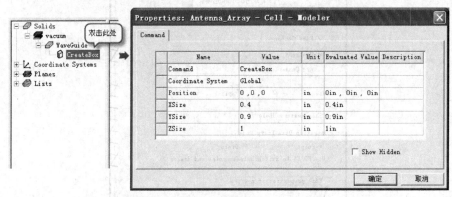

▲图 11.7　长方体属性对话框 Command 界面

此时就创建好了名称为 WaveGuide 的长方体模型。然后按下快捷键 Ctrl+D，全屏显示创建的物体模型，如图 11.8 所示。

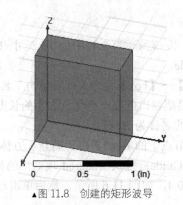

▲图 11.8　创建的矩形波导

11.3.4 创建阵元外的自由空间模型

在矩形阵元波导模型的正上方创建长方体模型模拟矩形阵元波导外的自由空间，该长方体模型的顶点坐标为（–0.05 英寸，–0.05 英寸，1 英寸），长×宽×高为 0.5 英寸×1.0 英寸×1.0 英寸，命名为 CellBox。自由空间模型的截面大小通常与阵元之间的间距保持一致，本例中阵元间距为 0.5 英寸×1.0 英寸，所以自由空间模型的截面大小也就是 0.5 英寸×1.0 英寸；另外，需要把自由空间模型的四周设置为主从边界表面，以构造和计算天线阵列。

（1）从主菜单栏选择【Draw】→【box】命令，或者单击工具栏的 🔲 按钮，进入创建长方体的状态，然后移动鼠标光标在三维模型窗口创建一个任意大小的长方体。新建的长方体会添加到操作历史树的 Solids 节点下，其默认的名称为 Box1。

（2）双击操作历史树 Solids 节点下的 Box1，打开新建长方体属性对话框的 Attribute 界面；在 Name 项输入长方体的名称 CellBox；确认 Material 项对应的材质为 vacuum；单击 Transparent 项对应按钮，设置模型透明度为 0.4，如图 11.9 所示。然后单击对话框的 确定 按钮，完成设置，退出对话框。

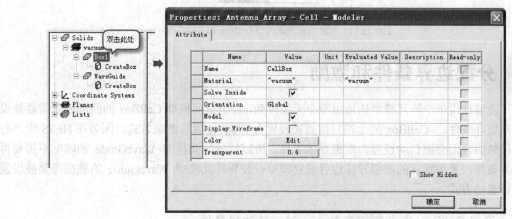

▲图 11.9 长方体属性对话框 Attribute 界面

（3）再双击操作历史树 CellBox 节点下的 CreateBox，打开新建长方体属性对话框的 Command 界面，在该界面下设置长方体的顶点位置坐标和大小尺寸。其中，Position 项输入顶点位置坐标为（–0.05，–0.05，1），在 XSize、YSize 和 ZSize 项分别输入长方体的长、宽和高为 0.5、1 和 1，如图 11.10 所示；然后单击 确定 按钮退出。

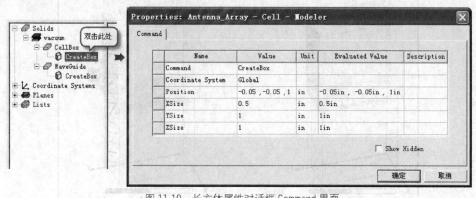

▲图 11.10 长方体属性对话框 Command 界面

此时就创建好了名称为 CellBox 的长方体模型。然后按下快捷键 Ctrl+D，全屏显示创建所有的物体模型，如图 11.11 所示。

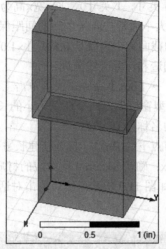

▲图 11.11　创建的长方体模型 CellBox 和 WaveGuide

11.4　分配边界条件和激励

为了能够使用单个阵元模型构造出整个天线阵列，自由空间模型 CellBox 的四周表面需要被设置为主从边界条件，CellBox 的上端口需要被设置为 Floquet 端口激励方式。因为在 HFSS 中，与背景相接触的表面会被自动设置为理想导体边界，所以波导阵元模型 WaveGuide 的四壁不需要再分配边界条件，采用默认的理想导体边界设置即可；波导阵元模型 WaveGuide 的底端需要被设置为波端口激励方式。

11.4.1　设置 CellBox 左右两侧表面为一对主从边界条件

1. 分配右侧表面主边界条件

（1）在三维窗口单击鼠标右键，从弹出菜单中选择【Select Faces】命令，或按快捷键 F，切换到面选择状态；单击鼠标键选中 CellBox 的右侧表面，如图 11.12（a）所示。

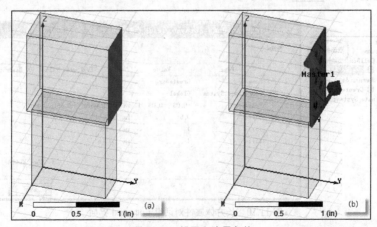

▲图 11.12　设置主边界条件

（2）在三维模型窗口任意位置单击鼠标右键，从弹出菜单中选择【Assign Boundary】→【Master】命令，打开如图 11.13 所示的 Master Boundary 对话框，设置主边界条件。

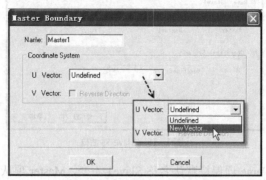

▲图 11.13　Master Boundary 对话框

（3）在该对话框中，Name 项保持默认的 Master1 名称不变；单击打开 U Vector 左侧的下拉列表，从中单击 New Vector…，进入坐标位置输入状态，定义主边界条件 U 坐标轴的方向。

（4）在 HFSS 用户界面底部状态栏 X、Y、Z 对应的文本框中分别输入 0.45、0.95 和 1，单击回车键确定；然后在状态栏 dX、dY、dZ 对应的文本框中分别输入 0，0 和 1，再次单击回车键确认。此时，定义了 U 坐标轴的方向为沿着 z 轴正向，并退回到 Master Boundary 对话框，对话框中 U Vector 左侧文本框由原先的 Undefined 变为 Defined。

（5）单击对话框的 ▢OK▢ 按钮，完成设置。

（6）设置完成后，主边界条件 Master1 会添加到工程树的 Boundaries 节点下。展开工程树 Boundaries 节点，单击 Master1 项，可以高亮显示上面定义的主边界条件，如图 11.12（b）所示。

2. 分配主边界条件 Master1 对应的从边界条件

（1）单击 CellBox 的前表面靠近左侧的位置，如图 11.14 所示；然后按下快捷键 B，选中 CellBox 的左侧表面。

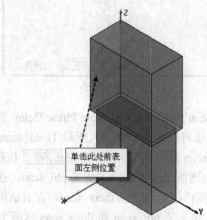

单击此处前表面左侧位置

▲图 11.14　单击前表面左侧位置选中前表面

（2）在三维模型窗口中的任意位置单击鼠标右键，从弹出菜单中选择【Assign Boundary】→【Slave】命令，打开如图 11.15 所示的 Slave 对话框，设置从边界条件。

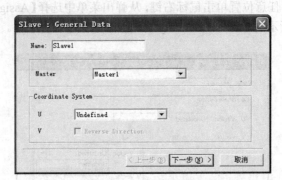

▲图 11.15　Slave 对话框

（3）在该对话框中，Name 项保持默认名称 Slave1 不变，Master 项从其下拉列表中选择与之相对应的主边界条件 Master1；单击打开 U 项右侧的下拉列表，从中单击 New Vector…，进入坐标位置输入状态，定义从边界 U 坐标轴的方向；需要注意的是从边界 U 坐标轴的方向必须和主边界 U 坐标轴的方向一致。

（4）在 HFSS 用户界面底部状态栏 X、Y、Z 对应的文本框中分别输入–0.45、–0.05 和 1，单击回车键确定；然后在状态栏 dX、dY、dZ 对应的文本框中分别输入 0、0 和 1，再次单击回车键确认。此时，即定义了 U 坐标轴的方向，并退回到 Slave 对话框。

（5）对话框中，U 项左侧文本框由原先的 Undefined 变为 Defined；同时，V 项对应的 Reverse Direction 复选框也被激活，选中激活的 Reverse Direction 复选框，保证从边界的 U、V 坐标轴方向和主边界一致；然后单击 下一步(N) > 按钮，打开如图 11.16 所示的对话框，设置从边界的扫描角。

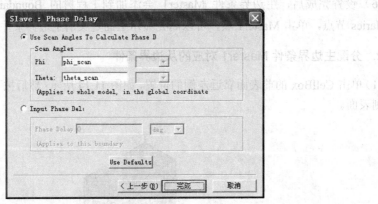

▲图 11.16　设置扫描角

（6）选中对话框最上方的 Use Scan Angles to Calculate Phase Delay 单选按钮，在 Phi 项对应的文本框输入变量 phi_scan，在 Theta 项对应的文本框输入变量 Theta_scan；单击 完成 按钮。

（7）由于变量 phi_scan 和 theta_scan 尚未定义，所以单击 完成 按钮时会弹出如图 11.17 所示的 Add Variable 对话框，要求定义上述两个变量。对于变量 phi_scan，在对话框中的 Value 文本框内输入初始值 0deg，然后单击 OK 按钮；对与变量 theta_scan，在对话框中的 Value 文本框内输入初始值 30deg，然后单击 OK 按钮。定义了 phi_scan 和 theta_scan 这两个变量后，即完成了从边界的设置。

设置好的主边界条件 Master1 和从边界条件 Slave1 如图 11.18 所示。

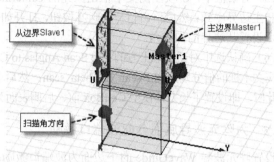

▲图 11.17　"添加变量"对话框　　　　　▲图 11.18　主从边界 Master1 和 Slave1

11.4.2　设置 CellBox 前后表面为一对主从边界条件

重复上一节的步骤 1 和步骤 2，设置 CellBox 前后表面为一对主从边界条件，其中前表面为主边界条件 Master2，后表面为从边界条件 Slave2，从边界条件 Slave2 的扫描角与 Slave1 的扫描角设置相同。

1.　分配前侧表面主边界条件

（1）在三维窗口单击鼠标右键，从弹出菜单中选择【Select Faces】命令，或按快捷键 F，切换到面选择状态；单击鼠标键选中 CellBox 的前侧表面。

（2）在三维模型窗口任意位置单击鼠标右键，从弹出菜单中选择【Assign Boundary】→【Master】命令，打开 Master Boundary 对话框，设置主边界条件。

（3）在该对话框中，Name 项保持默认的 Master2 名称不变；单击打开 U Vector 左侧的下拉列表，从中单击 New Vector...，进入坐标位置输入状态，定义主边界条件 U 坐标轴的方向。

（4）在 HFSS 用户界面底部状态栏 X、Y、Z 对应的文本框中分别输入 0.45、0.95 和 1，单击回车键确定；然后在状态栏 dX、dY、dZ 对应的文本框中分别输入 0、0 和 1，再次单击回车键确认。此时，定义了 U 坐标轴的方向为沿着 z 轴正向，并退回到 Master Boundary 对话框，对话框中 U Vector 左侧文本框由原先的 Undefined 变为 Defined。然后，选中 Master Boundary 对话框的 Reverse Direction 复选框。

（5）单击对话框的 OK 按钮，完成设置。设置完成后，主边界条件 Master2 会添加到工程树的 Boundaries 节点下。

2.　分配主边界条件 Master2 对应的从边界条件

（1）单击 CellBox 的左侧表面靠近后侧的位置，然后按下快捷键 B，选中 CellBox 的后侧表面。

（2）在三维模型窗口中的任意位置单击鼠标右键，从弹出菜单中选择【Assign Boundary】→【Slave】，打开 Slave 对话框，设置从边界条件。

（3）在该对话框中，Name 项保持默认名称 Slave2 不变，Master 项从其下拉列表中选择与之相对应的主边界条件 Master2；单击打开 U 项右侧的下拉列表，从中单击 New Vector...，进入坐标位置输入状态，定义从边界 U 坐标轴的方向。需要注意的是，从边界 U 坐标轴的方向必须和主边界 U 坐标轴的方向一致。

（4）在 HFSS 用户界面底部状态栏 X、Y、Z 对应的文本框中分别输入 –0.05、0.95 和 1，单击回车键确定；然后在状态栏 dX、dY、dZ 对应的文本框中分别输入 0、0 和 1，再次单击回车键确认。此时，即定义了 U 坐标轴的方向，并退回到 Slave 对话框。

（5）对话框中，U 项左侧文本框由原先的 Undefined 变为 Defined；确认从边界的 U、V 坐标轴方向和主边界一致；然后单击 下一步(N) > 按钮，打开如图 11.16 相同的 Slave : Phase Delay 所示的对话框，设置从边界的扫描角。

（6）确认选中对话框最上方的 Use Scan Angles to Calculate Phase Delay 单选按钮，且 Phi 和 Theta 项对应文本框的值分别为 phi_scan 和 Theta_scan；然后单击 完成 按钮，完成从边界条件的设置。

此时，即设置了长方体模型 CellBox 前、后侧表面为一对主、从边界。

11.4.3 为阵元波导底面分配波端口激励

设置阵元波导 WaveGuide 的下边面为波端口激励。

（1）按下快捷键 F，切换到面选择状态；单击 WaveGuide 的前表面靠近底面的位置，然后按下快捷键 B，选中模型 WaveGuide 的底面。

（2）在三维模型窗口任意位置单击鼠标右键，从弹出菜单中选择【Assign Excitation】→【Wave Port】命令，打开 Wave Port 对话框，进行波端口激励的设置，如图 11.19 所示。

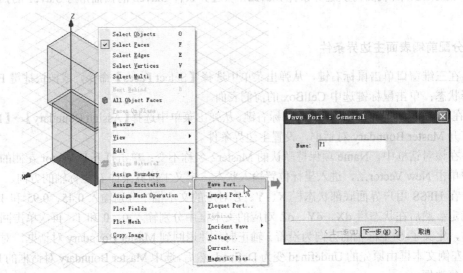

▲图 11.19　设置波端口激励的操作

（3）在该对话框中，Name 项对应的文本框内输入波端口激励的名称 P1，其他项保留默认设置不变，一直单击 下一步(N) > 按钮，直到完成。

（4）设置完成后，波端口激励的名称 P1 会自动添加到工程树的 Excitations 节点下。

11.4.4 为 CellBox 上表面分配 Floquet 端口激励

设置长方体模型 CellBox 的上表面为 Floquet 端口激励。

（1）单击 CellBox 的上表面，选中该表面。

（2）在三维模型窗口任意位置单击鼠标右键，从弹出菜单中选择【Assign Excitation】→【Floquet Port】命令，打开如图 11.20 所示的 Floquet Port 设置对话框。

（3）在该对话框中，Name 项输入 FP1，把 Floquet 端口激励命名为 FP1；对话框中的 A、B 项分别用于设置阵元的排列方向，因为阵元分别沿着 x、y 方向排列，所以可以设置 A 方向沿着 x 轴正向，B 方向沿着 y 轴正向。

（4）单击 A 项左侧的文本框，从其下拉列表中选择 New Vector…，进入定义 A 方向的状态；在 HFSS 用户界面底部状态栏 X、Y、Z 对应的文本框中分别输入–0.05、–0.05 和 2，单击回车键确定；然后在状态栏 dX、dY、dZ 对应的文本框中分别输入 0.5、0 和 0，再次单击回车键确认，设置好 A 方向为沿着 x 轴的正向。此时自动回到 Floquet 对话框界面，对话框中 A 项右侧的文本框也由原先的 Undefined 变成 Defined。

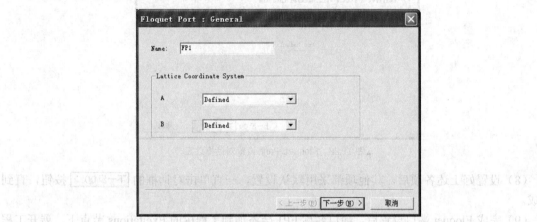

▲图 11.20　Floquet Port 设置对话框之一

（5）使用和步骤（4）相同操作，设置 B 方向沿着 y 轴的正向。在对话框中，单击 B 项左侧的文本框，从其下拉列表中选择 New Vector…，进入定义 B 方向的状态；在 HFSS 用户界面底部状态栏 X、Y、Z 对应的文本框中分别输入–0.05、–0.05 和 2，单击回车键确定；然后在状态栏 dX、dY、dZ 对应的文本框中分别输入 0、1 和 0，再次单击回车键确认，设置好 B 方向为沿着 y 轴的正向。此时自动回到 Floquet 对话框界面，对话框中 B 项右侧的文本框也由原先的 Undefined 变成 Defined。

（6）然后单击对话框的 下一步(N) > 按钮，进入 Modes Setup 界面，设置工作波模式，该界面的设置如图 11.21 所示。

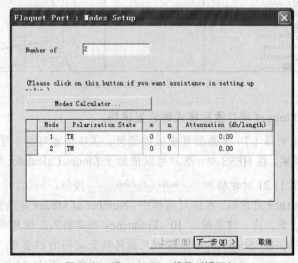

▲图 11.21　Floquet Port 设置对话框之二

（7）再单击 下一步(N) > 按钮，进入 Post Processing 界面，勾选界面中的 Deembed 复选框，并在 Distance 项的文本框中输入 1 和 in，如图 11.22 所示。

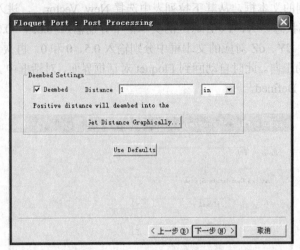

▲图 11.22　Floquet Port 设置对话框之三

（8）设置好上述各项后，其他项都采用默认设置，一直单击对话框的 下一步(N) > 按钮，直到完成。

（9）完成 Floquet 端口设置后，端口名称 FP1 会添加到工程树的 Excitations 节点下；展开工程树下的 Excitations 节点，选中 FP1 项，高亮显示定义的 Floquet 激励端口，如图 11.23 所示。

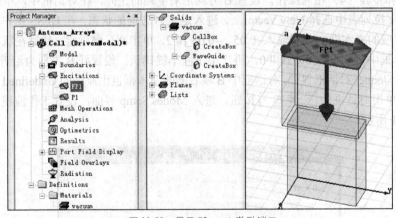

▲图 11.23　显示 Floquet 激励端口

关于 Floquet 端口激励模式的设置说明。

　　对于上面第（7）步激励场模式的设置，很多读者可能不理解这个激励场是怎么确定的。其实，在 HFSS 中，用户可以借助于 Modes Calculator 很方便地确定激励场。

✏注意　　　单击图 11.21 对话框的 Modes Calculator... 按钮，可以打开图 11.24 所示的 Mode Table Calculator 对话框。在该对话框中，Number of Modes 是设置要计算的场模式数，一般尽量设置大点，这里输入 10；Frequency 项是输入工作频率，这里输入天线的工作频率 9.25GHz；Scan Angle 是输入天线阵阵元之间的扫描角，根据前面主从边界的定义，把 phi=0°、theta=30° 输入到对话框，设置如图 11.24 所示。然后单击 OK 按钮，此时 Floquet Port 对话框的 Modes Setup 界面即会如图 11.25 所示。

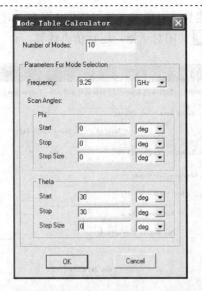 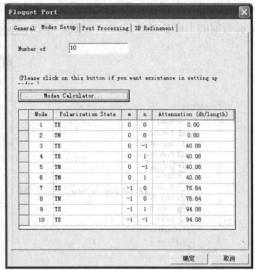

▲图 11.24　Mode Table Calculator 对话框图　　▲图 11.25　Floquet Port 对话框 Modes Setup 界面

　　图 11.25 所示结果中，**Attenuation** 项对应不同场模式一个长度单位的衰减量，当时设计设置的默认长度单位是英寸（in），所以对应的是 1 英寸距离的衰减量，其中 TE_{00} 和 TM_{00} 模无衰减，TE_{0-1} 模衰减量为 40.08dB/英寸，TM01 模衰减量为 76.64dB/英寸等。而设计中 Floquet 激励端口面距离天线表面的距离是 1 英寸，所以到达激励端口面，TE_{0-1} 模会衰减 40.08dB，TM01 模会衰减 76.64dB 等。这样，基本可以不考虑这些激励模式对计算结果有影响；设计中只需要考虑 TE_{00} 模和 TM_{00} 模即可，所以在图 11.21 中只设置这两个模式。

11.5　求解设置

　　设置天线的工作频率 9.25GHz 为求解频率，也即自适应网格剖分频率。

　　（1）右键单击工程树下的 Analysis 节点，从弹出菜单中选择【Add Solution Setup】命令，打开如图 11.26 所示的 Solution Setup 对话框。

　　（2）在该对话框中，Setup Name 项保留默认名称 Setup1 不变，Solution Frequency 项输入 9.25GHz，Maximum Number of Passes 项输入 10，Maximum Delta S 项输入 0.02，其他项保留默认设置。然后单击 确定 按钮，完成设置，退出对话框。

　　（3）设置完成后，求解设置的名称 Setup1 会添加到工程树的 Analysis 节点下。

11.6　设计检查和运行仿真分析

　　通过前面的操作，我们已经完成了模型创建、添加边界条件和端口激励，以及求解设置等 HFSS 设计的前期工作，接下来就可以运行仿真计算，并查看分析结果了。在运行仿真计算之前，通常需要进行设计检查，检查设计的完整性和正确性。

11.6.1　设计检查

　　从主菜单栏选择【HFSS】→【Validation Check】命令，或者单击工具栏的 🖋 按钮，进行设计检查。此时，会弹出如图 11.27 所示的检查结果显示对话框，该对话框中的每一项都显示图标✅，表示当前的 HFSS 设计正确、完整。单击 Close 关闭对话框，运行仿真计算。

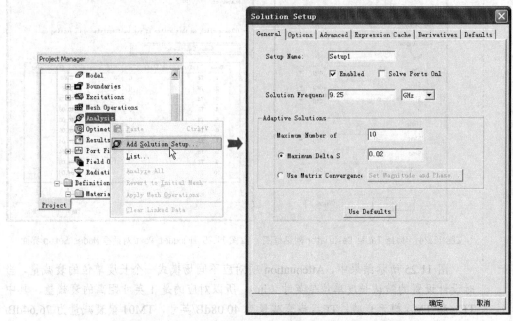

▲图 11.26　求解设置

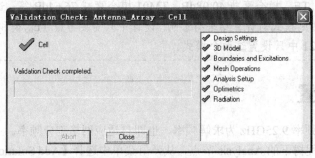

▲图 11.27　检查结果显示对话框

11.6.2　运行仿真分析

右键单击工程树 Analysis 节点下的求解设置项 Setup1，从弹出菜单中选择【Analyze】命令，或者单击工具栏 ⚙ 按钮，运行仿真计算。

整个仿真计算 5 分钟左右可以完成。在仿真计算的过程中，进度条窗口会显示出求解进度，在仿真计算完成后，信息管理窗口会给出完成提示信息。

11.7　查看仿真分析结果

在仿真计算完成后，分别查看天线阵元和天线阵列的场强方向图，这里只查看上半球自由空间（即 $z > 0$ 的半球）上的场强分布，包括天线阵元在 xoz 平面和 yoz 平面上的场强方向图、天线阵元的三维场强方向图以及天线阵列在 xoz 平面和 yoz 平面上的场强方向图、天线阵列的三维场强方向图。

11.7.1　定义辐射表面

要查看天线方向图一类的远区场计算结果，首先需要定义辐射表面，辐射表面是在球坐标系下定义的。

1. 定义 *xoz* 和 *yoz* 在 *z*>0 自由空间中的辐射表面

直角坐标系下 *z*>0 的 *xoz* 面在球坐标系下相当于 $\varphi = 0°$、$-90° \leqslant \theta \leqslant 90°$；直角坐标系下 *z*>0 的 *xoz* 面在球坐标系下相当于 $\varphi = 90°$、$-90° \leqslant \theta \leqslant 90°$。

右键单击工程树下的 Radiation 节点，从弹出菜单中选择【Insert Far Field Setup】→【Infinite Sphere】命令，打开 Far Field Radiation Sphere Setup 对话框，定义辐射表面。在该对话框中，Name 项输入辐射表面的名称 2D Plane；Phi 角度对应的 Start、Stop 和 Step 项分别输入 0deg、90deg 和 90deg；Theta 角度对应的 Start、Stop 和 Step 项分别输入 –90deg、90deg 和 1deg；如图 11.28 所示。最后单击 确定 按钮，完成设置。

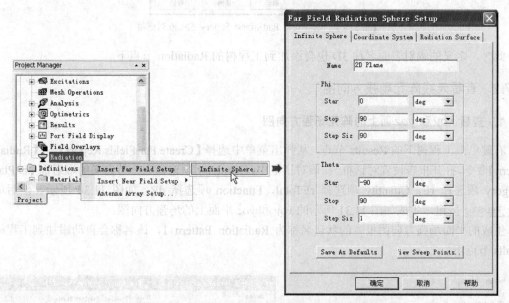

▲图 11.28　Far Field Radiation Sphere Setup 对话框

此时，定义的辐射表面名称 2D Plane 会添加到工程树的 Radiation 节点下。

2. 定义 *z*>0 自由空间中的半球面为辐射表面

z>0 自由空间在球坐标系下就相当于 $0° \leqslant \varphi \leqslant 360°$、$0 \leqslant \theta \leqslant 90°$。

和步骤 1 的操作相同。右键单击工程树下的 Radiation 节点，从弹出菜单中选择【Insert Far Field Setup】→【Infinite Sphere】命令，打开 Far Field Radiation Sphere Setup 对话框。在该对话框中，Name 项输入辐射表面的名称 3D；Phi 角度对应的 Start、Stop 和 Step 项分别输入 0deg、360deg 和 1deg；Theta 角度对应的 Start、Stop 和 Step 项分别输入 0deg、90deg 和 1deg；如图 11.29 所示。然后单击 确定 按钮，完成设置。

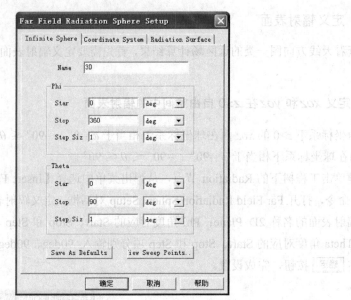

▲图 11.29　Far Field Radiation Sphere Setup 对话框

此时，定义的辐射表面名称 3D 也会添加到工程树的 **Radiation** 节点下。

11.7.2　查看天线阵元场强方向图

1. 查看 *xoy* 和 *yoz* 面上的阵元场强方向图

右键单击工程树下的 **Results** 节点，从弹出菜单中选择【Create Far Fields Report】→【Radiation Pattern】命令，打开报告设置对话框。在该对话框中，Geometry 项选择上一节定义的辐射面 2D Plane，Category 项选择 rE，Quantity 项选择 rETotal，Function 项选择 dB，如图 11.30 所示。然后单击 New Report 按钮，生成如图 11.31 所示的 *xoy* 和 *yoz* 平面上的场强方向图。

生成的平面场强方向图报告的默认名称为 Radiation Pattern 1，该名称会自动添加到工程树的 Results 节点下。

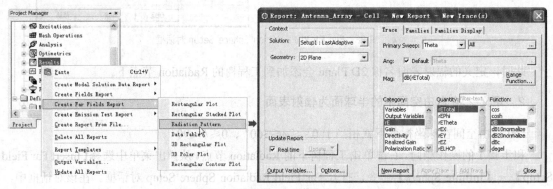

▲图 11.30　平面场强方向图报告设置对话框

2. 查看天线阵元三维场强方向图

右键单击工程树下的 **Results** 节点，从弹出菜单中选择【Create Far Fields Report】→【3D Polar Plot】命令，打开报告设置对话框。在该对话框中，Geometry 项选择前面定义的辐射面 3D，Category

项选择 rE，Quantity 项选择 rETotal，Function 项选择 dB，如图 11.32 所示。然后单击 New Report
按钮，生成如图 11.33 所示的三维场强方向图。

　　生成的三维场强方向图报告的默认名称为 3D Polar Plot 1，该名称也会自动添加到工程树的
Results 节点下。

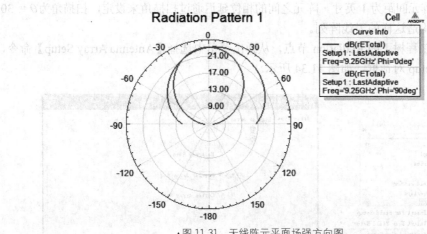

▲图 11.31　天线阵元平面场强方向图

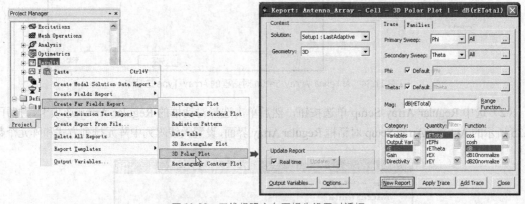

▲图 11.32　三维场强方向图报告设置对话框

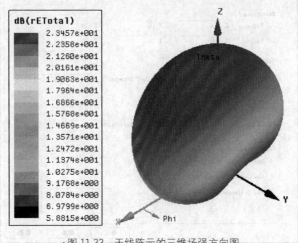

▲图 11.33　天线阵元的三维场强方向图

11.7.3　查看天线阵列的场强方向图

1．天线阵列的设置

本章设计的是一个 25×25 的平面阵，阵元沿着 *x*、*y* 方向排列，在 *x* 轴方向上阵元间距为 0.5 英寸，在 *y* 轴方向上阵元间距为 1 英寸。阵元之间的相位延迟通过扫描角来设定，扫描角为 $\theta = 30°$。现在就在 HFSS 中构造这样的天线阵列。

（1）右键单击工程树下的 Radiation 节点，从弹出菜单中选择【Antenna Array Setup】命令，打开 Antenna Array Setup 对话框，如图 11.34 所示。

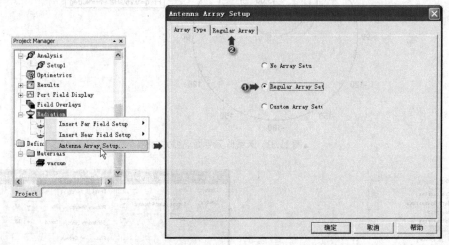

▲图 11.34　Antenna Array Setup 对话框的 Array Type 选项卡

（2）选中 Regular Array Setup 单选按钮，然后单击选择对话框的 Regular Array 选项卡，打开图 11.35 所示的 Antenna Array Setup 对话框 Regular Array 界面，设置天线阵列中阵元排列方式和阵元个数。

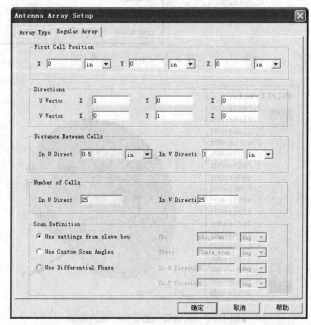

▲图 11.35　Antenna Array Setup 对话框的 Regular Array 选项卡

（3）在该对话框中，First Cell Position 栏输入 X、Y、Z 的坐标值为 0in、0in、0in，设置第一个阵元位于坐标原点；在 Directions 栏，U 项对应的 X、Y、Z 文本框内分别输入 1、0、0，V 项对应的 X、Y、Z 文本框内分别输入 0、1、0，设置阵元排列方向 U、V 分别沿着 x、y 轴方向；在 Distance Between Cells 栏，In U 和 In V 项对应的文本框内分别输入 0.5in 和 1in，设置 U、V 方向上阵元的间距分别为 0.5 英寸和 1 英寸；在 Number of Cells 栏，In U 和 In V 项对应的文本框内分别输入 25 和 25，设置 U、V 方向上阵元个数都为 25；在 Scan Definition 栏，选择 Use Setting from slave boundary 单选按钮，设置天线阵列的扫描角或相位延迟和前面从边界的设置相同。详细设置如图 11.35 所示，设置完成后单击 确定 按钮结束。

2. 查看天线阵列在 *xoy* 和 *yoz* 面上的场强方向图

设置好天线阵列的阵元分布后，上一节生成的在 *xoy* 和 *yoz* 面上的天线阵元场强方向图会更新为天线阵列的场强方向图。双击工程树 Results 节点下的 Radiation Pattern1，显示更新后的天线阵列的场强方向图如图 11.36 所示。

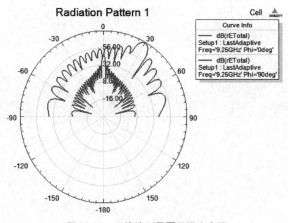

▲图 11.36　天线阵列平面场强方向图

3. 查看天线阵三维场强方向图

设置好天线阵列的阵元分布后，上一节生成的天线阵元三维场强方向图也会更新为天线阵列的三维场强方向图。双击工程树 Results 节点下的 3D Polar Plot 1，显示更新后的天线阵列的三维场强方向图如图 11.37 所示。

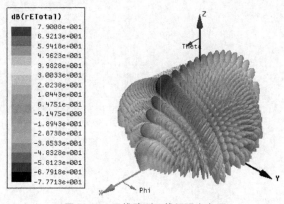

▲图 11.37　天线阵列三维场强方向图

至此，完成了波导阵列天线的设计分析。单击工具栏的 ■ 按钮，保存设计；然后，从主菜单栏选择【File】→【Exit】，退出 HFSS。

11.8 本章小结

本章讲解了使用 HFSS 分析设计阵列天线的问题，通过本章的学习，读者可以掌握平面周期性结构阵列天线的 HFSS 设计方法和设计流程，包括阵列天线中单个阵元模型的提取并建模、天线阵列的构造，主从边界条件使用和设置、Floquet 端口激励的使用和设置，以及最后输出阵列天线的分析结果。

第12章 HFSS 差分信号分析实例

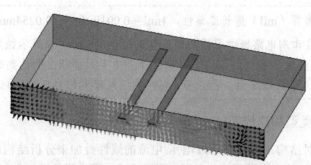

本章主要讲解使用 HFSS 分析高速数字信号完整性的问题。通过一个带状线结构差分对的分析实例，讲解了在 HFSS 中如何建立差分信号模型、分析差分信号特性。通过本章的学习，希望读者熟悉并掌握 HFSS 在高速数字信号完整性分析领域中的工程应用。

在本章，读者可以学到以下内容。

- 使用 HFSS 分析高速数字信号完整性问题时求解频率的计算。
- 使用 HFSS 分析高速数字信号完整性问题时扫频类型的选择。
- 建模时复制操作的使用。
- 如何使用和定义变量。
- 如何使用波端口的端口平移（Deembed）功能。
- HFSS 中差分信号的设置。
- 如何查看差模阻抗和共模阻抗的计算结果。
- 如何查看差模信号和共模信号矢量场的分布。
- HFSS 中参数扫描分析的操作过程。

12.1 HFSS 设计概述

在现今的高速数字电路设计中，差分信号（Differential Signal）的应用越来越广泛，电路中比较关键的信号往往都要采用差分结构设计。本章通过一个带状线差分对的分析设计实例，来讲解 HFSS 在此类问题中的应用。

本章分析的带状线差分对结构如图 12.1 所示，带状线为 0.5 盎司的敷铜线（即 PCB 板上蚀刻的铜箔厚度 $t = 0.7$ 密耳），带状线宽度 $W = 6$ 密耳，带状线间的间距 $S = 18$ 密耳，PCB 板使用的介质材料为 FR4，介质层的厚度 $h = 26$ 密耳，走线位于介质层的中央；带状线的长度为 1000 密耳，流经带状线差分对的高速数字信号的上升沿时间 $t_r = 330\text{ps}$。

设计中，我们首先在 HFSS 中创建出这样的带状线差分对模型，然后使用 HFSS 软件分析给

出差分对的 *S* 参数分析结果、差模阻抗和共模阻抗值以及在差模信号或者共模信号作用下的电场分布。

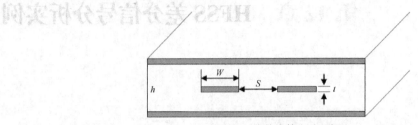

▲图 12.1　带状线差分对示意图

12.1.1　HFSS 求解类型和建模简述

对于带状线差分对结构，因为是通过电压/电流的线性叠加来分析结构的传输特性，所以在 **HFSS** 中需要选择终端驱动求解类型。关于端口激励方式，因为集总端口之间相互独立，仿真计算时不考虑线间耦合效应，不能设置差分对，所以不适合差分问题的分析；而对于波端口激励，多个带状线可以共享一个端口，仿真计算时会把线间耦合效应也计算在内，因此对于存在线间耦合效应的问题，使用波端口激励更准确。对于差分结构，激励方式只能使用波端口激励。

我们知道，HFSS 仿真计算的时间、所消耗的内存资源与模型的大小是成正比的。本例中我们要分析的带状线差分对的实际长度是 1000 密耳，由于该带状线差分对在长度方向上特性是一致的，所以为了节约计算时间，在建模时，我们可以只创建 100 密耳长度的带状线差分对；然后通过波端口的端口平移（Deembed）功能，在后处理时给出实际 1000 密耳长度带状线差分对的分析结果。

在 HFSS 中创建的带状线差分对模型如图 12.2 所示，带状线差分对模型长度为 100 密耳，介质层为 100 密耳×200 密耳×26 密耳的长方体模型，其材质为 FR4；差分信号线为 100 密耳×6 密耳×0.7 密耳的长方体模型，其材质为铜（copper）；差分信号线位于介质层的中央。

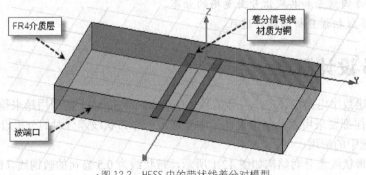

▲图 12.2　HFSS 中的带状线差分对模型

对于带状线结构的波端口激励，端口尺寸可以根据经验值确定。通常，端口宽度为线宽的 8～10 倍，但同时要小于 1/2 个工作波长；端口在高度方向上与带状线的上下两个参考地相接。本例中，创建与介质层前后表面相同尺寸的矩形面作为波端口激励表面。

在 HFSS 中，与背景相接触的表面会被默认设置成理想导体边界，因此，介质层的四壁被自动设置为默认的理想导体边界。这样，介质层的上下表面可以直接作为带状线的参考地，而不需要做其他额外的设置。

12.1.2　求解频率和扫频设置

高速数字信号有着很宽的频谱范围，使用 HFSS 分析此类问题时，求解频率由数字信号的上升沿时间 t_r 和在上升沿的采样点数 N 来确定。通常，求解频率 $f = N \times 0.5 / t_r$。

另外，使用 HFSS 分析此类问题时，仿真分析结果通常还需要导出 SPICE 模型用于时域分析。因此需要使用扫频分析，计算出从直流到求解频率整个频带范围内的模型特性。对于这样的宽频问题，在 HFSS 中一般需要选择插值扫频类型（Interpolating Sweep），扫频频率的下限为 0Hz，上限为求解频率。我们知道，HFSS 主要用于高频问题的仿真计算，对于低频或者直流问题，HFSS 是无法直接计算的，所以在扫频时需要选中 DC Extrapolating 选项，通过外插算法推导出模型的低频特性。

本例中，流经分析对象的高速数字信号的上升沿时间 t_r=330ps，为了保证分析结果的准确性，我们在信号的上升沿采样 5 个点，因此求解频率需要设置为

$$f = N \times 0.5 / t_r = 5 \times 0.5 / (330 \times 10^{-12}) \approx 7.58\text{GHz}$$

这里，求解频率取为 8GHz。

12.1.3　HFSS 设计环境概述

- 求解类型：终端驱动求解。
- 建模操作。
  - 模型原型：长方体、矩形面。
  - 模型操作：镜像复制操作，平移复制操作。
- 边界条件和激励。
  - 边界条件：软件默认的理想导体边界。
  - 端口激励：波端口激励、差分对。
- 求解设置。
  - 求解频率：8GHz。
  - 扫频设置：0～8GHz 插值扫频。
- 后处理：S 参数、差模阻抗和共模阻抗、电场分布图。
- Optimetrics。
  - 参数扫描分析。

12.2　新建工程

1. 运行 HFSS 并新建工程

双击桌面上的 HFSS 快捷方式 ⬤，启动 HFSS 软件。HFSS 运行后，会自动新建一个工程文件，选择主菜单【File】→【Save As】命令，把工程文件另存为 Diff_Pair.hfss；然后右键单击工程树下的设计文件名 HFSSDesign1，从弹出菜单中选择【Rename】命令项，把设计文件重新命名为 Stripline。

2. 设置求解类型

设置当前设计为终端驱动求解类型。

从主菜单栏选择【HFSS】→【Solution Type】命令，打开如图 12.3 所示的 Solution Type 对话框，选中 Driven Terminal 单选按钮，然后单击 OK 按钮，退出对话框，完成设置。

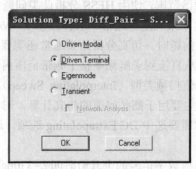

▲图 12.3　设置求解类型

12.3　创建带状线差分对模型

创建材质为铜的差分信号线模型和材质为 FR4 的介质层模型，并定义设计变量 W 和 S 分别表示差分信号线的线宽和线间距。

12.3.1　设置默认的长度单位

设置当前设计在创建模型时使用的默认长度单位为密耳（mil）。

从主菜单栏选择【Modeler】→【Units】命令，打开如图 12.4 所示的 Set Modal Units 对话框。在该对话框中，Select units 项选择密耳单位，即 mil；然后单击 OK 按钮，退出对话框，完成设置。

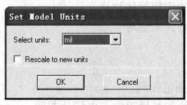

▲图 12.4　设置长度单位

12.3.2　建模相关选项设置

从主菜单栏中选择【Tools】→【Options】→【Modeler Options】命令，打开 3D Modeler Options 对话框。单击对话框的 Drawing 选项卡，确认 Drawing 选项卡界面的 Edit properties of new primitive 复选框未选中，如图 12.5 所示。然后单击 确定 按钮，退出对话框，完成设置。

12.3.3　创建差分信号线模型

创建一个顶点位于坐标（0，9，−0.35），长×宽×高为 100×6×0.7 的长方体模型作为差分对的一根信号传输线，设定其材质为铜（copper），命名为 Trace1。然后，通过复制操作创建差分对的另一个信号传输线，二者平行位于 xoy 平面内，间隔为 18 密耳。

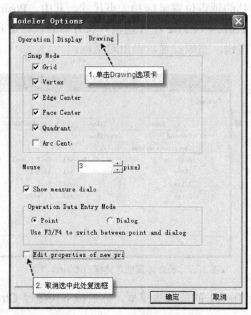

▲图 12.5　3D Modeler Options 对话框

1. 创建差分对的第一根信号线 Trace1

（1）从主菜单栏选择【Draw】→【box】命令，或者单击工具栏的 🔲 按钮，进入创建长方体的状态，然后在三维模型窗口的坐标原点位置单击鼠标左键，确定模型的第一个点；然后在 *xy* 面上移动鼠标光标，在绘制出一个矩形后，单击鼠标左键确定第二个点；最后沿着 *z* 轴方向移动鼠标光标，在绘制出一个长方体后单击鼠标左键确定第三个点。此时，即创建了一个任意大小的长方体。新建的长方体会添加到操作历史树的 Solids 节点下，其默认的名称为 Box1。

（2）双击操作历史树 Solids 节点下的 Box1，打开新建长方体属性对话框的 Attribute 界面。其中，Name 项输入长方体的名称 Trace1，设置 Material 项对应的材质为 copper，设置 Color 项对应的模型颜色为铜黄色，设置 Transparent 项对应的模型透明度为 0.2，如图 12.6 所示，然后单击对话框的 确定 按钮，完成设置，退出对话框。

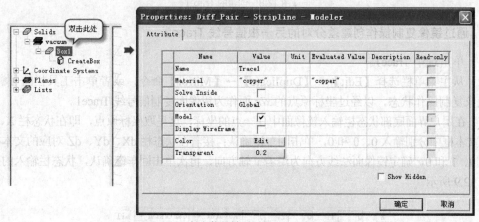

▲图 12.6　长方体属性对话框 Attribute 界面

（3）再双击操作历史树 Trace1 节点下的 CreateBox，打开新建长方体属性对话框的 Command

界面，在该界面下设置长方体的顶点位置坐标和大小尺寸。其中，**Position** 项输入顶点位置坐标为（0，9，–0.35），在 XSize、YSize 和 ZSize 项分别输入长方体的长、宽和高为 100、6 和 **0.7**，如图12.7 所示，然后单击 确定 按钮，完成设置，退出对话框。

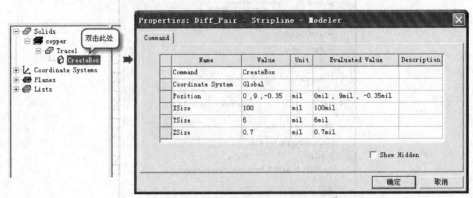

▲图 12.7 长方体属性对话框 Command 界面

此时就创建好了名称为 Trace1 的信号线模型。然后按下快捷键 **Ctrl+D**，全屏显示创建的信号线模型，如图 12.8 所示。

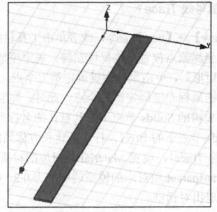

▲图 12.8 创建的 Trace1

2. 通过镜像复制操作创建差分对的另一根信号线 Trace2

（1）单击选中 Trace1。

（2）从主菜单栏选择【Edit】→【Duplicate】→【Mirror】命令，或者单击工具栏的 按钮，进入镜像复制操作状态，以经过坐标原点的 *xoz* 面作为镜像面复制信号线 Trace1。

（3）在用户界面底部状态栏输入镜像面中任一点的坐标，这里取坐标原点，即在状态栏 X、Y、Z对应的文本框中分别输入 0、0 和 0，单击回车键确认；接着在状态栏 dX、dY、dZ 对应的文本框中分别输入 0、1 和 0，确定镜像面法线方向为沿着 *y* 轴方向，再次单击回车键确认，状态栏输入的坐标信息如图 12.9 所示。

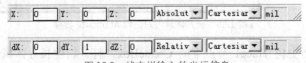

▲图 12.9 状态栏输入的坐标信息

（4）此时即通过复制操作创建了第二根信号线的模型，该模型自动命名为 Trace1_1，并添加到操作历史树的 Solids 节点下。双击操作历史树的 Solids 节点下的 Trace1_1，打开该模型属性对话框的 Attribute 界面。把 Name 项的名称由默认的 Trace1_1 改为 Trace2，如图 12.10 所示。然后单击对话框的 确定 按钮，完成设置，退出对话框。

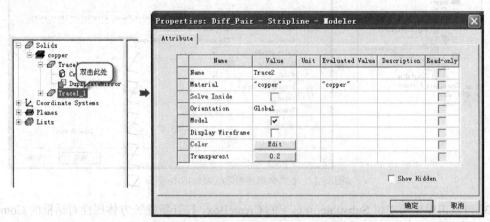

▲图 12.10　模型属性对话框 Attribute 界面

（5）按下快捷键 Crtl+D，适合窗口大小全屏显示所有已创建的模型，创建的差分对模型如图 12.11 所示。

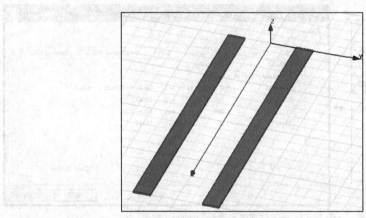

▲图 12.11　创建的差分对

12.3.4　创建 FR4 介质层

创建一个顶点位于坐标（0，-100，-13），长×宽×高为 100×200×26 的长方体模型作为介质层，介质材料为 FR4，模型命名为 Substrate。

（1）从主菜单栏选择【Draw】→【box】命令，或者单击工具栏的 按钮，进入创建长方体的状态，然后在三维模型窗口的坐标原点位置单击鼠标左键，确定模型的第一个点；然后在 xy 面上移动鼠标光标，在绘制出一个矩形后，单击鼠标左键确定第二个点；最后沿着 z 轴方向移动鼠标光标，在绘制出一个长方体后单击鼠标左键确定第三个点。此时，即创建了一个任意大小的长方体。新建的长方体会添加到操作历史树的 Solids 节点下，其默认的名称为 Box1。

（2）双击操作历史树 Solids 节点下的 Box1，打开新建长方体属性对话框的 Attribute 界面。其中，Name 项输入长方体的名称 Substrate，设置 Material 项对应的材质为 FR4_epoxy，设置 Transparent

项对应的模型透明度为 0.6，如图 12.12 所示，然后单击对话框的 确定 按钮，完成设置，退出对话框。

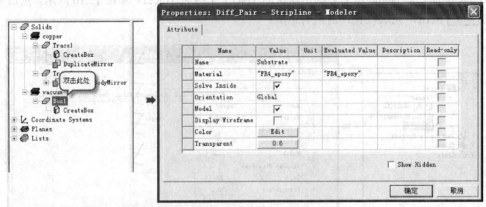

▲图 12.12　长方体属性对话框 Attribute 界面

（3）再双击操作历史树 Substrate 节点下的 CreateBox，打开新建长方体属性对话框的 Command 界面，在该界面下设置长方体的顶点位置坐标和大小尺寸。其中，Position 项输入顶点位置坐标为（0，−100，−13），在 XSize、YSize 和 ZSize 项分别输入长方体的长、宽和高为 100、200 和 26，如图 12.13 所示，然后单击 确定 按钮，完成设置，退出对话框。

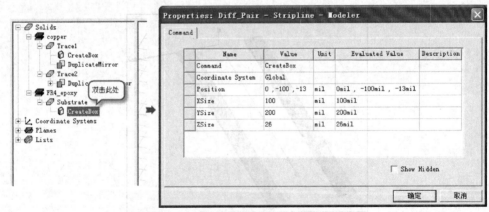

▲图 12.13　长方体属性对话框 Command 界面

（4）按下快捷键 Ctrl+D，适合窗口大小全屏显示所有已创建的模型，如图 12.14 所示。

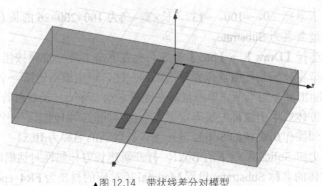

▲图 12.14　带状线差分对模型

12.3.5　添加和使用变量

添加设计变量 W，其初始值为 6 密耳，用以表示信号线 Traece1 和 Trace2 的宽度；添加设计变量 S，其初始值为 18 密耳，用以表示信号线 Traece1 和 Trace2 之间的距离。

1. 添加设计变量

（1）从主菜单栏选择【HFSS】→【Design Properties】命令，打开设计属性对话框，单击对话框中的 Add... 按钮，打开 Add Property 对话框；在 Add Property 对话框中，Name 项输入变量名称 W，Value 项输入该变量的初始值 6mil，然后单击 OK 按钮，添加变量 W 到设计属性对话框中。变量定义和添加的过程如图 12.15 所示。

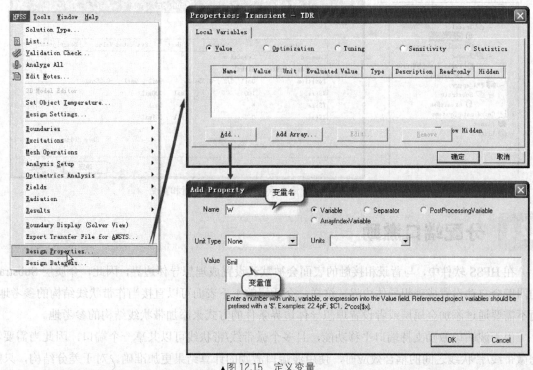

▲图 12.15　定义变量

（2）使用相同的操作步骤，定义变量 S，并设置其初始值为 18mil。定义完成后，确认设计属性对话框如图 12.16 所示。

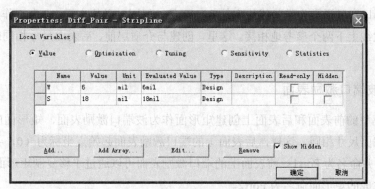

▲图 12.16　定义所有设计变量后的设计属性对话框

（3）最后单击设计属性对话框的 **确定** 按钮，完成变量 W 和 S 的定义。

2. 在模型中使用变量

在创建的模型中使用变量 W 代替信号线 Trace1 和 Trace2 的宽度，使用变量 S 代替两根信号线之间的间距。此即相当于在模型 Trace1 的属性对话框中设置其起点坐标为（0，S/2，−0.35），YSize 值为 W。

双击操作历史树 Trace1 节点下的 CreateBox，打开模型 Trace1 属性对话框的 Command 界面，在该界面中，Position 项坐标值由原先的（0，9，−0.35）更改为（0，S/2，−0.35mil），YSize 项的宽度值由原先的 6 更改为 W，如图 12.17 所示；然后点击 **确定** 按钮，完成设置，退出对话框。

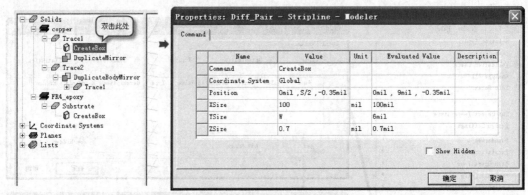

▲图 12.17　使用变量表示模型 Trace1 的位置和宽度

12.4　分配端口激励

在 HFSS 软件中，与背景相接触的表面会被默认设置成理想导体边界，因此，介质层 Substrate 的四壁会自动设置成理想导体边界。这样，介质层的上下表面可以直接当作带状线结构的参考地，而不需要通过添加金属层或者设置理想导体边界条件的方式来添加带状线结构的参考地。

由于波端口激励支持端口平移功能，且多个微带线/带状线可以共享一个端口，因此当需要考虑微带线/带状线之间的耦合效应时，使用波端口激励的计算结果更加准确。对于差分结构，只能使用波端口激励。

所以，在当前设计中必须使用波端口激励方式，设计中首先在 Substrate 模型的前表面和后表面上添加波端口激励表面，然后分配波端口激励方式。对于带状线结构，波端口的尺寸可以根据经验值确定，波端口宽度通常为带状线线宽的 8～10 倍，但同时必须小于 1/2 个工作波长；在高度方向上端口与带状线上下两个参考地相接。这里，创建与介质层前、后表面尺寸相同的矩形面作为波端口激励表面。

12.4.1　创建波端口激励表面

在带状线模型的前表面和后表面上创建矩形面作为波端口激励表面，矩形面的尺寸与介质层 Substrate 的横截面尺寸相同。这样，后表面上的端口激励表面起始点坐标为（0，−100，−13），长×宽为 200×26，并命名为 Port1；前表面上的端口激励表面可以通过平移复制矩形面 Port1 来创建，并将复制操作生成的矩形面命名为 Port2。

1．创建矩形面 Port1

（1）单击工具栏快捷按钮 [XY ▾] [3D ▾]，从下拉列表中选择 YZ，设置 *yoz* 面为当前绘图平面。

（2）从主菜单单栏选择【Draw】→【Rectangle】命令，或者单击工具栏的 □ 按钮，进入创建矩形面的状态；然后移动鼠标光标在三维模型窗口的 *yoz* 面上创建一个任意大小的矩形面。新建的矩形面会添加到操作历史树的 Sheets 节点下，其默认的名称为 Rectangle1。

（3）双击操作历史树 Sheets 节点下的 Rectangle1，打开新建矩形面属性对话框的 Attribute 界面。把矩形面的名称修改为 Port1；如图 12.18 所示，然后单击 确定 按钮退出。

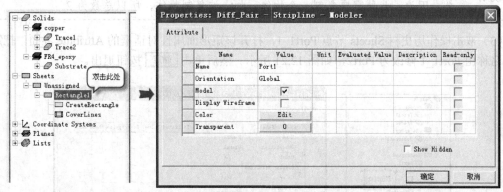

▲图 12.18　矩形面属性对话框 Attribute 界面

（4）再双击操作历史树 Port1 节点下的 CreateRectangle，打开新建矩形面属性对话框的 Command 界面，在该界面下设置矩形面的顶点坐标和大小尺寸；其中，**Position** 项输入顶点位置坐标为（0，−100，−13），在 YSize 和 ZSize 项分别输入矩形面的长度和宽度为 200 和 26，如图 10.14 所示；然后单击 确定 按钮退出。

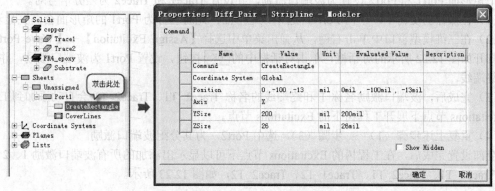

▲图 12.19　矩形面属性对话框 Command 界面

2．使用平移复制操作创建矩形面 Port2

通过平移复制操作，把矩形面 Port1 沿着 *x* 轴正向平移 100 密耳，创建前表面上的端口激励表面，并命名为 Port2。

（1）单击操作历史树 Sheets 节点下的 Port1，选中该矩形面。然后从主菜单单栏选择【Edit】→【Duplicate】→【Along Line】命令，或者单击工具栏的 ⬚ 按钮，进入平移复制操作状态。

（2）在底部状态栏 X、Y、Z 对应的文本框中分别输入 0、0 和 0，单击回车键确认；然后在状态栏 dX、dY、dZ 对应的文本框中分别输入 100、0 和 0，再次单击回车键确认。此时，会弹出如图 12.20 所示 Duplicate along line 对话框，在对话框的 Total number 处输入 2，表示复制物体的个数为 1。然后单击 OK 按钮，关闭对话框。这样，就通过平移复制操作生成了新的矩形面，新的矩形面相当于把 Port1 沿着 x 轴正向移动了 100 密耳。复制生成新矩形面的默认名称为 Port1_1。

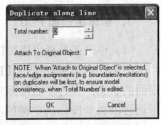

▲图 12.20　"平移复制"对话框

> 📝说明　Duplicate along line 对话框中，Total number 代表复制物体和被复制物体的总个数，因为，此处需要复制一个物体，加上被复制物体，所以总数为 2。

（3）双击操作历史树 Sheets 节点 Port1_1，打开该矩形面属性对话框的 Attribute 界面。把矩形面的名称由 Port1_1 修改为 Port2，如图 12.21 所示。然后单击 确定 按钮退出。

▲图 12.21　矩形面属性对话框 Attribute 界面

12.4.2　分配波端口激励和差分信号对

把矩形面 Port1 和 Port2 设置为波端口激励，并设置 Trace1 和 Trace2 为差分信号对。

（1）在操作历史树中，单击 Port1，选中该矩形面；此时名称为 Port1 的矩形面会高亮显示。

（2）在三维模型窗口中单击右键，从弹出菜单中选择【Assign Excitation】→【Wave Port】命令，打开如图 12.22 所示的对话框，单击对话框中的 OK 按钮，设置 Port1 为波端口激励，并自动分配终端线。

（3）完成后，波端口激励名称 1 和终端线的名称 Trace1_T1、Trace2_T1 会自动添加到工程树的 Excitations 节点下展开工程树下的 Excitations 节点。

（4）重复上述步骤（1）~ 步骤（3），选中 Port2，为其分配波端口激励。

全部设置完成后，在工程树的 Excitations 节点下可以显示出添加的所有波端口激励 1、2 和终端线 Trace1_T1、Trace2_T1、Trace1_T2、Trace2_T2，如图 12.23 所示。

12.4.3　设置差分信号线

如果波端口内部包含了两根终端线，那么就可以激活差分对设置命令，把这两根终端线设置为差分对。这里把 Trace1 和 Trace2 设置为一对差分信号线。

（1）右键单击工程树下的 Excitations 节点，从弹出菜单中选择【Differential Pairs】命令，打开 Differential Pairs 对话框，如图 12.24 所示。

（2）单击对话框中的 New Pair 按钮，把端口 1 上的终端线 Trace1_T1 和 Trace2_T1 设置为差分对；再次单击对话框的 New Pair 按钮，把端口 2 上的终端线 Trace1_T2 和 Trace2_T2 设置为差分对。最后，单击对话框 OK 按钮，完成差分对设置。

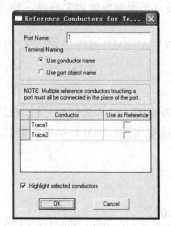

▲图 12.22　激励端口参考导体和终端线

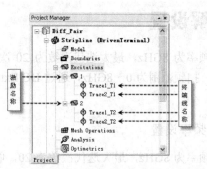

▲图 12.23　工程树下的波端口和终端线

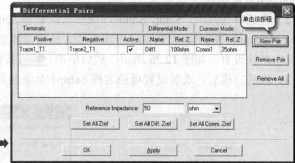

▲图 12.24　设置差分对操作

12.4.4　端口平移

　　HFSS 仿真计算的时间、所消耗的内存与模型的大小是成正比的。当前设计所要分析的差分信号线的实际长度是 1000 密耳，但为了节约计算时间，在建模时我们只创建了 100 密耳长度的差分线。因此，在数据后处理时需要通过波端口的端口平移（Deembed）功能给出实际 1000 密耳长度差分信号线的分析结果。这里，需要把波端口 2 向外平移 900 密耳。

　　（1）双击工程树 Excitations 节点下的端口 2，打开 Wave Port 对话框。

　　（2）单击对话框的 Post Processing 选项卡，选中 Deemed 复选框，在 Distance 对应的文本框中输入−900mil，如图 12.25 所示；然后单击 确定 按钮完成设置。

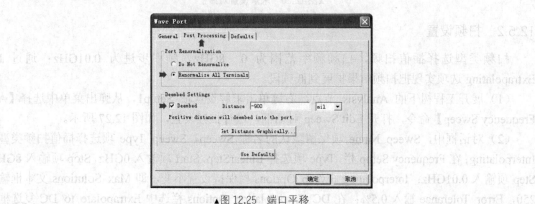

▲图 12.25　端口平移

> **注意** 在 Distance 对应的文本框中，输入正数表示端口平面向物体内部移动，输入负数表示端口平面向远离物体的方向移动。

12.5 求解设置

设置求解频率为 8GHz，最大迭代次数为 20 次，收敛误差为 0.02。并添加扫频分析，扫频类型为插值扫频，扫频范围为 0～8GHz，通过 DC Extrapolating 选项实现把扫频分析结果扩展到低频甚至直流。

12.5.1 求解频率设置

设置求解频率为 8GHz，最大迭代次数为 20，收敛误差为 0.02。

（1）右键单击工程树下的 Analysis 节点，从弹出菜单中选择【Add Solution Setup】命令，打开 Solution Setup 对话框。

（2）在该对话框中，Setup Name 项保留默认名称 Setup1，Solution Frequency 项输入求解频率 8GHz，Maximum Number of Passes 项输入最大迭代次数 20，Max Delta S 项输入收敛误差 0.02，其他项保留默认设置，如图 12.26 所示；然后单击 确定 按钮，完成求解设置。

（3）设置完成后，求解设置项的名称 Setup1 会添加到工程树的 Analysis 节点下。

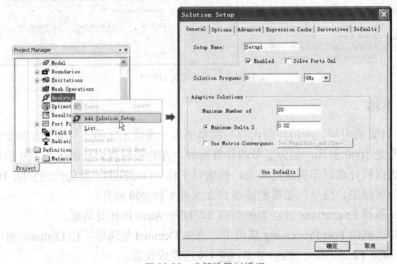

▲图 12.26 求解设置对话框

12.5.2 扫频设置

扫频类型选择插值扫频，扫频频率范围为 0～8GHz，频率步进为 0.01GHz；通过 DC Extrapolating 选项实现把扫频结果扩展到低频段。

（1）展开工程树下的 Analysis 节点，右键单击求解设置项 Setup1，从弹出菜单中选择【Add Frequency Sweep】命令，打开 Edit Sweep 对话框，进行扫频设置，如图 12.27 所示。

（2）对话框中，Sweep Name 项保留默认的名称 Sweep，Sweep Type 项选择插值扫频类型：Interpolating；在 Frequency Setup 栏，Type 项选择 LinearStep，Start 项输入 0GHz，Stop 项输入 8GHz，Step 项输入 0.01GHz；Interpolating Sweep Options 栏保持设置不变，即 Max Solutions 文本框输入 250，Error Tolerance 输入 0.5%；在 DC Extrapolation Options 栏选中 Extrapolate to DC 复选框，

Minimum Solved Frequency 文本框输入 0.001GHz。最后单击对话框 OK 按钮，完成设置，退出对话框。

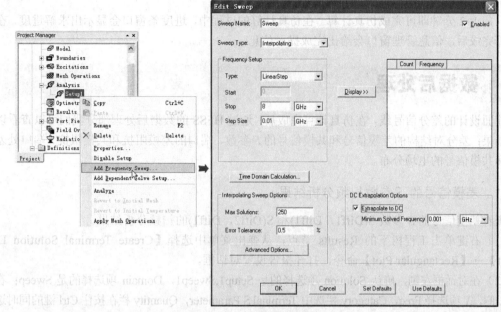

▲图 12.27　添加扫频设置的操作

（3）设置完成后，扫频设置的名称 Sweep 会添加到工程树 Analysis 节点的 Setup1 项下。

12.6 设计检查和运行仿真分析

通过前面的操作，我们已经完成了模型创建、添加边界条件和端口激励，以及求解设置等 HFSS 设计的前期工作，接下来就可以运行仿真计算，并查看分析结果了。在运行仿真计算之前，通常需要进行设计检查，检查设计的完整性和正确性。

12.6.1　设计检查

从主菜单栏选择【HFSS】→【Validation Check】命令，或者单击工具栏的 按钮，进行设计检查。此时，会弹出如图 12.28 所示的检查结果显示对话框，该对话框中的每一项都显示图标，表示当前的 HFSS 设计正确、完整。单击 Close 关闭对话框，运行仿真计算。

▲图 12.28　检查结果显示对话框

12.6.2 运行仿真分析

右键单击工程树 Analysis 节点下的求解设置项 Setup1，从弹出菜单中选择【Analyze】命令，或者单击工具栏 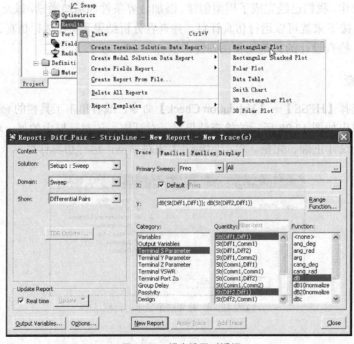 按钮，运行仿真计算。

只需 1~2 分钟即可完成仿真计算。在仿真计算的过程中，进度条窗口会显示出求解进度，在仿真计算完成后，信息管理窗口会给出完成提示信息。

12.7 数据后处理

前面设计的差分信号线，在仿真计算完成后，通过 HFSS 的数据后处理部分我们可以查看以下分析结果：差分对结构的差模信号和共模信号的 S 参数、端口的差模阻抗和共模阻抗、端口处差模信号和共模信号的电场分布。

12.7.1 差模信号的 S 参数扫频分析结果

查看差模信号的 S 参数 S(Diff1，Diff1)和 S(Diff2，Diff1)的扫频分析结果。

（1）右键单击工程树下的 Results 节点，从弹出菜单中选择【Create Terminal Solution Data Report】→【Rectangular Plot】命令，打开报告设置对话框。

（2）在对话框左侧，确认 Solution 项选择的是 Setup1:Sweep1，Domain 项选择的是 Sweep；在对话框右侧，X 项选择 Freq，Category 栏选中 Terminal S Parameter，Quantity 栏在按住 Ctrl 键的同时选中 St(Diff1，Diff1)和 St(Diff2，Diff1)，Function 栏选中 dB，整个设置操作如图 12.29 所示。然后单击 New Report 按钮，再单击 Close 按钮关闭对话框。

▲图 12.29　报告设置对话框

（3）此时，生成如图 12.30 所示的差模信号 St(Diff1，Diff1)和 St(Diff2，Diff1)在 0～8GHz 范围内的扫频分析结果报告。

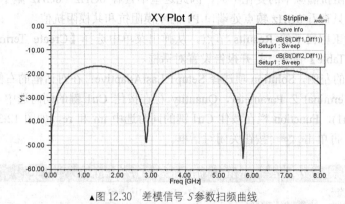

▲图 12.30　差模信号 S 参数扫频曲线

12.7.2　共模信号的 S 参数扫频分析结果

查看差模信号的 S 参数 S(Comm1，Comm1)和 S(Comm2，Comm1)的扫频分析结果。使用和 12.7.1 小节相同的操作步骤，打开报告设置对话框，对话框中 Quantity 栏在按住 Ctrl 键的同时选中 S(Comm1，Comm1)和 S(Comm2，Comm1)，如图 12.31 所示高亮部分，然后单击 New Report 按钮，再单击 Close 按钮关闭对话框。此时即生成如图 12.32 所示的共模信号 S(Comm1，Comm1)和 S(Comm2，Comm1)，在 0GHz～8GHz 范围内的扫频分析结果报告。

▲图 12.31　报告设置对话框

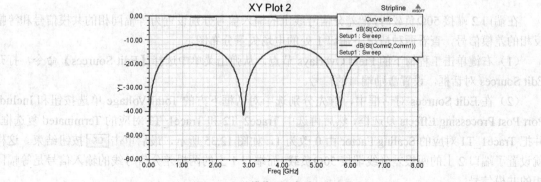

▲图 12.32　共模信号 S 参数扫频曲线

12.7.3　端口的差模阻抗和共模阻抗

带状线的端口阻抗随频率的变化不大，因此这里不查看 0GHz～8GHz 整个频率范围内的差模阻抗和共模阻抗，只查看 8GHz 频点处端口 P1 的差模阻抗和共模阻抗值。

（1）右键单击工程树下的 Results 节点，从弹出菜单中选择【Create Terminal Solution Data Report】→【Data Table】命令，打开报告设置对话框。

（2）在对话框的左侧，Solution 项选择 Setup1:LastAdaptive；在对话框的右侧，X 项选择 Freq，Category 栏选中 Terminal Z Parameter，Quantity 栏在按住 Ctrl 键的同时选中 Zt(Diff1，Diff1)和 Zt(Comm1，Comm1)，Function 栏在按住 Ctrl 键的同时选中 im 和 re，如图 12.33 所示。然后单击 New Report 按钮，再单击 Close 按钮关闭对话框。

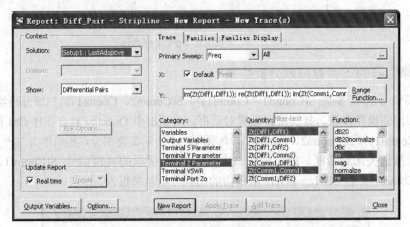

▲图 12.33　报告设置对话框

（3）此时，生成如图 12.34 所示的差模阻抗和共模阻抗结果报告。从报告中可以看出，8GHz 时带状线差分对的差模阻抗为（63.4+j215.9）Ω，共模阻抗为（16.9+j60.2）Ω。

Data Table 1　　　　　　　　　　　　　　　　　　　　　　　　　　　　　Stripline

	Freq [GHz]	im(Zt(Diff1,Diff1)) Setup1 : LastAdaptive	re(Zt(Diff1,Diff1)) Setup1 : LastAdaptive	im(Zt(Comm1,Comm1)) Setup1 : LastAdaptive	re(Zt(Comm1,Comm1)) Setup1 : LastAdaptive
1	8.000000	215.947913	63.377955	60.163379	16.924520

▲图 12.34　差模阻抗和共模阻抗值

12.7.4　端口处差模信号和共模信号的电场分布

在端口 2 端接 50Ω 负载时，把差分信号线上的输入信号分别设置为等幅同相的共模信号和等幅反相的差模信号，查看两种情况下端口 1 处的电场矢量分布图。

（1）右键单击工程树下的 Field Overlays 节点，从弹出菜单中选择【Edit Sources】命令，打开 Edit Sources 对话框，设置激励端口的信号。

（2）在 Edit Sources 对话框中，首先分别选中对话框下方的 Total Voltage 单选按钮和 Include Port Post Processing Effects 复选框，然后再选中 Trace2_T2 和 Trace1_T2 对应的 Terminated 复选框，并把 Trace1_T1 对应的 Scaling Factor 由 0 改为 1，如图 12.35 所示，最后单击 OK 按钮结束。这样就设置了端口 2 上的两根差分线端接 50Ω 负载，而端口 1 上的两根差分信号线的输入信号是等幅同相的共模信号。

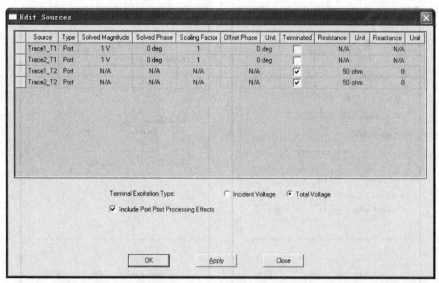

▲图 12.35　Edit Sources 对话框

（3）展开操作历史树 Sheets 节点下的 Wave Port 节点，然后单击 Wave Port 节点下的 Port1，选中该端口面。

（4）右键单击工程树下的 Field Overlays 节点，从弹出菜单中选择【Plot Fields】→【E】→【Vector_E】命令，打开如图 12.36 所示的 Create Field Plot 对话框，对话框保持默认设置，单击 Done 按钮。此时，即在 Port1 面上创建了矢量电场的分布图。同时，矢量电场分布图的名称 Vector_E1 会添加到工程数的 Field Overlays 节点下。

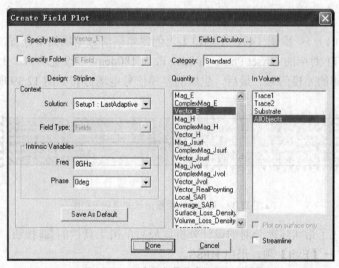

▲图 12.36　"电场矢量分布设置"对话框

（5）展开工程树下的 Field Overlays 节点，右键单击 Field Overlays 节点下的 E Field，从右键弹出菜单中选择【Modify Attributes】命令，打开如图 12.37 所示的场分布图属性对话框，修改电场分布图的属性。

（6）单击对话框的 Scale 选项卡，选中 Log 单选按钮；再单击对话框的 Maker/Arrow 选项卡，取消选中 Map Size 和 Arrow Tail 复选框。然后单击 Close 结束。

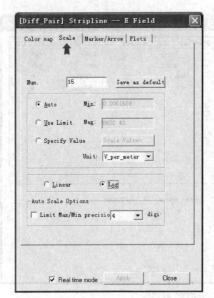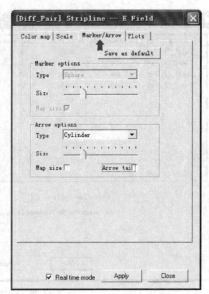

▲图 12.37　场分布图属性对话框

（7）最后创建的共模信号矢量电场分布如图 12.38 所示。

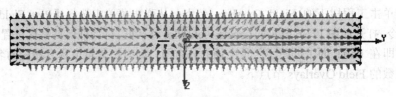

▲图 12.38　端口 1 上共模信号的电场分布图

（8）重复步骤（1）～ 步骤（4），在端口 1 上创建差模信号电场矢量分布。其中，在步骤（2）中，需要把 Trace2_T1 对应的 Offset Phase 由 0deg 改为 180deg，以设置端口 1 上两根差分信号线的输入信号为等幅反相的差模信号。最后，生成的差模信号电场分布如图 12.39 所示。

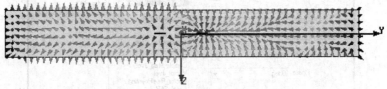

▲图 12.39　端口 1 上差模信号的电场分布图

至此，我们完成了带状线差分对的设计分析。最后单击工具栏的 🖫 按钮，保存设计；再从主菜单栏选择【File】→【Exit】项，退出 HFSS。

12.8　本章小结

本章主要讲解了使用 HFSS 分析带状线结构差分对的设计实例，通过本章的学习，读者可以初步掌握使用 HFSS 分析高速数字信号问题，以及 HFSS 中差分信号的设置，包括高速数字信号分析时求解频率的确定、差分对激励的设置、差分和共模信号的数据后处理，以及端口平移功能的工程应用。

第 13 章　HFSS 谐振腔体分析实例

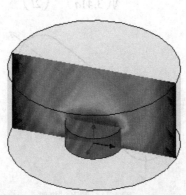

本章通过一个圆柱形介质谐振腔的分析设计实例，详细讲解如何使用 HFSS 中的本征模求解器分析设计谐振腔体一类的问题。读者需要重点关注使用本征模求解器时，模式数的概念，以及在分析多个模式时，如何查看各个模式的谐振频率、品质因数和场分布。

通过本章的学习，希望读者熟悉并掌握本征模求解器的工程应用。在本章，读者可以学到以下内容。

- 如何使用本征模求解器。
- 有限导体边界条件的使用设置。
- 如何创建和使用非实体平面模型。
- 如何查看谐振频率和品质因数 Q。
- 在后处理中，如何修改模式。
- 如何查看不同模式下的场分布。

13.1　圆柱形腔体谐振器简介

谐振电路在电子工程中起着非常重要的作用。在低频段，谐振电路通常由集总参数的电感和电容构成，即为 LC 谐振回路，其品质因数通常为数百。当频率升高到微波频段时，电路的尺寸与电磁波的波长可以比拟，集总参数谐振回路所需的元件（如电感和电容）的值太小，在工程上无法实现，普通的集总参数谐振回路在微波频率下不再适用。在微波频段，经常使用的谐振电路是微波腔体谐振器。

一般的微波腔体谐振器是由导体制成的封闭的空腔，电磁波在其中连续反射，如果模式和频率合适，就会产生驻波，即发生谐振现象。由于导体空腔谐振器是封闭系统，全部电磁场能量被限制在腔体内部，腔体本身无辐射损耗，且谐振腔属于分布参数电路，电路的表面积增加使其导体损耗减小，因此谐振腔的品质因数较集总参数谐振电路高得多。

微波谐振器的主要参数有两个：谐振频率或谐振波长和品质因数 Q。

本章我们将要分析的圆形腔体谐振器模型如图 13.1 所示，由理论分析 [1] 可知，当 $l = a$ 时，TM_{010} 是最低次模，TE_{111} 是次低次模，且二者的谐振波长分别为

$$\lambda_{TM_{010}} = 2.62a \tag{13-1-1}$$

$$\lambda_{TE_{111}} = \frac{1}{\sqrt{\left(\dfrac{1}{3.41a}\right)^2 + \left(\dfrac{1}{2l}\right)^2}} \tag{13-1-2}$$

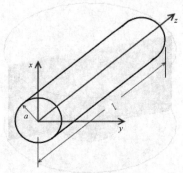

▲ 图 13.1　圆形谐振腔

TM_{010} 模通常工作在分米和厘米波段，采用 TM_{010} 模的圆形腔体谐振器，其有载品质因数可达到 5000 左右。TM_{010} 模的谐振波长与腔体长度无关，无法利用调节谐振腔长度的方法进行调谐，但在圆柱轴线方向引入一段细圆柱形导体或细圆柱形介质，可以使 TM_{010} 模的场分布发生变化，通过改变细圆柱形导体/介质的长度，可以实现谐振腔的调谐。这种谐振腔调谐方便，在工程上有广泛的应用。圆形波导谐振腔 TM_{010} 模的场分布如图 13.2 所示。

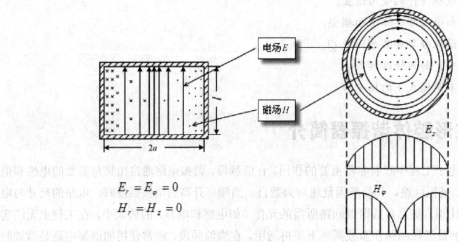

$$E_r = E_\varphi = 0$$
$$H_r = H_z = 0$$

▲ 图 13.2　TM_{010} 模的场分布

TE_{111} 模的主要用途是谐振腔波长计。其场分布如图 13.3 所示，该模的极化面不稳定，易因波导横截面的变形而偏转，出现同模极化简并现象。

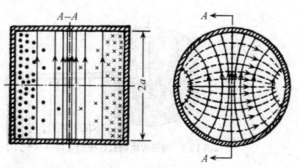

▲图 13.3　TE_{111} 模的场分布

13.2　HFSS 设计概述

本章使用 HFSS 分析设计一个圆形腔体谐振器，腔体的长度和截面半径都为 15mm，腔体的外壁材质是厚度为 1mm 的金属铝（aluminum）。根据式（13-1-1）和式（13-1-2）可以计算出该谐振腔 TM_{010} 模和 TE_{111} 模波长的理论值分别为

$$\lambda_{TM_{010}} = 39.3mm \qquad \lambda_{TE_{111}} = 25.88mm$$

从而进一步计算出该谐振腔 TM_{010} 模和 TE_{111} 模谐振频率的理论值分别为

$$f_{TM_{010}} = 7.634GHz \qquad f_{TE_{111}} = 11.592GHz$$

我们首先在 HFSS 中创建该腔体模型，然后仿真计算出 TM_{010} 模和 TE_{111} 模谐振频率的实际值和品质因数 Q 值，并查看 TM_{010} 模和 TE_{111} 模的场分布；然后在圆形谐振腔体内部添加一个半径为 5mm 的介质圆柱，使用 HFSS 的参数扫描分析功能，分析介质圆柱的高度对 TM_{010} 模和 TE_{111} 模谐振频率的影响。

13.2.1　HFSS 建模和求解简介

在 HFSS 中，对于谐振腔体的分析设计，需要选择本征模求解类型。圆形腔体谐振器的模型如图 13.4 所示。外侧的大圆柱模型是圆形谐振腔模型，其高度和截面半径皆为 15mm；内侧的小圆柱模型是调谐介质，用于改变谐振腔的谐振频率，其截面半径为 5mm，高度使用设计变量 Height 表示，介质材料的相对介电常数 $\varepsilon_r = 10.2$，损耗正切 $\tan \delta = 0.0035$。

因为采用本征模求解，所以不需要设置激励端口。1mm 厚的腔体金属铝外壁在 HFSS 中可以通过给腔体模型外壁分配有限导体边界条件来实现。

从前面的理论计算可知，该圆形空腔的最低次模谐振频率在 7.634GHz 左右；所以在设置本征模求解的最小频率时，该求解频率只要小于 7.6GHz 即可。但是，为了给后面的参数扫描分析留有足够的余量，这里本征模求解的最小频率设置为 3GHz。

在设计分析时，首先不创建介质圆柱体模型，只分析空腔时腔体内两个最低次模式的谐振频率、品质因数 Q 和场分布。分析完成后，在腔体内部创建半径为 5mm，高度用变量 Height 表示的介质圆柱体，然后使用 HFSS 的参数扫描分析功能，分析圆形谐振腔两个最低次模的谐振频率随着介质圆柱体高度的变化关系。

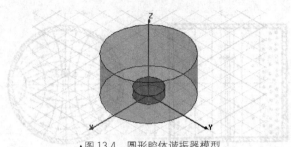

▲图 13.4　圆形腔体谐振器模型

13.2.2　HFSS 设计环境概述

- 求解类型：本征模求解。
- 建模操作。
  - ➢ 模型原型：圆柱体。
- 边界条件和激励。
  - ➢ 边界条件：有限导体边界。
- 求解设置。
  - ➢ 最小频率：3GHz。
- 后处理：谐振频率、品质因数 Q、场分布图。
- Optimetrics。
  - ➢ 参数扫描分析。

13.3　新建工程

1. 运行 HFSS 并新建工程

双击桌面上的 HFSS 快捷方式 ，启动 HFSS 软件。HFSS 运行后，会自动新建一个工程文件，从主菜单栏选择【File】→【Save As】命令，把工程文件另存为 Resonator.hfss；然后右键单击工程树下的设计文件名 HFSSDesign1，从弹出菜单中选择【Rename】命令项，把设计文件重新命名为 Cavity。

2. 设置求解类型

设置当前设计为本征模求解类型。

从主菜单栏选择【HFSS】→【Solution Type】命令，打开如图 13.5 所示的 Solution Type 对话框，选中 Eigenmode 单选按钮，然后单击 OK 按钮，完成设置，退出对话框。

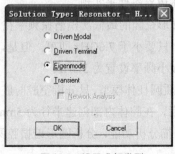

▲图 13.5　设置求解类型

13.4　创建圆形谐振腔模型

13.4.1　设置默认的长度单位

设置当前设计在创建模型时使用的默认长度单位为毫米。

从主菜单栏选择【Modeler】→【Units】命令，打开如图 13.6 所示的 Set Model Unit 对话框。在该对话框中，Select units 项选择单位 mm，然后单击 $\boxed{\text{OK}}$ 按钮，完成设置，退出对话框。

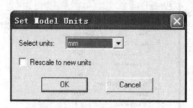

▲图 13.6　设置默认长度单位

13.4.2　建模相关选项设置

从主菜单栏中选择【Tools】→【Options】→【Modeler Options】命令，打开 3D Modeler Options 对话框。单击对话框的 Drawing 选项卡，确认 Drawing 选项卡界面的 Edit properties of new primitive 复选框未选中，如图 13.7 所示。然后单击 $\boxed{\text{确定}}$ 按钮，退出对话框，完成设置。

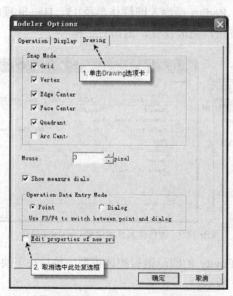

▲图 13.7　3D Modeler Options 对话框

13.4.3　创建圆形谐振腔体模型

创建一个底面圆心位于坐标原点，底面半径为 15mm，高度为 15mm 的圆柱体模型，作为圆形谐振腔体，命名为 Cavity。

（1）从主菜单栏选择【Draw】→【Cylinder】命令，或者在工具栏单击 🗒 按钮，进入创建圆柱体模型的状态。在三维模型窗口的任一位置单击鼠标左键确定一个点；然后在 xy 面移动鼠标光标，在绘制出一个圆形后，单击鼠标左键确定第二个点；最后沿着 z 轴方向移动鼠标光标，在绘制出一个圆柱体后，单击鼠标左键确定第三个点。此时，就创建了一个圆柱体，新建圆柱体会添加到操作历史树的 Solids 节点下，其默认的名称为 Cylinder1。

（2）双击操作历史树 Solids 节点下的 Cylinder1，打开新建圆柱体属性对话框的 Attribute 界面。其中，Name 项输入圆柱体的名称 Cavity，确认 Material 项对应的材质为 vacuum，设置 Transparent 项对应的模型透明度为 0.8，其他项保留默认设置不变，如图 13.8 所示。然后单击对话框的 确定 按钮，完成设置，退出对话框。

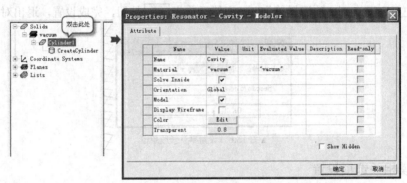

▲图 13.8　圆柱体属性对话框 Attribute 界面

（3）再双击操作历史树 Cavity 节点下的 CreateCylinder，打开新建圆柱体属性对话框的 Command 界面，在该界面下设置圆柱体的底面圆心坐标和大小尺寸。其中，Center Position 项输入底面圆心坐标为（0, 0, 0），Radius 项输入圆柱体半径 15，Height 项输入圆柱体高度值 15，如图 13.9 所示，然后单击 确定 按钮，完成设置，退出对话框。

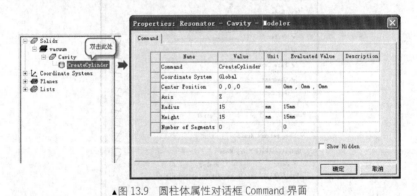

▲图 13.9　圆柱体属性对话框 Command 界面

此时就创建好了名称为 Cavity 的圆形谐振腔体模型。然后按下快捷键 Ctrl+D，全屏显示创建的圆形谐振腔体，如图 13.10 所示。

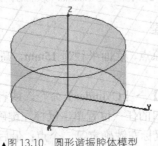

▲图 13.10　圆形谐振腔体模型

13.5　边界条件和激励

在 HFSS 中，对于使用本征模求解类型的一类问题，不需要激励。因此，本例中无须设置激励端口。圆形腔体的外壁材质是厚度为 1mm 的金属铝（aluminum），在 HFSS 中可以通过给腔体外壁分配有限导体边界条件来实现。具体操作步骤如下。

在三维模型窗口，左键单击圆柱体 Cavity，选中该模型。在三维模型窗口的任意位置单击鼠标右键，从弹出菜单中选择【Assign Boundary】→【Finite Conductivity】命令，打开 Finite Conductivity Boundary 对话框。在该对话框中，选中 Use Material 复选框，并单击该复选框右侧的按钮，打开 Select Definition 对话框。在 Select Definition 对话框上侧，Search by Name 项对应的文本框中输入 aluminum，此时会选中对应的材质 aluminum，并高亮显示，然后单击 确定 按钮，关闭 Select Definition 对话框。此时，Finite Conductivity Boundary 对话框中，Use Material 复选框右侧的按钮显示的材质名称为：aluminum，表示设置的有限导体边界特性与金属铝相同。最后单击 Finite Conductivity Boundary 对话框 OK 按钮，完成设置，退出对话框。

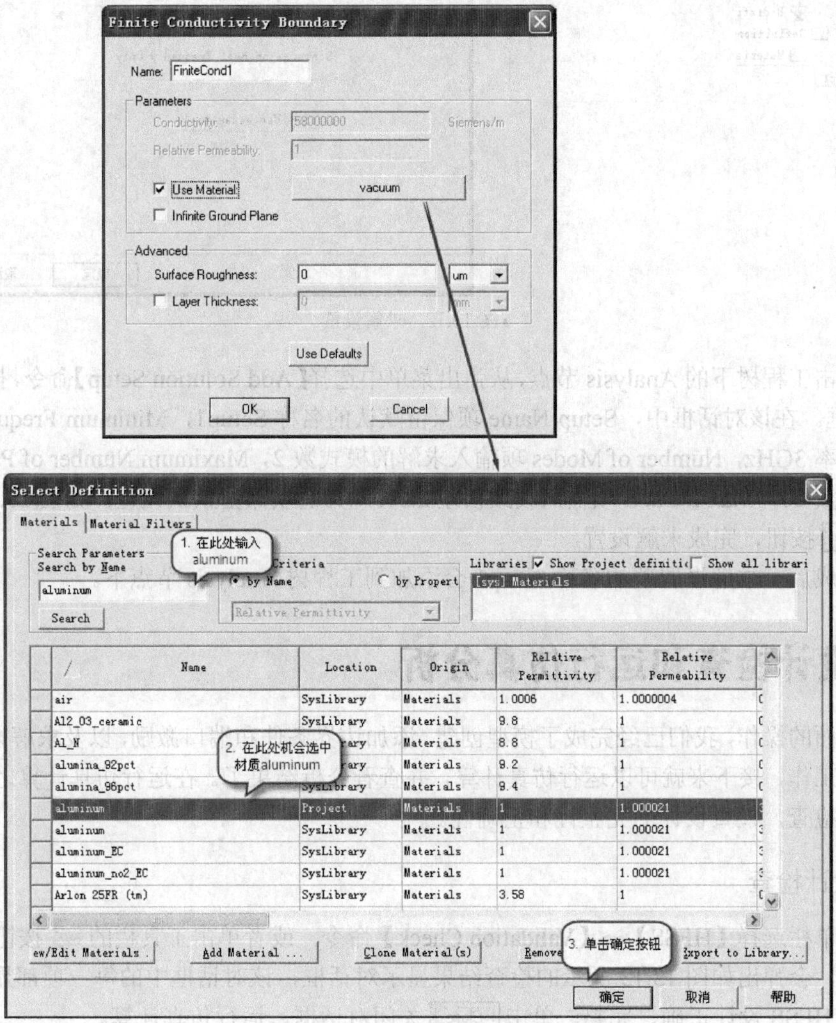

▲图 13.11　有限导体边界设置对话框

13.6　求解设置

设置最小求解频率为 3GHz，最大迭代次数为 20 次，收敛误差为 2.5%，求解的模式数为 2。在 HFSS 中，模式 1 表示最低次模，模式 2 表示次低次模，依此类推。因此在求解设置时，模式设为 2 表示只分析两个最低次模的情况。

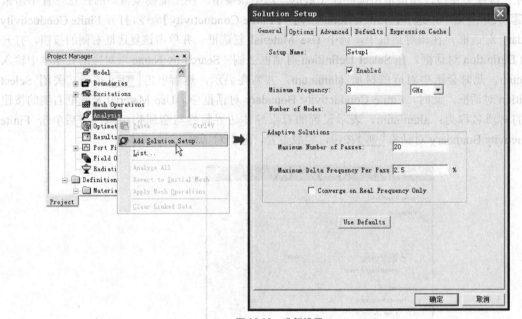

▲图 13.12　求解设置

右键单击工程树下的 Analysis 节点，从弹出菜单中选择【Add Solution Setup】命令，打开 Solution Setup 对话框。在该对话框中，Setup Name 项保留默认的名称 Setup1，Minimum Frequency 项输入最小求解频率 3GHz，Number of Modes 项输入求解的模式数 2，Maximum Number of Passes 项输入最大迭代次数 20，Max Delta S 项输入收敛误差 2.5%，其他项保留默认设置，如图 13.12 所示，然后单击 确定 按钮，完成求解设置。

设置完成后，求解设置项的名称 Setup1 会添加到工程树 Analysis 节点下。

13.7　设计检查和运行仿真分析

通过前面的操作，我们已经完成了模型创建、添加边界条件和端口激励，以及求解设置等 HFSS 设计的前期工作，接下来就可以运行仿真计算，并查看分析结果了。在运行仿真计算之前，通常需要进行设计检查，检查设计的完整性和正确性。

13.7.1　设计检查

从主菜单栏选择【HFSS】→【Validation Check】命令，或者单击工具栏的 按钮，进行设计检查。此时，会弹出如图 13.13 所示的检查结果显示对话框，该对话框中的每一项都显示图标，表示当前的 HFSS 设计正确、完整。单击 Close 关闭对话框，运行仿真计算。

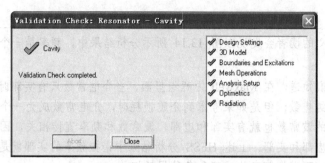

▲图 13.13　检查结果显示对话框

13.7.2　运行仿真分析

右键单击工程树 Analysis 节点下的求解设置项 Setup1，从弹出菜单中选择【Analyze】命令，或者单击工具栏 按钮，运行仿真计算。

只需 1~2 分钟即可完成仿真计算。在仿真计算的过程中，进度条窗口会显示出求解进度，在仿真计算完成后，信息管理窗口会给出完成提示信息。

13.8　结果分析

仿真计算完成后，通过 HFSS 的数据后处理部分我们来查看以下分析结果：腔体的谐振频率、品质因数 Q 和腔体内场分布。

13.8.1　谐振频率和品质因数 Q

右键单击工程树下的 Results 节点，从弹出菜单中选择【Solution Data】命令，打开求解结果显示窗口，单击窗口中的 Eigenmode Data 选项卡，查看模式 1 和模式 2 的谐振频率和品质因数 Q，如图 13.14 所示。

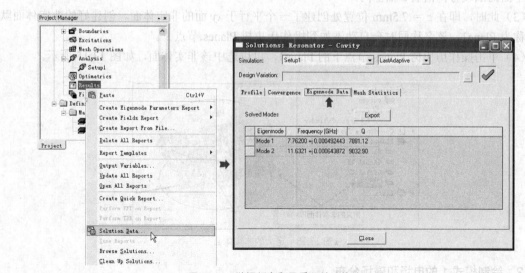

▲图 13.14　谐振频率和品质因数计算结果

从图 13.14 中可以看出，HFSS 计算出的圆形谐振腔体的模式 1（即 TM_{010} 模）的谐振频率为 7.762GHz，品质因数 $Q = 7881.12$；模式 2（即 TE_{111} 模）的谐振频率为 11.6321GHz，品质因数 $Q =$

9032.9。

说明

　　细心的读者会发现在图 13.14 所示分析结果中，频率是一个复数，这是为什么呢？

　　我们知道，在 Maxwell 方程组里面，当介电常数只有实部时，对应的波常数只是一个纯虚数；但是如果考虑到介质损耗时，介电常数成为一个复数，这个时候计算得到的波常数也就有实部和虚部，波常数和频率直接相关，因此计算得到的频率也具有虚部和实部。上述 HFSS 分析结果中谐振频率的实部就是我们通常所说的谐振频率，而谐振频率的虚部和各种损耗相关。

　　另外，既然谐振频率虚部和各种损耗相关，当介质材料的损耗正切等于零，并使用理想导体边界条件时，谐振频率的虚部就会等于零。此时，对话框中的谐振频率只显示实部；同时，对话框中也不显示品质因数 Q。

13.8.2　腔体内部电磁场的分布

　　绘制出在腔体垂直截面和横截面上的电场和磁场的分布图。垂直截面直接选取 yz 面，横截面选取在谐振腔体的中间位置，即 $z = 7.5$mm 的 xy 面。

1.　创建非实体平面

　　在 $z = 7.5$mm 位置创建一个平行于 xy 面的非实体平面，用于绘制腔体电场和磁场分布的参考位置平面，创建非实体平面不会影响 HFSS 的分析结果。

　　（1）从主菜单栏选择【Draw】→【Plane】，或者单击工具栏的 按钮，进入创建非实体平面的状态。

　　（2）在状态栏 X、Y、Z 项对应的文本框中分别输入 0、0、7.5，单击回车键，确定非实体面的位置；然后在状态栏 dX、dY、dZ 项对应的文本框中分别输入 0、0、1，再次单击回车键，确定非实体平面的法线方向沿着 z 轴正向。

　　（3）此时，即在 $z = 7.5$mm 位置处创建了一个平行于 xy 面的非实体面。创建好的非实体面默认名称为 Plane1，该名称同时会自动添加到操作历史树 Planes 节点下。

　　（4）单击操作历史树 Planes 节点下的 Plane1，可以选中该非实体面，如图 13.15 所示。

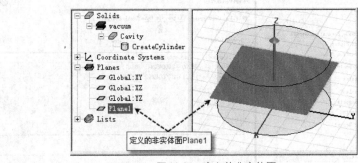

▲图 13.15　定义的非实体面

2.　绘制模式 1 的电场和磁场分布

　　根据本章开始时的理论分析可知，该圆形谐振腔体中模式 1 为 TM_{010} 模，下面来绘制模式 1 在 yz 面和 Plane1 面上的电场和磁场分布。

（1）单击操作历史树 Planes 节点下的平面 Plane1，选中该平面。

（2）右键单击工程树下的 Field Overlay 节点，从弹出菜单中选择【Plot Fields】→【E】→【Mag_E】命令，打开 Create Field Plot 对话框，如图 13.16 所示。

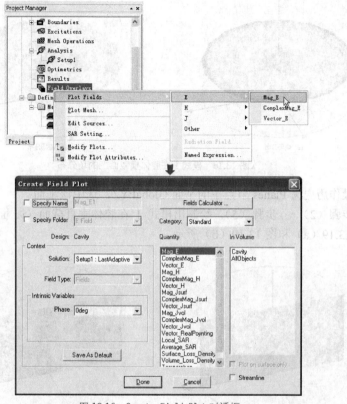

▲图 13.16　Create Field Plot 对话框

（3）直接单击对话框中的 Done 按钮，绘制出模式 1 在腔体横截面（Plane1 平面）上的电场分布，如图 13.18（a）所示。

（4）再右键单击工程树下的 Field Overlay 节点，在弹出菜单中选择【Plot Fields】→【H】→【Mag_H】命令，打开如图 13.17 所示的 Create Field Plot 对话框。

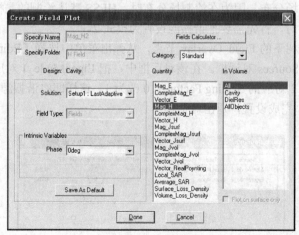

▲图 13.17　Create Field Plot 对话框

（5）直接单击对话框中的 ⎣Done⎦ 按钮，绘制出模式 1 在腔体横截面（**Plane1** 平面）上的磁场分布，如图 **13.18**（**b**）所示。

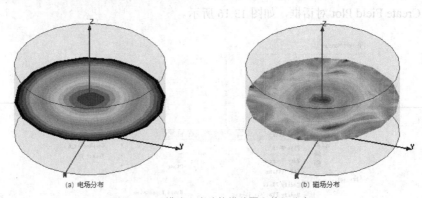

(a) 电场分布　　　　　　　　　　(b) 磁场分布

▲图 13.18　模式 1 在腔体横截面上的场分布

（6）单击操作历史树 **Planes** 节点下的平面 **Global:YZ**，选中该平面。

（7）重复步骤（2）～ 步骤（5），绘制出模式 1 在腔体垂直截面（*yz* 面）上的电场和磁场分布，分别如图 **13.19**（**a**）和图 **13.19**（**b**）所示。

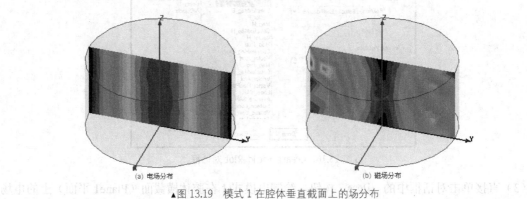

(a) 电场分布　　　　　　　　　　(b) 磁场分布

▲图 13.19　模式 1 在腔体垂直截面上的场分布

3. 绘制模式 2 的电场和磁场分布

根据最初的理论分析可知，该圆形谐振腔体中模式 2 为 TE_{111} 模，下面来绘制模式 2 在 *yz* 面和 **Plane1** 面上的电场和磁场分布。因为在绘制场分布时，HFSS 默认绘制的是模式 1 的场分布，所以在绘制模式 2 的场分布时，首先需要把谐振源设置为模式 2。

（1）右键单击工程树下的 **Field Overlay** 节点，从弹出菜单中选择【**Edit Sources**】命令，打开如图 **13.20** 所示的 **Edit Sources** 对话框。在该对话框中，把 EigenMode_1 对应的 Scaling Factor 由 1 改为 0，把 EigenMode_2 对应的 Scaling Factor 由 0 改为 1。这样即将谐振源设置为模式 2，然后单击对话框得 ⎣OK⎦ 按钮，完成设置，退出对话框。

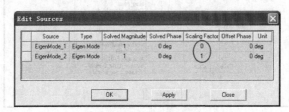

▲图 13.20　Edit Source 对话框

（2）此时，前面绘制的模式 1 下的电场和磁场的分布都会自动更新为模式 2 下的电场和磁场的分布。模式 2 在腔体横截面（Plane1 平面）上的电场和磁场分布分别如图 13.21（a）和图 13.21（b）所示，模式 2 在腔体垂直截面（yz 面）上的电场和磁场分布分别如图 13.21（c）和图 13.21（d）所示。

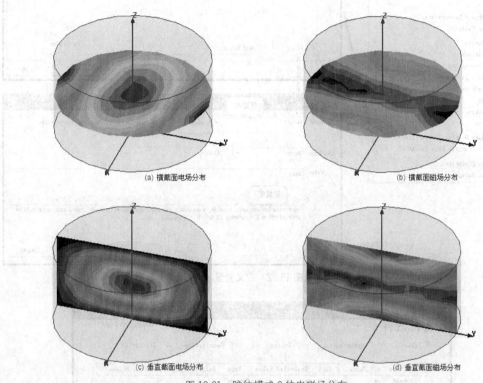

(a) 横截面电场分布　　　　　　　　　　　　(b) 横截面磁场分布

(c) 垂直截面电场分布　　　　　　　　　　　(d) 垂直截面磁场分布

▲图 13.21　腔体模式 2 的电磁场分布

13.9　参数扫描分析

前面分析了圆形空腔中模式 1 和模式 2 的谐振频率、品质因数 Q 和腔体内部电磁场的分布。为了能够改变该圆形腔体中低次模（TM_{010} 模和 TE_{111} 模）的谐振频率，我们在腔体内部添加一个细介质圆柱，该介质圆柱的横截面半径为 5mm，通过改变介质圆柱的高度可以改变腔体的谐振频率。这里，我们使用 HFSS 的参数扫描分析功能来分析腔体的谐振频率和介质圆柱高度之间的关系。

13.9.1　定义设计变量

定义设计变量 Height，并赋初始值 4mm，用以表示后面创建的介质圆柱体的高度。

从主菜单栏选择【HFSS】→【Design Properties】命令，打开设计属性对话框，单击对话框中的 Add... 按钮，打开 Add Property 对话框；在 Add Property 对话框中，Name 项输入变量名称 Height，Value 项输入该变量的初始值 4mm，然后单击 OK 按钮，添加变量 Height 到设计属性对话框中，过程如图 13.22 所示。

然后确认设计属性对话框如图 12.23 所示，确认无误后，单击对话框的 确定 按钮，完成变量 Height 的定义。

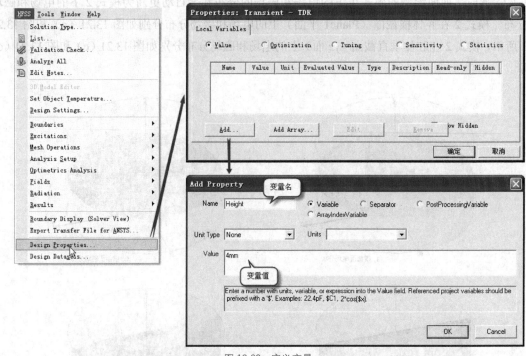

▲图 13.22　定义变量

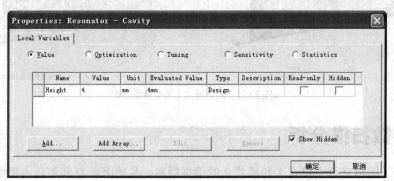

▲图 13.23　定义所有设计变量后的设计属性对话框

13.9.2　创建介质圆柱体

创建一个底面圆心位于坐标原点，底面半径为 5mm，高度用变量 Height 表示的圆柱体模型，作为介质圆柱，并设置其材质为 Rogers R03010，命名为 DielRes。

（1）从主菜单栏选择【Draw】→【Cylinder】命令，或者在工具栏单击 🗄 按钮，进入创建圆柱体模型的状态。因为基于前面创建的腔体模型已经分析完成，所以，此时会弹出如图 13.24 所示的对话框，询问是否要创建一个非实体模型，这里选择　否(N)　，然后开始创建圆柱体模型。

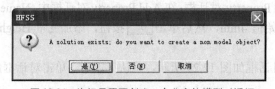

▲图 13.24　询问是否要创建一个非实体模型对话框

（2）在三维模型窗口的任一位置单击鼠标左键确定一个点；然后在 *xy* 面移动鼠标光标，再绘制出一个圆形后，单击鼠标左键确定第二个点；最后沿着 *z* 轴方向移动鼠标光标，再绘制出一个圆柱体后，单击鼠标左键确定第三个点。此时，就创建了一个圆柱体，新建圆柱体会添加到操作历史树的 Solids 节点下，其默认的名称为 Cylinder1。

（3）双击操作历史树 Solids 节点下的 Cylinder1，打开新建圆柱体属性对话框的 Attribute 界面。其中，Name 项输入圆柱体的名称 DielRes，设置 Material 项对应的材质为 Rogers R03010，设置 Transparent 项对应的模型透明度为 0.4，其他项保留默认设置不变，如图 13.25 所示。然后单击对话框的 确定 按钮，完成设置，退出对话框。

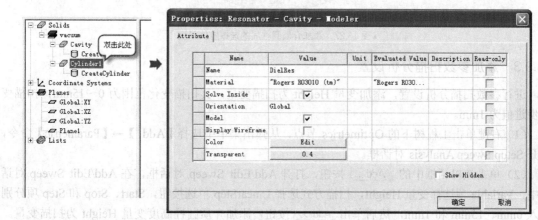

▲图 13.25　圆柱体属性对话框 Attribute 界面

（4）再双击操作历史树 DielRes 节点下的 CreateCylinder，打开新建圆柱体属性对话框的 Command 界面，在该界面下设置圆柱体的底面圆心坐标和大小尺寸。其中，Center Position 项输入底面圆心坐标为（0，0，0），Radius 项输入圆柱体半径 5，Height 项输入圆柱体高度变量 Height，如图 13.26 所示，然后单击 确定 按钮，完成设置，退出对话框。

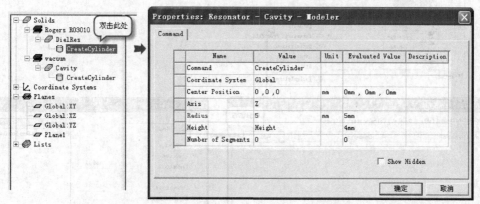

▲图 13.26　圆柱体属性对话框 Command 界面

此时就创建好了名称为 Cavity 的圆形谐振腔体模型。然后按下快捷键 Ctrl+D，全屏显示创建的圆形谐振腔体，如图 13.27 所示。

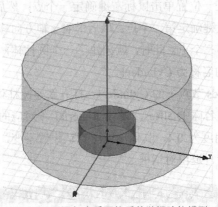

▲图 13.27　添加介质圆柱后的谐振腔体模型

13.9.3　添加参数扫描分析设置

进行参数扫描分析设置，添加变量 Height 为扫描变量，其扫描变化范围为 0～15mm，扫描变量步进值为 1mm。

（1）右键单击工程树下的 Optimetrics 节点，从弹出菜单中选择【Add 】→【Parametric】命令，打开 Setup Sweep Analysis 对话框。

（2）单击该对话框中的 Add... 按钮，打开 Add/Edit Sweep 对话框，在 Add/Edit Sweep 对话框中，Variable 项选择变量 Height，扫描方式选择 LinearStep 单选按钮，Start、Stop 和 Step 项分别输入 0mm、15mm 和 1mm，然后单击 Add >> 按钮，添加介质圆柱高度变量 Height 为扫描变量。上述操作完成后，单击 OK 按钮，关闭 Add/Edit Sweep 对话框。

（3）单击 Setup Sweep Analysis 对话框中的 确定 按钮，完成添加参数扫描操作，整个操作如图 13.28 所示。

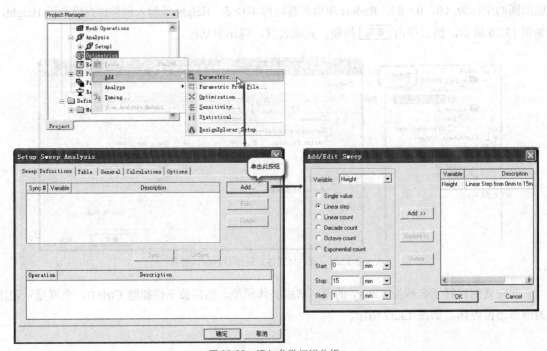

▲图 13.28　添加参数扫描分析

完成后，参数扫描分析项的名称会添加到工程树的 Optimetrics 节点下，其默认的名称为 ParametricSetup1。

13.9.4 运行参数扫描分析

添加参数扫描分析设置后，首先单击工具栏 ![] 按钮，检查设计的完整性和正确性。检查确认设计正确无误后，展开工程树下的 Optimetrics 节点，右键单击 Optimetrics 节点下的 ParametricSetup1 项，从弹出菜单中选择【Analyze】命令，运行参数扫描分析，如图 13.29 所示。

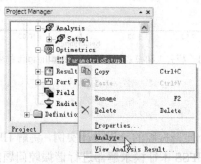

▲图 13.29 运行参数扫描分析

13.9.5 参数扫描分析结果

整个参数扫描分析需要耗时 10~15 分钟左右。参数扫描分析完成后，从分析结果中我们可以查看模式 1 和模式 2 的谐振频率与介质圆柱体高度之间的变化关系。

（1）右键单击工程树下的 Results 节点，从弹出菜单中选择【Create Eigenmode Parameters Report】→【Rectangular Plot】命令，打开报告设置对话框，如图 13.30 所示。

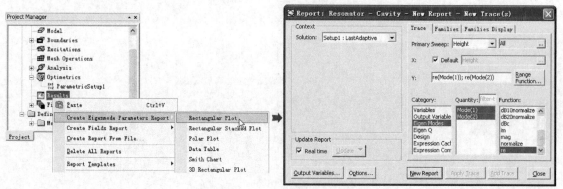

▲图 13.30 查看参数扫描结果操作

（2）在该对话框中，确认 X 项对应的是变量 Height，Category 栏选择 Eigen Modes，Quantity 栏在按住 Ctrl 键的同时选择 Mode(1)和 Mode(2)，Function 栏选择 re。然后单击 New Report 按钮，生成模式 1 和模式 2 的谐振频率随介质圆柱高度 Height 的变化曲线，如图 13.31 所示。

从图 13.31 所示的结果中可以看出，随着介质圆柱的逐渐升高，模式 1 和模式 2 的谐振频率逐渐降低，通过改变介质圆柱的高度即可以改变圆形腔体内部的谐振频率。

至此，完成了圆形谐振腔的设计分析。最后单击工具栏的 ![] 按钮保存设计，并从主菜单栏选择【File】→【Exit】命令，退出 HFSS。

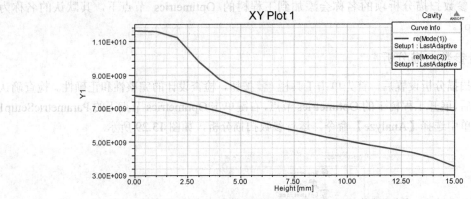

▲图 13.31　模式 1 和模式 2 的频率随变量 Height 的变化曲线

13.10　本章小结

　　本章主要通过一个圆柱形介质谐振腔的分析设计实例，讲解 HFSS 本征模求解器使用。通过本章的学习，读者可以掌握使用 HFSS 本征模求解器进行谐振腔问题的分析设计流程，同时在本章，读者还可以学习到模式数的概念，以及在分析多个模式时，如何查看各个模式的谐振频率、品质因数和场分布。

参考文献

工程电磁场与电磁波. 陈国瑞. 西安：西北工业大学出版社，2001.

第14章　HFSS 计算 SAR 工程实例

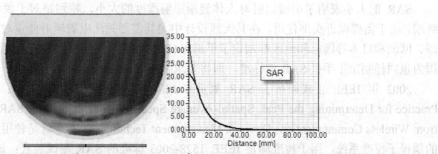

本章主要讲解使用 HFSS 计算 SAR 的问题。随着人们日益关注电磁辐射对健康的影响，以及国内手持终端的 SAR 即将需要强制性认证测试，因此在手持终端的天线设计中，SAR 的大小将是一个需要重点关注的指标。HFSS 能够仿真计算局部 SAR 和平均 SAR，本章通过分析设计一个 SAR 测试装置的简易校准系统，详细讲解了 HFSS 在计算 SAR 方面的工程应用。在本章的学习过程中，读者需要重点关注在 HFSS 中如何创建和使用局部坐标系以及如何计算 SAR。

通过本章的学习，希望读者熟悉并掌握如何使用 HFSS 分析计算 SAR 的工程问题。在本章，读者可以学到以下内容。

- 如何创建和使用局部坐标系。
- 建模时如何使用合并操作。
- 建模时如何使用相减操作。
- 建模时如何使用镜像复制操作。
- 建模时如何使用分裂操作。
- 如何创建一个简单的偶极子天线模型。
- 集总端口的设置操作过程。
- 如何设置辐射边界条件。
- 如何添加新的材料。
- 如何查看 SAR 计算结果。

14.1　设计背景

随着信息技术的发展，大众在享受无线通信设备带来的各种便利之时，也日益关注无线通信终端的电磁辐射问题。在外电磁场的作用下，人体内将产生感应电磁场，由于人体各种器官均为有耗介质，因此体内电磁场将会产生电流，导致吸收和耗散电磁能量，生物剂量学中常用 SAR 来表征这一物理过程。SAR 是英文 Specific Absorption Rate 的缩写，译作"比吸收率"；SAR 的意义为单位质量的人体组织所吸收或消耗的电磁辐射能量，单位为瓦/千克（W/kg）或者毫瓦/克（mW/g）。

SAR 的准确数学定义如下：

$$SAR = \frac{d}{dt}\left(\frac{dW}{dm}\right) = \frac{d}{dt}\left(\frac{dW}{\rho dV}\right)$$ （14-1-1）

式中，W 表示辐射能量；m 表示质量；V 表示体积；ρ 表示密度。

SAR 分为局部 SAR 和平均 SAR。通常，我们所关注的是局部 SAR，局部 SAR 值可以用下式计算：

$$SAR = \frac{\sigma E}{\rho}$$ （14-1-2）

式中，σ 表示电导率；E 表示电场强度的 RMS 平均值；ρ 表示密度。

SAR 的大小表明了电磁辐射对人体健康影响程度的大小，特别是对于像手机这样的手持通信终端，由于需要贴近头部使用，在其天线设计中尤其需要关注电磁辐射能量对人类头部的影响。美国、欧洲和日本等国家和地区都制定了手机 SAR 值标准，入网前都需要通过强制性地认证测试；国内也同样制定了手机 SAR 值标准，即将要求强制性认证测试。

2003 年 IEEE 正式颁布了 SAR 测量方法的标准——IEEE 1528-2003：IEEE Recommended Practice for Determining the Peak Spatial-Average Specific Absorption Rate (SAR) in the Human Head from Wireless Communications Devices: Measurement Techniques。本章就是使用 HFSS 设计一个简易的偶极子校准系统，用于校准满足 IEEE 1528-2003 标准的 SAR 测试装置；该系统工作在 CDMA 无线通信频段和 GSM850 无线通信频段，其中心工作频率为 835MHz。

14.2 HFSS 设计概述

HFSS 设计的 SAR 测试装置的简易偶极子校准系统模型如图 14.1 所示，模型由 3 部分组成：偶极子天线、脑组织液模型和球形容器外壳；其中球形容器外壳和脑组织液用于模拟简易的人体头部模型。IEEE 1528-2003 标准定义了 835MHz 频率下，校准用偶极子天线的直径为 3.6mm，长度为 161.0mm；脑组织液的相对介电常数为 41.5，损耗正切为 0.90；外壳的相对介电常数小于 5，损耗正切小于 0.05，这里外壳的相对介电常数和损耗正切分别取 4.6 和 0.01。

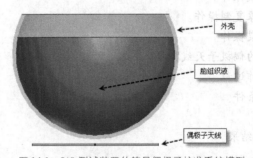

外壳

脑组织液

偶极子天线

▲图 14.1　SAR 测试装置的简易偶极子校准系统模型

14.2.1　建模概述

偶极子天线的两个臂是两个圆柱体模型，圆柱体的半径为 1.8mm，长度为 80.0mm，材质为理想导体（PEC），两臂之间距离为 1mm。外壳是外径为 111.5mm，厚度为 5mm 的空心球壳，可以由两个球心坐标相同，半径分别为 111.5mm 和 106.5mm 的球体模型通过相减操作（Subtract）来创建；其材质的相对介电常数为 4.6，损耗正切为 0.01。盛放在外壳内的脑组织液可以看做一个半径为 106.5mm 的球体模型，该球体材料的相对介电常数为 41.5，损耗正切为 0.90。外壳和脑组织液上方的开口可以通过分裂操作（Split）来实现。

偶极子天线的激励使用集总端口激励。为了计算天线的辐射问题，还需要创建包围整个模型的辐射边界表面，在天线的辐射方向上辐射边界表面和模型间的距离需要大于 1/4 个工作波长（频率在 835MHz 时，即 90mm），这里定义一个 310mmm×310mm×300mm 的长方体，将其四周表面设置为辐射边界条件。

为了方便建模操作，在整个模型的创建过程中，多次使用了相对坐标系。

14.2.2　HFSS 设计环境概述

- 求解类型：模式驱动求解。
- 建模操作。
  - ➢ 模型原型：圆柱体、球体、矩形面、长方体。
  - ➢ 模型操作：镜像复制、合并操作、相减操作、分裂操作。
- 边界条件和激励。
  - ➢ 边界条件：辐射边界条件。
  - ➢ 端口激励：集总端口激励。
- 求解设置。
  - ➢ 求解频率：0.835GHz。
- 后处理：SAR、场分布。

14.3　新建工程

新建一个 HFSS 工程设计，并设置其求解类型为模式驱动求解，建模使用的默认长度单位为毫米。

14.3.1　运行 HFSS 并新建工程

双击桌面上的 HFSS 快捷方式 ，启动 HFSS 软件。HFSS 运行后，会自动新建一个工程文件，选择主菜单【File】→【Save As】命令，把工程文件另存为 SAR.hfss；然后右键单击工程树下的设计文件 HFSSDesign1，从弹出菜单中选择【Rename】命令项，把设计文件重新命名为 Dipole_Cal。

14.3.2　设置求解类型

设置当前设计为模式驱动求解类型。

从主菜单栏选择【HFSS】→【Solution Type】，打开如图 14.2 所示的 Solution Type 对话框，选中 Driven Modal 单选按钮，然后单击 OK 按钮，完成设置，退出对话框。

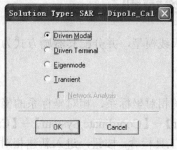

▲图 14.2　设置求解类型

14.3.3 设置默认长度单位

设置当前设计在创建模型时使用的默认长度单位为毫米。

从主菜单栏选择【Modeler】→【Units】命令，打开如图 14.3 所示的模型长度单位设置对话框。在该对话框中，Select units 项选择单位 mm，然后单击 OK 按钮，完成设置，退出对话框。

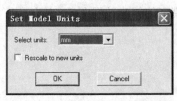

▲图 14.3　长度单位设置对话框

14.3.4 建模相关选项设置

从主菜单栏中选择【Tools】→【Options】→【Modeler Options】命令，打开 3D Modeler Options 对话框。单击对话框的 Drawing 选项卡，确认 Drawing 选项卡界面的 Edit properties of new primitive 复选框未选中，如图 14.4 所示。然后单击 确定 按钮，退出对话框，完成设置。

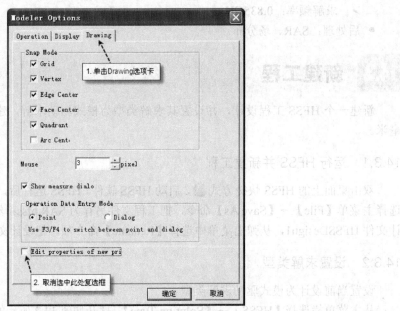

▲图 14.4　3D Modeler Options 对话框

14.4　创建偶极子天线模型

使用相对坐标系创建偶极子天线模型，并分配其激励方式为集总端口激励。

14.4.1 创建相对坐标系

新建一个与全局坐标系平行的相对坐标系，相对坐标系的坐标原点为（0，0，−6.8）。

（1）从主菜单栏选择【Modeler】→【Coordinate System】→【Create】→【Relative CS】→【Offset】命令，如图 14.5 所示，或者单击工具栏 按钮，进入新建相对坐标系状态。

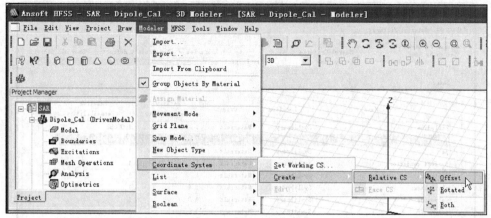

▲图 14.5　新建相对坐标系命令

（2）在状态栏的 X、Y、Z 项对应的文本框内输入 0、0、–6.8，如图 14.6 所示，设置相对坐标系的原点坐标为（0，0，–6.8），然后单击回车键确认。

▲图 14.6　状态栏输入原点坐标

此时，新建了一个与全局坐标系平行的相对坐标系，其默认名称为 RelativeCS1。同时，新建的相对坐标系名称会添加到操作历史树的 Coordinate Systems 节点下，并自动设置为当前工作坐标系，如图 14.7 所示。后续创建物体模型所基于参考坐标系都是该当前坐标系。

▲图 14.7　操作历史树下的坐标系

14.4.2　创建偶极子天线模型

偶极子天线由两个长度为 80mm，半径为 1.8mm 的理想导体圆柱臂组成，两臂之间的间距为 1mm；偶极子天线平行于 *y* 轴放置。

在当前工作坐标系为相对坐标系 RelativeCS1 的情况下，创建一个底面位于 *xz* 面，圆心坐标为（0，–80.5，0），底面半径为 1.8mm，长度为 80mm 的圆柱体模型作为偶极子天线的一个臂，并设置其材质为理想导体（pec），命名为 Dipole；然后通过镜像复制操作创建偶极子天线的另一个臂；接下来，再通过合并操作把偶极子天线的两个臂合并成一个整体。最后，给偶极子天线分配集总端口激励。

1．设置建模时默认的材料属性为 pec

（1）单击工具栏默认材料设置按钮 vacuum ▾ ，在其下拉列表中单击 Select...，弹出如图 14.8 所示对话框。

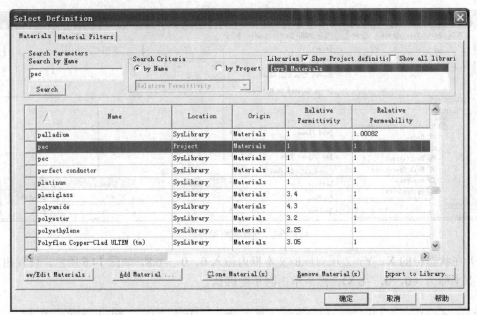

▲图 14.8　选择模型材料属性

（2）在对话框 Search by Name 对应的文本框中输入 pec，找到并选中物体材料 pec，然后单击 确定 按钮。

（3）此时，工具栏默认材料设置按钮变为 pec ▼ ，即建模时使用的默认材质设置为理想导体材料 pec。

2. 设置当前绘图平面为 *xz* 面

从主菜单选择【Modeler】→【Grid Plane】→【XZ】命令，或者单击工具栏 XY ▼ 3D ▼ 按钮，从其下拉列表中选择 ZX，设置当前绘图平面为 *xz* 面。

3. 创建偶极子天线的第一个臂

创建一个底面平行于 *xz* 面。底面圆心坐标为（0，−80.5，0），底面半径为 1.8mm，高度为 80mm，材质为理想导体的圆柱体模型，作为偶极子天线的一个臂，命名为 Dipole。

（1）从主菜单栏选择【Draw】→【Cylinder】命令，或者在工具栏单击 ⬚ 按钮，进入创建圆柱体模型的状态。在三维模型窗口的任一位置单击鼠标左键确定一个点；然后在 *xz* 面移动鼠标光标，在绘制出一个圆形后，单击鼠标左键确定第二个点；最后沿着 *y* 轴方向移动鼠标光标，在绘制出一个圆柱体后，单击鼠标左键确定第三个点。此时，就创建了一个圆柱体，新建圆柱体会添加到操作历史树的 Solids 节点下，其默认的名称为 Cylinder1。

（2）双击操作历史树 Solids 节点下的 Cylinder1，打开新建圆柱体属性对话框的 Attribute 界面。其中，Name 项输入圆柱体的名称 Dipole，确认 Material 项对应的材质为 pec，Transparent 项对应的模型透明度为 0，如图 14.9 所示。然后单击对话框的 确定 按钮，完成设置，退出对话框。

（3）再双击操作历史树 Dipole 节点下的 CreateCylinder，打开新建圆柱体属性对话框的 Command 界面，在该界面下设置圆柱体的底面圆心坐标和大小尺寸。其中，Center Position 项输入底面圆心坐标为（0，−80.5，0），Radius 项输入圆柱体半径 1.8，Height 项输入圆柱体长度值 80，并确认 Coordinate System 项对应的坐标系为 RelativeCS1，Axis 对应的坐标轴为 Y，如图 14.10 所示。然后单击 确定 按钮，完成设置，退出对话框。

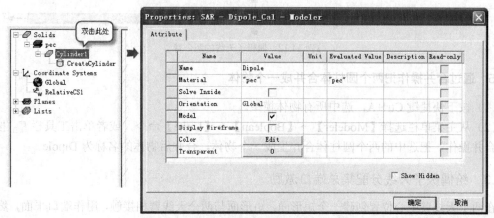

▲图 14.9 圆柱体属性对话框 Attribute 界面

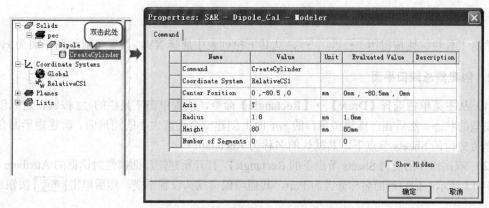

▲图 14.10 圆柱体属性对话框 Command 界面

此时就创建好了名称为 Cavity 的圆形谐振腔体模型。然后按下快捷键 Ctrl+D，全屏显示所创建的圆柱体模型，如图 14.11 所示。

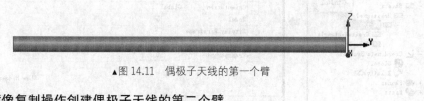

▲图 14.11 偶极子天线的第一个臂

4. 通过镜像复制操作创建偶极子天线的第二个臂

（1）单击选中上面创建的圆柱体模型 Dipole。

（2）从主菜单栏选择【Edit】→【Duplicate】→【Mirror】命令，或者单击工具栏的 按钮，进入镜像复制操作状态。

（3）在状态栏 X、Y、Z 对应的文本框中分别输入 0、0 和 0，并单击回车键确认，设置镜像面经过相对坐标系 RelativeCS1 的坐标原点位置；然后在状态栏 dX、dY、dZ 对应的文本框中分别输入 0、1 和 0，确定镜像面法线方向为沿着 y 轴方向，再次单击回车键确认。此时即在模型 Dipole 关于 *xoy* 面的镜像位置生成与模型 Dipole 属性完全相同的另一个模型，新模型自动命名为 Dipole_1。

最后，按下快捷键 Ctrl+D，适合窗口大小全屏显示已创建的模型，如图 14.12 所示。

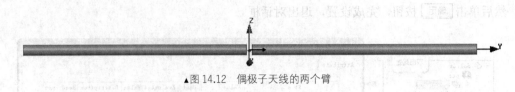

▲图 14.12　偶极子天线的两个臂

5. 通过合并操作把两个圆柱体合并成一个物体

（1）按下快捷键 Ctrl+A，选中所有物体模型。

（2）从主菜单栏选择【Modeler】→【Boolean】→【Unite】命令，或者单击工具栏 按钮，执行合并操作，把选中的两个圆柱体合并生成一个物体，合并后物体的名称为 Dipole。

14.4.3　给偶极子天线分配集总端口激励

在两个天线臂中心位置创建一个矩形面，矩形面与两个天线臂相接触，用作端口平面，然后在该矩形面上设置集总端口激励。

1. 设置当前绘图平面

单击工具栏快捷按钮 ，从其下拉列表中选择 XY，设置当前绘图平面为 *xy* 面。

2. 创建集总端口平面

（1）从主菜单栏选择【Draw】→【Rectangle】命令，或者单击工具栏的 按钮，进入创建矩形面模型的状态。然后在三维模型窗口的 *xoy* 面上创建一个任意大小的矩形面。新建矩形面会添加到操作历史树的 Sheets 节点下，其默认的名称为 Rectangle1。

（2）双击操作历史树 Sheets 节点下的 Rectangle1，打开新建矩形面属性对话框的 Attribute 界面，如图 14.13 所示；把矩形面名称修改为 Port，其他项保留默认设置不变，然后单击 确定 按钮退出。

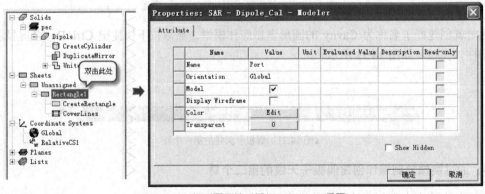

▲图 14.13　矩形面属性对话框 Attribute 界面

（3）再双击操作历史树 Port 节点下的 CreateRectangle，打开新建矩形面属性对话框的 Command 界面，在该界面下设置矩形面的顶点坐标和大小尺寸；其中，Position 项输入顶点位置坐标为（−1.8，−0.5，0），在 XSize 和 YSize 项分别输入矩形面的长度和宽度为 3.6 和 1，如图 14.14 所示；然后单击 确定 按钮退出。

3. 设置集总端口激励

（1）单击操作历史树 Sheets 节点下的 Port，选中该矩形面。

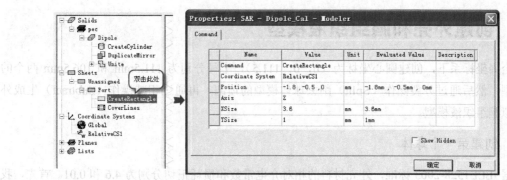

▲图 14.14　矩形面属性对话框 Command 界面

（2）从主菜单栏选择【HFSS】→【Excitations】→【Assign】→【Lump Port】命令，打开 Lumped Port 对话框，设置集总端口激励。

（3）在对话框的 General 选项卡界面，Name 项输入端口的名称 P1，然后单击 下一步(N)> 按钮，进入 Modes 选项卡界面。在 Modes 选项卡界面，单击 Integration Line 项下面的 none，从打开的下拉表中选择 "New Line…"，如图 14.15 所示。此时，会自动进入设置端口积分线状态。在状态栏 X、Y、Z 项对应的文本框中分别输入 0、–0.5、0，单击回车键确认；继续在状态栏 dX、dY、dZ 项对应的文本框处分别输入 0、1、0，再次单击回车键确认，设置好端口积分线。此时，会自动返回到 Lumped Port 对话框，一直单击对话框 下一步(N)> 按钮，直到完成。

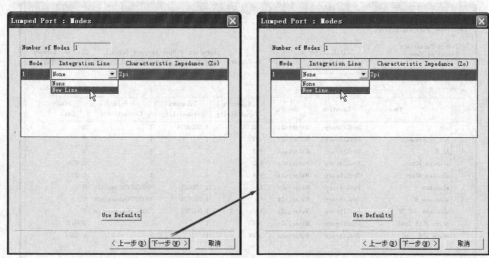

▲图 14.15　Lumped Port 对话框

（4）设置完成后，定义的集总端口激励如图 14.16 所示。

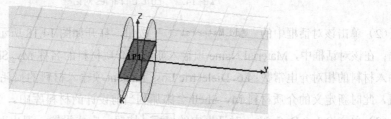

▲图 14.16　偶极子天线的集总端口激励

14.5　创建外壳和脑组织液模型

在全局坐标系下，创建圆心坐标为（0，0，111.5），半径分别为 111.5mm 和 106.5mm 两个的球体模型，然后通过分裂操作（Split）削去球体模型的顶部，再通过相减操作（Subtract）生成外壳和模拟脑组织液模型。

14.5.1　创建第一个球体

根据 IEEE1528-2003 标准，外壳材料的相对介电常数和损耗正切分别为 4.6 和 0.01。首先，我们添加一种新材料用作外壳的材质，新材料的相对介电常数设置为 4.6，损耗正切设置为 0.01，并命名为 My_Shell。然后，在全局坐标系下，创建一个圆心坐标为（0，0，111.5），半径为 111.5mm 的球体模型，命名为 Shell，球体模型的材质为添加的新材料 My_Shell。最后，新建一个相对坐标系，在该相对坐标下使用分裂操作削去球体模型的顶部。

1．添加新材料

（1）从主菜单栏选择【Tools】→【Edit Configured Libraries】→【Materials】命令，打开如图 14.17 所示的 Edit Libraries 对话框。

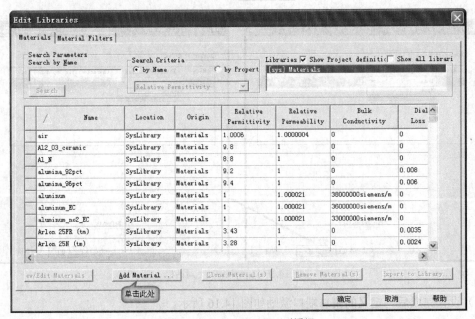

▲图 14.17　Edit Libraries 对话框

（2）单击该对话框中的 **Add Material...** 按钮，打开如图 14.18 所示的 View/Edit Material 对话框；在该对话框中，Material Name 项输入新添加介质材料的名称 My_Shell，Relative Permittivity 项输入材料的相对介电常数：4.6，Dielectric Loss Tangent 项输入材料的损耗正切 0.01；然后单击 OK 按钮，此时新定义的介质材料 My_Shell 会添加到当前设计的材料库中。

（3）单击 Select Definition 对话框中的 确定 按钮，完成设置，退出对话框。

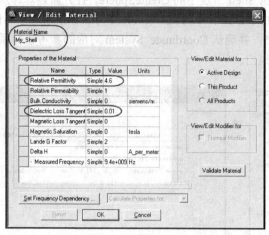

▲图 14.18　定义新材料

2. 创建第一个球体模型 Shell

（1）展开操作历史树 Coordinate Systems 节点，单击选中 Coordinate Systems 节点下的 Global 项，设置全局坐标系为当前工作坐标系，如图 14.19 所示。

▲图 14.19　设置当前工作坐标系

（2）从主菜单栏选择【Draw】→【Sphere】命令，或者单击工具栏的 ○ 按钮，进入创建球体模型的状态。在三维模型窗口的任意位置单击鼠标左键确定球体的球心，然后移动鼠标光标，并再次单击鼠标左键确定球体的半径，此时即在三维模型窗口成功创建一个球体。新建球体会添加到操作历史树的 Solids 节点下，其默认的名称为 Sphere1。

（3）双击操作历史树 Solids 节点下的 Sphere1，打开新建球体属性对话框的 Attribute 界面，把球体名称修改为 Shell，Material 项对应的材质设置为新添加的 My_Shell，Transparent 对应的透明度设置为 0.6，其他项保留默认设置不变，如图 14.20 所示，然后单击 确定 按钮退出。

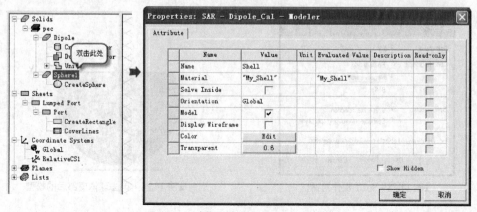

▲图 14.20　球体属性对话框 Attribute 界面

（4）再双击操作历史树 Shell 节点下的 CreateSphere，打开新建球体属性对话框的 Command 界面，在该界面下设置球体的球心和半径；其中，Center Position 项输入球心位置坐标为（0，0，111.5），Radius 项输入球半径 111.5，并确认 Coordinate System 对应的参考坐标系为 Global，如图 14.21 所示；最后单击 确定 按钮退出。

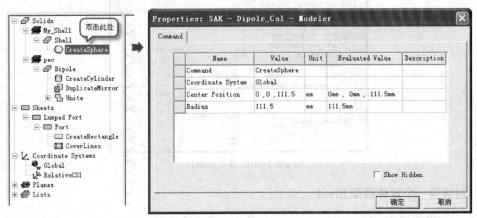

▲图 14.21　球体属性对话框 Command 界面

（5）按下快捷键 Ctrl+D，全屏显示所有已创建的物体模型。然后，按住 Alt 键的同时在三维模型窗口中心位置双击鼠标键，显示模型的前视图，如图 14.22 所示。

3. 削去球体模型 Shell 的顶部

（1）从主菜单栏选择【Modeler】→【Coordinate System】→【Create】→【Relative CS】→【Offset】命令，或者单击工具栏的 按钮，然后在状态栏 X、Y、Z 项对应的文本框内输入 0、0、164，并单击回车键确认，创建新的相对坐标系 RelativeCS2。同时，新创建的相对坐标系 RelativeCS2 自动设置为当前工作坐标系。

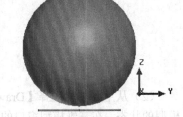

▲图 14.22　偶极子和球体 Shell 模型

（2）单击选中球体模型 Shell，然后从主菜单栏选择【Modeler】→【Boolean】→【Split】命令，或者单击工具栏 按钮，打开如图 14.23 所示的 Split 对话框。

（3）在 Split 对话框中，Split Plane 项选择 xy，Keep Fragments 项选择 Negative Side，表示把选中的球体 Shell 沿着 xy 面一分为二并只保留 z<0 的部分，然后单击 OK 按钮，执行分裂操作。操作完成后的模型如图 14.24 所示。

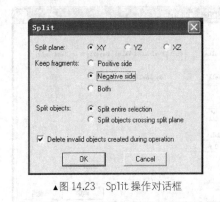

▲图 14.23　Split 操作对话框

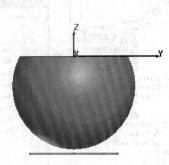

▲图 14.24　削去球体顶部后的模型

14.5.2　创建第二个球体

根据 IEEE1528-2003 标准，在 835MHz 时脑组织液的相对介电常数为 41.5，损耗正切为 0.9。首先，我们添加一种新材料用于模拟脑组织液的材料属性，新材料的相对介电常数设置为 41.5，损耗正切设置为 0.9，并命名为 My_BrainFluid。然后，在全局坐标系下，创建一个球心坐标为（0，0，111.5），半径分别为 106.5mm 的球体模型，命名为 BrainFluid，球体模型的材质为添加的新材料 My_BrainFluid。

1. 添加新材料

使用和 14.5.1 相同的操作步骤向当前设计中添加新的介质材料 My_BrainFluid。

（1）从主菜单栏选择【Tools】→【Edit Configured Libraries】→【Materials】命令，打开 Edit Libraries 对话框。

（2）单击 Edit Libraries 对话框中的 Add Material... 按钮，打开 View/Edit Material 对话框；在该对话框中，Material Name 项输入新添加介质材料的名称 My_BrainFluid，Relative Permittivity 项输入材料的相对介电常数：41.5，Dielectric Loss Tangent 项输入材料的损耗正切 0.9，如图 14.25 所示；然后单击 OK 按钮，此时新定义的介质材料 My_BrainFluid 会添加到当前设计的材料库中。

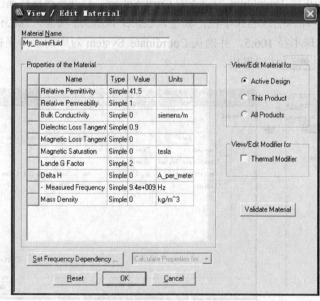

▲图 14.25　定义新材料

（3）单击 Select Definition 对话框中的 确定 按钮，完成设置，退出对话框。

2. 创建第二个球体模型 BrainFluid

（1）展开操作历史树下的 Coordinate Systems 节点，单击选中 Coordinate Systems 节点下的 Global 项，设置全局坐标系为当前工作坐标系。

（2）从主菜单栏选择【Draw】→【Sphere】命令，或者单击工具栏的 ◯ 按钮，进入创建球体模型的状态。在三维模型窗口的任意位置单击鼠标左键确定球体的球心，然后移动鼠标光标，并再次单击鼠标左键确定球体的半径，此时再次在三维模型窗口成功创建一个球体。新建球体会添加到操作历史树的 Solids 节点下，其默认的名称仍为 Sphere1。

（3）双击操作历史树 Solids 节点下的 Sphere1，打开新建球体属性对话框的 **Attribute** 界面，把球体名称修改为 **BrainFluid**，**Material** 项对应的材质设置为新添加的 **My_BrainFluid**，其他项保留默认设置不变，如图 14.26 所示。然后单击 确定 按钮退出。

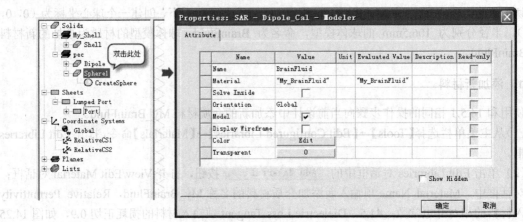

▲图 14.26　球体属性对话框 Attribute 界面

（4）再双击操作历史树 **BrainFluid** 节点下的 CreateSphere，打开新建球体属性对话框的 **Command** 界面，在该界面下设置球体的球心和半径；其中，**Center Position** 项输入球心位置坐标为（0，0，111.5），**Radius** 项输入球半径 106.5，并确认 **Coordinate System** 对应的参考坐标系为 Global，如图 14.27 所示；最后单击 确定 按钮退出。

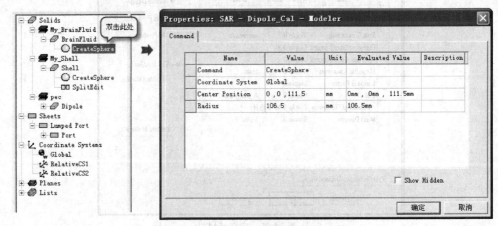

▲图 14.27　球体属性对话框 Command 界面

（5）按下快捷键 Ctrl+D，全屏显示所有已创建的物体模型，如图 14.28 所示。

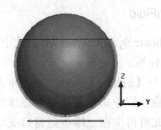

▲图 14.28　设计模型

14.5.3　生成外壳和脑组织液模型

前面创建的两个球体模型 Shell 和 BrainFluid 是相互重叠的，为了真实模拟球形容器中装有组织液的情形，需要在球体模型 Shell 中挖去与模型 BrianFluid 重叠的部分，使得模型 Shell 变成一个中空的球壳。

1．相减操作生成外壳

（1）按住 Ctrl 键，按先后次序依次单击操作历史树 Solids 节点下的 Shell 和 BrainFluid，同时选中这两个球体模型。

（2）从主菜单栏选择【Modeler】→【Boolean】→【Subtract】命令，或者单击工具栏 ⬚ 按钮，打开如图 14.29 所示的 Subtract 对话框。确认该对话框中，Blank Parts 栏对应的模型名称为 Shell，Tool Parts 栏对应的模型名称为 BrainFluid；然后选中 Clone tool objects before subtracting 复选框；最后，单击 OK 按钮执行相减操作。

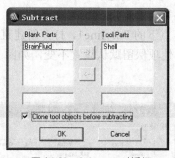

▲图 14.29　Subtract 对话框

执行相减操作后，新生成 Shell 模型是一个 5mm 厚的球壳。因为选中了 Clone tool objects before subtracting 复选框，BrainFluid 模型保持原样不变。

2．削去模型 BrainFluid 的顶部

（1）从主菜单栏选择【Modeler】→【Coordinate System】→【Create】→【Relative CS】→【Offset】命令，或者单击工具栏的 ⬚ 按钮，然后在状态栏 X、Y、Z 项对应的文本框内分别输入 0、0、134，并单击回车键确认，创建新的相对坐标系 RelativeCS3。同时，新创建的相对坐标系 RelativeCS3 自动设置为当前工作坐标系。

（2）单击选中球体模型 BrainFluid，然后从主菜单栏选择【Modeler】→【Boolean】→【Split】命令，或者单击工具栏 ⬚ 按钮，弹出与图 14.23 一样的 Split 对话框。

（3）在 Split 对话框中，Split Plane 项选择 XY，Keep Fragments 项选择 Negative Side，然后单击 OK 按钮结束，执行分裂操作。操作完成后的模型如图 14.30 所示。

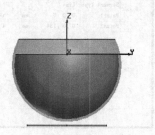

▲图 14.30　设计完成的模型

14.6 创建 SAR 的计算线

沿着 z 轴创建一条穿过 BrainFluid 模型的直线段，用于计算脑组织液在该直线段位置的 SAR。在全局坐标系下，直线段的起始点坐标为（0，0，5），终止点坐标为（0，0，134）。

设置全局坐标系为当前工作坐标系

展开操作历史树下的 Coordinate Systems 节点，单击选中 Coordinate Systems 节点下的 Global 项，把全局坐标系设置为当前工作坐标系。

创建直线段

（1）从主菜单栏选择【Draw】→【Line】命令，或者单击工具栏 ╲ 按钮，进入创建直线段模型的状态。在三维模型窗口单击鼠标左键确认直线段的起始点，然后移动鼠标光标到另一位置，并双击鼠标左键确定直线段的终点。此时即创建了一条直线段，新建直线段的名称会自动添加到操作历史树的 Lines 节点下，其默认名称为 Polyline1。

（2）双击操作历史树 Lines 节点下的 Polyline1，打开新建直线段属性对话框的 Attribute 界面，把线段名称修改为 SAR_Line，其他项保留默认设置不变，如图 14.31 所示。然后单击 确定 按钮退出。

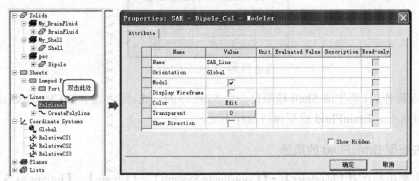

▲图 14.31　直选段属性对话框 Attribute 界面

（3）再双击操作历史树 SAR_Line 节点下的 CreateLine，打开新建直线段属性对话框的 Command 界面，在该界面下设置线段的起点坐标和终点坐标；其中，Point1 项输入直线段的起点坐标（0，0，5），Point 2 项输入直线段的终点坐标（0，0，5），如图 14.32 所示；最后单击 确定 按钮退出。

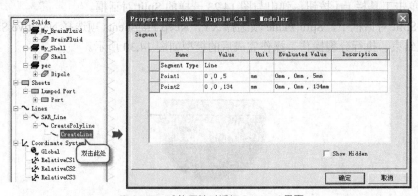

▲图 14.32　球体属性对话框 Command 界面

14.7　分配辐射边界条件

在相对坐标系 RelativeCS1 下，创建一个顶点坐标为（–155，–155，–90），长×宽×高为 310mm×310mm×300mm 的长方体模型，模型的材料属性为真空（vacuum），并把模型外表面都设置为辐射边界条件。

1. 设置 RelativeCS1 为当前工作坐标系

展开操作历史树下的 Coordinate Systems 节点，单击选中 Coordinate Systems 节点下的 RelativeCS1 项，把相对坐标系 RelativeCS1 设置为当前工作坐标系。

2. 创建长方体模型

创建一个顶点坐标为（–155，–155，–90），长×宽×高为 310mm×310mm×300mm 的长方体模型，模型的材质为真空（vacuum），并命名为 AirBox。

（1）从主菜单栏选择【Draw】→【box】命令，或者单击工具栏的 🗔 按钮，进入创建长方体的状态，然后移动鼠标光标在三维模型窗口创建一个任意大小的长方体。新建的长方体会添加到操作历史树的 Solids 节点下，其默认的名称为 Box1。

（2）双击操作历史树 Solids 节点下的 Box1，打开新建长方体属性对话框的 Attribute 界面；在 Name 项输入长方体的名称 AirBox；把 Material 项对应的材质设置为 vacuum；单击 Transparent 项对应按钮，设置模型透明度为 0.8，如图 14.33 所示。然后单击对话框的 确定 按钮，完成设置，退出对话框。

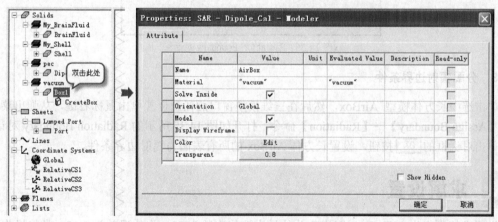

▲图 14.33　长方体属性对话框 Attribute 界面

（3）再双击操作历史树 AirBox 节点下的 CreateBox，打开新建长方体属性对话框的 Command 界面，在该界面下设置长方体的顶点位置坐标和大小尺寸。其中，Position 项输入顶点位置坐标为（–155，–155，–90），在 XSize、YSize 和 ZSize 项分别输入长方体的长、宽和高为 310、310 和 300，如图 14.34 所示；然后单击 确定 按钮退出。

此时就创建好了名称为 AirBox 的长方体模型。然后按下快捷键 Ctrl+D，全屏显示创建的物体模型。

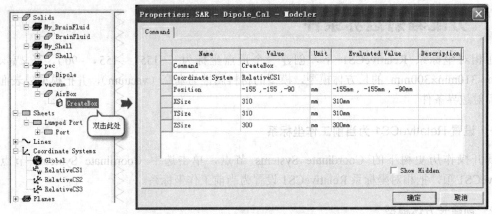

▲图 14.34 长方体属性对话框 Command 界面

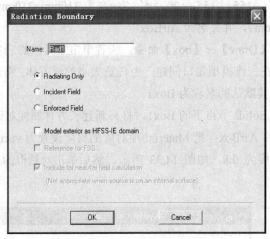

▲图 14.35 Radiation Boundary 对话框

3. 分配辐射边界条件

单击选中长方体模型 AirBox，然后在三维模型窗口的任意位置单击鼠标右键，从弹出菜单中选择【Assign Boundary】→【Radiation】命令，打开如图 14.35 所示的 Radiation Boundary 对话框，直接单击对话框的 OK 按钮，设置长方体 AirBox 的所有表面为辐射边界条件。

14.8 求解设置

设置求解频率为 835MHz，网格剖分的最大迭代次数为 20，收敛误差为 0.02，具体操作步骤如下。

（1）右键单击工程树下的 Analysis 节点，从弹出菜单中选择【Add Solution Setup】命令，打开 Solution Setup 对话框。

（2）在该对话框中，Solution Frequency 项输入求解频率 0.835GHz，Maximum Number of Passes 项输入最大迭代次数 20，Maximum Delta S 项输入收敛误差 0.02，如图 14.36 所示。

（3）最后单击 确定 按钮，完成设置。

此时求解设置项会自动添加到工程的 Analysis 节点下，其默认的名称为 Setup1。

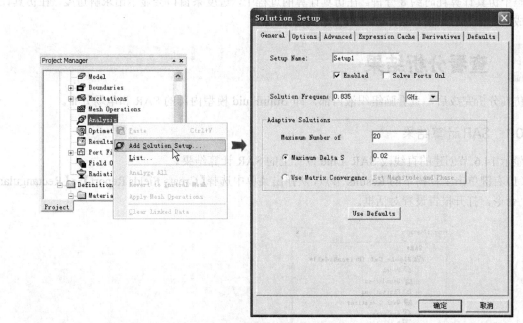

▲图 14.36　求解设置

14.9　设计检查和运行仿真分析

通过前面的操作，我们已经完成了模型创建、添加边界条件和端口激励，以及求解设置等 HFSS 设计的前期工作，接下来就可以运行仿真计算，并查看分析结果了。在运行仿真计算之前，通常需要进行设计检查，检查设计的完整性和正确性。

14.9.1　设计检查

从主菜单栏选择【HFSS】→【Validation Check】命令，或者单击工具栏的 ✔ 按钮，进行设计检查。此时，会弹出如图 14.37 所示的检查结果显示对话框，该对话框中的每一项都显示图标 ✔，表示当前的 HFSS 设计正确、完整。单击 Close 关闭对话框，运行仿真计算。

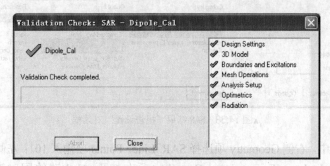

▲图 14.37　检查结果显示对话框

14.9.2　运行仿真分析

右键单击工程树 Analysis 节点下的求解设置项 Setup1，从弹出菜单中选择【Analyze】命令，或者单击工具栏 🎤 按钮，运行仿真计算。

整个仿真计算耗时约 8 分钟。在仿真计算的过程中，进度条窗口会显示出求解进度，在仿真计算完成后，信息管理窗口会给出完成提示信息。

14.10 查看分析结果

仿真分析完成后，查看脑组织液内部，即 BrainFluid 模型内部的 SAR 和电场分布。

14.10.1 SAR 计算结果

显示 14.6 节创建的直线段 SAR_Line 位置上的 SAR 计算结果。

（1）右键单击工程树下的 Results 节点，从弹出菜单中选择【Create Fields Report】→【Rectangular Plot】命令，打开报告设置对话框。

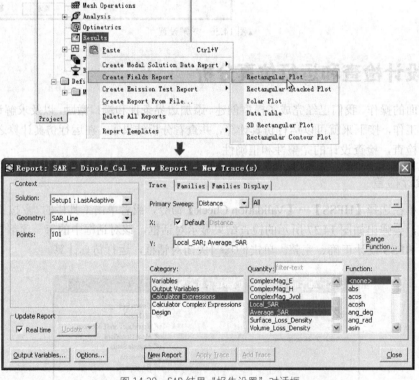

▲图 14.38　SAR 结果"报告设置"对话框

（2）在该对话框中，右侧 Geometry 项选择 SAR_Line，Points 项输入 101；左侧 X 项选择 Distance，Category 项选择 Calculator Expression，Quantity 项在按下 Ctrl 键的同时选择 Local_SAR 和 Average_SAR，Function 项选择<none>，整个操作过程如图 14.38 所示。然后单击 New Report 按钮，再单击 Close 按钮关闭对话框。

（3）此时，生成局部 SAR 值和平均 SAR 值随着 SAR_Line 距离变化的曲线，如图 14.39 所示。

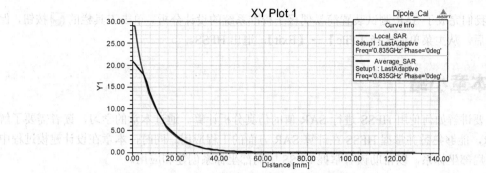

▲图 14.39　局部 SAR 和平均 SAR 值结果

14.10.2　BrainFluid 模型内部的电场分布

查看 **BrainFluid** 模型内部在 *yoz* 截面上的电场分布。

（1）展开操作历史树下的 **Planes** 节点，单击选中 Global:YZ。

（2）右键单击工程树下的 **Field Overlays** 节点，从弹出菜单中选择【Plot Field】→【E】→【Mag_E】命令，打开如图 14.40 所示的 Create Field Plot 对话框。

（3）在该对话框中，**In Volume** 栏选择 **BrainFluid**，其他项保持默认设置不变，然后单击 Done 按钮，生成图 14.41 所示的 **BrainFluid** 模型内部电场分布图。

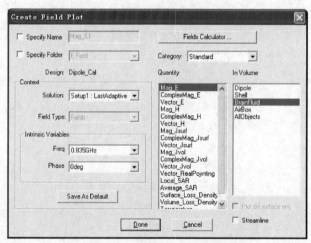

▲图 14.40　Create Field Plot 对话框

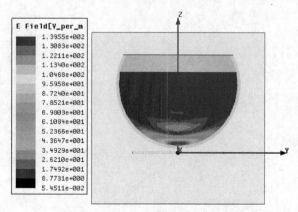

▲图 14.41　BrainFluid 模型内部电场分布图

至此，我们完成了 SAR 测试装置简易偶极子校准系统的设计分析。单击工具栏的 💾 按钮，保存设计；然后，从主菜单栏选择【File】→【Exit】，退出 HFSS。

14.11 本章小结

本章主要讲解如何使用 HFSS 进行 SAR 值的仿真分析计算。通过本章的学习，读者需要了解什么是 SAR，能够熟悉并掌握 HFSS 在计算 SAR 方面的工程应用。同时，本章在设计建模过程中多次使用了局部坐标系，以帮助读者掌握 HFSS 中局部坐标系创建和应用。

第15章 HFSS 雷达散射截面分析实例

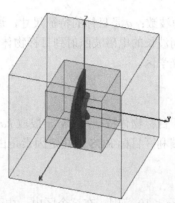

本章通过金属立方体的雷达散射截面分析实例，详细讲解使用 HFSS 分析雷达散射截面的具体流程和操作步骤，包括单站 RCS 的分析和双站 RCS 的分析。在雷达散射截面分析讲解的同时，还讲述了 HFSS 中平面波激励的定义和设置，以及 PML 边界条件的定义和设置。

通过对本章的学习，希望读者能够熟悉和掌握 HFSS 在雷达散射截面分析方面的应用。在本章读者可以学到以下内容。

- 雷达散射截面的定义。
- PML 边界条件的定义和设置。
- 平面波激励的定义和操作。
- 辐射表面的设置。
- 如何查看单站 RCS 分析结果。
- 如何查看双站 RCS 分析结果。

15.1 雷达散射截面介绍

雷达散射截面（Radar Cross Section）是度量目标物体在雷达波照射下所产生回波强度的一种物理量，简称 RCS。它是目标的假想面积，用一个各向均匀的等效反射器的投影面积来表示，该等效反射器与被定义的目标物体，在接收方向单位立体角内具有相同的回波功率。

雷达散射截面一般用符号 σ 表示，其数学定义为：

$$\sigma = \lim_{R \to \infty} 4\pi R^2 \frac{|E_s|^2}{|E_i|^2} \tag{15-1-1}$$

式中，E_i 表示照射到目标物体上的入射波的电场强度，E_s 表示接收雷达所在位置的散射波的电场强度，R 表示目标物体到接收雷达的距离。表达式的推导假定目标物体截获入射波功率，然后将功率向各个方向均匀地辐射出去；RCS 可以直观地理解为，雷达接收机位置的散射功率密度与目标物体处的入射功率密度之比。

雷达散射截面是目标物体的属性，与雷达的距离无关。雷达散射截面和面积有相同的量纲，单位为 m²；由于目标物体的雷达散射截面变化的动态范围很大，故也常用平方米的分贝数来表示，符号为 dBsm 或者 dBm²，二者之间的关系为

$$\sigma_{\mathrm{dBsm}} = 10\lg \sigma_{\mathrm{m}^2} \qquad (15\text{-}1\text{-}2)$$

同一目标物体对于不同的雷达频率会呈现不同的雷达截面特征，在分析不同雷达频率下的雷达散射截面时，通常引入一个表征由波长归一化的目标特征尺寸大小的参数，称为 ka 值：

$$ka = 2\pi \frac{a}{\lambda} \qquad (15\text{-}1\text{-}3)$$

式中，$k = 2\pi/\lambda = 2\pi f/c$ 称为波数；a 是目标的特征尺寸，通常取目标物体垂直于雷达视线横截面中最大尺寸的一半。根据不同波长的电磁波照射到目标物体散后的散射特性的不同，将 ka 分为 3 个区域：瑞利区、谐振区和光学区。

1. 瑞利区

瑞利区的特点是工作波长大于目标物体特征尺寸，一般取 ka<0.5 的范围。在这个区域内，RCS 一般与波长的四次方成反比。在瑞利区目标 RCS 的决定因素是由波长归一化的物体体积。

2. 谐振区

谐振区的 ka 值一般在 0.5 < ka < 10 范围。在这个区内，由于各个散射分量之间的干涉，RCS 随频率变化产生振荡性的起伏，RCS 的近似非常困难，对于复杂的目标主要靠测量来求得。在典型谐振区，当垂直于传播方向的目标物体尺寸近似半波长整数倍时，RCS 呈最小值。

3. 光学区

谐振区的上界为光学区，光学区的 ka 值一般取 ka >10；谐振区和光学区之间的界限是不明确的，对于球体 ka =10，对于飞机类目标 ka >20，有时可达 30 以上。在光学区，目标 RCS 主要决定于其形状和表面的粗糙度，目标外形的不连续会导致 RCS 的增大。目前雷达观测的大多数目标处于光学区。

为了更好地表示各类目标 RCS 随波长的变化关系，工程上引入了归一化 RCS 的概念，归一化 RCS 曲线图的纵坐标为 $\sigma/\pi a^2$，横坐标为 ka。对于半径为 a 的金属球，其归一化的 RCS 如图 15.1 所示。

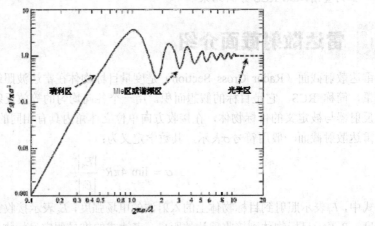

▲图 15.1　金属球的归一化 RCS 值

　　按收、发雷达的位置不同，雷达散射截面可以分为单站 RCS 和双站 RCS。收、发雷达在同一个位置测得的 RCS 值称为单站 RCS（Monostatic RCS），此时散射观察方向始终与入射方向反向，观察不同入射方向的目标物体散射截面。收、发雷达在不同位置测得的 RCS 值称为双站 RCS（Bistatic RCS），此时入射方向固定，观察不同散射方向的物体散射截面。单站 RCS 和双站 RCS 的示意图如图 15.2 所示。

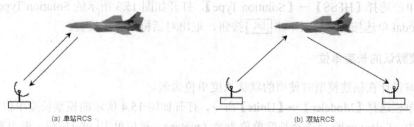

(a) 单站RCS　　　　　　　　　　　　　(b) 双站RCS

▲图 15.2　单站 RCS 和双站 RCS 示意图

15.2　HFSS 设计及其设计环境概述

　　本章以材质为理想导体的立方体模型的 RCS 分析为例，讲解如何使用 HFSS 仿真分析目标物体的单站 RCS 和双站 RCS，包括从不同角度观测到的单站 RCS 和双站 RCS 结果。本章所分析的目标物体是边长为 0.75m 的立方体，其材质为理想导体，入射波的工作频率为 300MHz。立方体中心位于坐标原点，设计中首先分析入射波沿着 z 轴入射时，在 xoz 平面各个方向上的双站 RCS 值，然后分析该立方体在 xoz 平面各个方向上的单站 RCS 值。

　　RCS 问题本质是目标物体对入射波的散射问题，在使用 HFSS 分析 RCS 问题时，因为涉及散射，所以需要定义辐射边界条件或者 PML 边界条件，鉴于 PML 完全吸收入射电磁波的特性，在分析 RCS 问题时多使用 PML 边界。对于入射波激励，需要使用平面波激励。所以，本章在讲解如何使用 HFSS 分析 RCS 问题的同时，还讲解了如何使用 PML 边界条件和定义平面波激励。

　　HFSS 设计环境概述

- 求解类型：模式驱动求解。
- 建模操作。
  - ➢ 模型原型：长方体。
- 边界条件和激励。
  - ➢ 边界条件：PML 边界。
  - ➢ 激励方式：平面波激励。
- 求解设置。
  - ➢ 求解频率：0.3GHz。
- 数据后处理。
  - ➢ 单站 RCS。
  - ➢ 双站 RCS。

下面详细介绍具体的设计操作和完整的设计过程。

15.3　新建 HFSS 工程

1. 运行 HFSS 并新建工程

双击桌面上的 HFSS 快捷方式 🌑，启动 HFSS 软件。HFSS 运行后，会自动新建一个工程文件，选择主菜单【File】→【Save As】命令，把工程文件另存为 RCS.hfss；然后右键单击工程树下的设计文件名称 HFSSDesign1，从弹出的菜单中选择【Rename】命令项，把设计文件重新命名为 RCS。

2. 设置求解类型

设置当前设计为模式驱动求解类型。

从主菜单栏选择【HFSS】→【Solution Type】，打开如图 15.3 所示的 Solution Type 对话框，选中 Driven Modal 单选按钮，然后单击 OK 按钮，退出对话框，完成设置。

3. 设置默认的长度单位

设置当前设计在创建模型时使用的默认长度单位为米。

从主菜单栏选择【Modeler】→【Units】命令，打开如图 15.4 所示的模型长度单位设置对话框。在该对话框中，Select units 项选择长度单位为米（meter），然后单击 OK 按钮，退出对话框，完成设置。

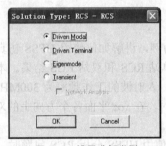

▲图 15.3 设置求解类型

▲图 15.4 长度单位设置对话框

4. 建模相关选项设置

从主菜单栏选择【Tools】→【Options】→【Modeler Options】命令，打开 Modeler Options 对话框，单击对话框 Drawing 选项卡，确认 Drawing 选项卡界面的 Edit properties of new primitive 复选框未选中，如图 15.5 所示。然后单击 确定 按钮，退出对话框，完成设置。

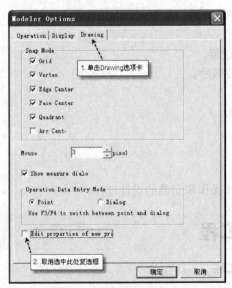

▲图 15.5 Modeler Options 对话框

15.4　设计建模

15.4.1　创建长方体模型

创建一个中心坐标位于（0，0，0），边长为 0.75m 的，并将其命名为 Cube。

（1）从主菜单栏选择【Draw】→【box】命令，或者单击工具栏的 🗒 按钮，进入创建长方体的状态，然后在三维模型窗口创建一个任意大小的长方体。新建的长方体会添加到操作历史树的 Solids 节点下，其默认的名称为 Box1。

（2）双击操作历史树 Solids 节点下的 Box1，打开新建长方体属性对话框的 **Attribute** 界面，把长方体的名称修改为 Cube，设置其材质为 pec，设置其透明度为 0.2，如图 15.6 所示；然后单击 确定 按钮退出。

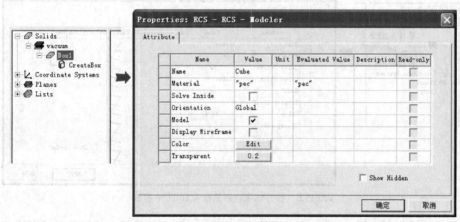

▲图 15.6　长方体属性对话框 Attribute 界面

（3）再双击操作历史树 Cube 节点下的 CreateBox，打开新建长方体属性对话框的 **Command** 界面，在该界面下设置长方体的顶点坐标和大小尺寸。在 **Position** 项输入顶点位置坐标为（−0.375，−0.375，−0.375），在 **XSize**、**YSize** 和 **ZSize** 项分别输入长方体的长、宽和高为 0.7、0.7 和 0.7，如图 15.7 所示；然后单击 确定 按钮退出。

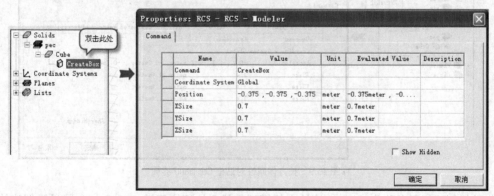

▲图 15.7　长方体属性对话框 Command 界面

此时就创建好了名称为 Cube，材质为理想导体的立方体，然后按下快捷键 Ctrl+D，全屏显示创建的立方体模型。

15.4.2 设置 PML 边界条件

创建一个中心坐标位于（0，0，0），长、宽、高都为 1.4m 的长方体模型，并把该长方体模型的所有表面都设置为 PML 边界。

（1）从主菜单栏选择【Draw】→【box】命令，或者单击工具栏的 ⬡ 按钮，进入创建长方体的状态，然后在三维模型窗口创建一个任意大小的长方体。新建的长方体会添加到操作历史树的 Solids 节点下，其默认的名称为 Box1。

（2）双击操作历史树 Solids 节点下的 Box1，打开新建长方体属性对话框的 Attribute 界面，把长方体的名称修改为 Airbox，设置其材质为 air，设置其透明度为 0.6，如图 15.8 所示。然后单击 确定 按钮退出。

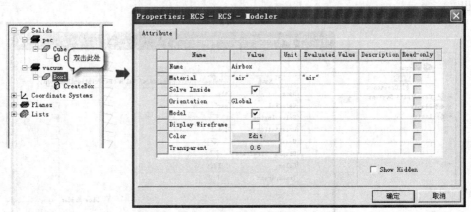

▲图 15.8　长方体属性对话框 Attribute 界面

（3）再双击操作历史树 Airbox 节点下的 CreateBox，打开新建长方体属性对话框的 Command 界面，在该界面下设置长方体的顶点坐标和大小尺寸。在 Position 项输入顶点位置坐标为（–0.7，–0.7，–0.7），在 XSize、YSize 和 ZSize 项分别输入长方体的长、宽和高为 1.4、1.4 和 1.4，如图 15.9 所示；然后单击 确定 按钮退出。

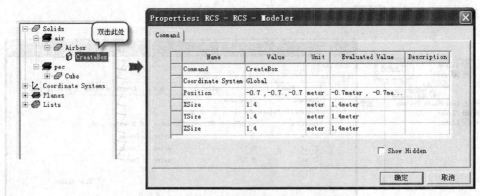

▲图 15.9　长方体属性对话框 Command 界面

此时就创建好了名称为 Airbox 的长方体模型。然后按下快捷键 Ctrl+D，全屏显示创建的所有物体模型。接下来再把该长方体模型所有表面设置为 PML 边界。

（4）在三维模型窗口单击右键，从右键弹出菜单中选择【Select Faces】命令，切换到面选择状态。然后从主菜单栏选择【Edit】→【Select】→【By Name】命令，打开 Select Face 对话框；在该对话框中，左侧 Object name 选中 Airbox，右侧 Face ID 选中所有表面，如图 15.10 所示，然后单击 OK 按钮完成。此时，即选中长方体模型 Airbox 的所有表面。

（5）从主菜单栏选择【HFSS】→【Boundaries】→【PML Setup Wizard】命令，或者在三维模型窗口单击右键，从右键弹出菜单中选择【Assign Boundary】→【PML Setup Wizard】命令，打开如图 15.11 所示的 PML 设置对话框，保持对话框的默认设置不变，然后单击 下一步(N) > 按钮，打开如图 15.12 所示的 Material Parameters 界面。在该界面中，确认选中 PML Objects Accept Free Radiations 单选按钮，并在 Min Frequency 项输入 0.3GHz，其他项保留默认设置不变。然后再次单击 下一步(N) > 按钮，打开如图 15.13 所示的 Summary 界面，保留该界面各项的默认设置不变，直接单击 完成 按钮，完成 PML 边界条件的设置。

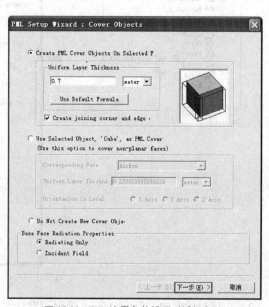

▲图 15.10 Select Face 对话框

▲图 15.11 PML 边界条件设置对话框之一

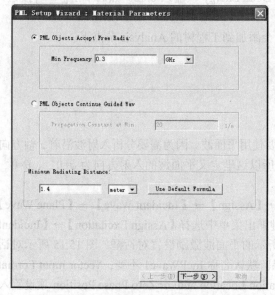

▲图 15.12 PML 边界条件设置对话框之二：
Material Parameters 界面

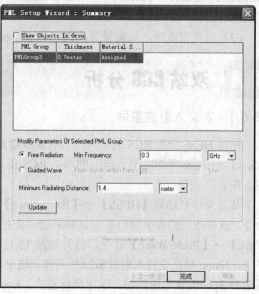

▲图 15.13 PML 边界条件设置对话框之三：
Summary 界面

15.5 求解设置

入射波的频率为 300MHz，因此设置 HFSS 的求解频率为 300MHz。添加求解设置的步骤如下。

（1）右键单击工程树下的 Analysis 节点，从弹出菜单中选择【Add Solution Setup】命令，打开 Solution Setup 对话框，如图 15.14 所示。

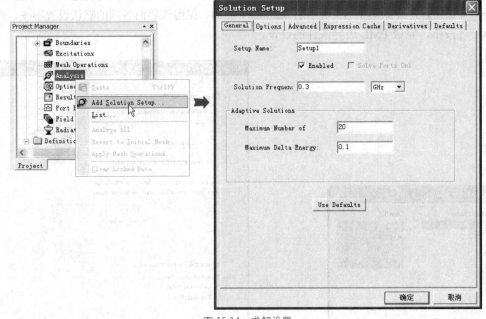

▲图 15.14　求解设置

（2）在该对话框中，Setup Name 项保留默认名称 Setup1，Solution Frequency 项输入 0.3GHz，Maximum Number of Passes 项输入 20，Maximum Delta Energy 项输入 0.02。然后单击 确定 按钮，完成求解设置。

（3）设置完成后，求解设置项的名称 Setup1 会添加到工程树的 Analysis 节点下。

15.6 双站 RCS 分析

15.6.1　定义入射波激励

使用 HFSS 分析 RCS 问题时，入射波激励需要使用平面波。因为需要分析入射波沿着 z 轴方向入射时，在 xoz 平面各个方向上的双站 RCS 值，所以这里定义平面波的入射方向为 $\varphi=0°$、$\theta=0°$ 的方向。

从主菜单栏选择【HFSS】→【Excitations】→【Assign】→【Incident Wave】→【Plane Wave】命令，或者在三维模型窗口单击鼠标右键，从右键弹出菜单中选择【Assign Excitation】→【Incident Wave】→【Plane Wave】命令，打开如图 15.15 所示的平面波激励设置对话框。图 15.15 所示对话框中，Name 项是设置入射波激励的名称，这里保留默认名称 IncPWave1 不变；Vector Input Format 项选择 Spherical 单选按钮，即球坐标格式；Excitation Location and/ or Zero Phase Position 项设置入射波零相位位置，这里零相位点设置在坐标原点，即 X、Y、Z 坐标都输入 0；然后单击 下一步(N) > 按钮，打开如图 15.16 所示的 Spherical Vector Setup 界面。该界面是设置入射波的传播方向和电场方向，其中 IWavePhi 和 IWaveTheta 项是设置入射波的传播方向，本例中入射波是沿着 Z 轴方向，即 $\varphi=0°$、$\theta=0°$，所以 IWavePhi 和 IWaveTheta 都输入 0 deg；E_0 Vector 是设置入射波的电场方向，这里保留默认设置；然后再次单击 下一步(N) > 按钮，打开如图 15.17 所示的 Plane Wave Options 界面。该界面保留默认设置，即选中 Regular/Propagating 单选按钮；最后单击 完成 按钮，完成平面波激励的设置。

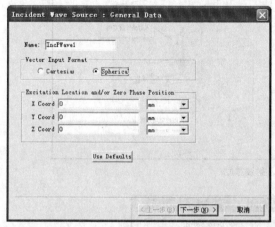

▲图 15.15　平面波激励设置对话框之一　　　　　　　　▲图 15.16　平面波激励设置对话框之二

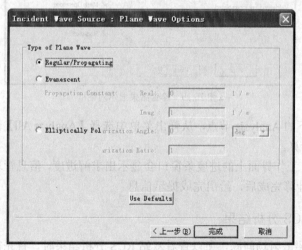

▲图 15.17　平面波激励设置对话框之三

设置完成后，入射波的名称 IncPWave1 会自动添加到工程树下的 Excitations 节点下。选中 Excitations 节点下的激励名称 IncPWave1 后，在三维模型窗口中会显示出定义的入射波的传播方向和入射波的电场方向，如图 15.18 所示。

15.6.2　设计检查并运行仿真分析

到此处，就完成了设计建模、边界条件、激励方式和求解方式的设置，接下来进行设计检查，检查设计的完整性和正确性。

从主菜单栏选择【HFSS】→【Validation Check】命令，或者单击工具栏的 ✍ 按钮，进行设计检查。此时，会弹出如图 15.19 所示的检查结果显示对话框，该对话框中的每一项都显示图标✅，表示当前的 HFSS 设计正确、完整。单击 Close 关闭对话框，运行仿真计算。

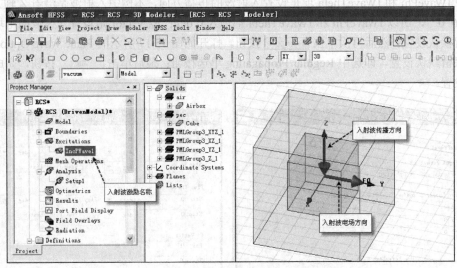

▲图 15.18　入射波激励

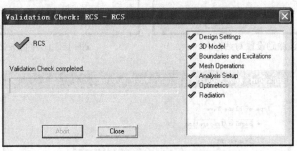

▲图 15.19　检查结果显示对话框

右键单击工程树下的 Analysis 节点，从弹出菜单中选择【Analyze All】命令，或者单击工具栏 按钮，运行仿真计算。

仿真计算过程中，工作界面上的进度条窗口会显示出求解进度，信息管理窗口也会有相应的信息提示，并会在仿真计算完成后，给出完成提示信息。

15.6.3　查看双站 RCS 分析结果

RCS 问题属于电磁散射场问题，所以查看双站 RCS 分析结果时，首先需要添加辐射表面，设置需要查看哪一个方向范围内的双站 RCS 结果。本例中需要查看 *xoz* 平面各个方向上的双站 RCS 结果，所以定义的辐射表面为 *xoz* 面，即球坐标系下 $\varphi=0°$ 的平面。

1.　添加辐射表面

右键单击工程树下的 Radiation 节点，从弹出菜单中选择【Insert Far Field Setup】→【Infinite Sphere】命令，打开 Far Field Radiation Sphere Setup 对话框，定义辐射表面。在该对话框中，Name 项输入 BiRCS_xoz，作为辐射球面的名称；Phi 角对应的 Start、Stop 和 Step 项都输入 0deg，theta 角对应的 Start、Stop 和 Step 项分别输入 0deg、360deg 和 1deg，表示定义的是 $\varphi=0°$ 的平面；设置操作如图 15.20 所示。最后单击 确定 按钮，完成辐射表面设置。此时，新定义的辐射表面名称 BiRCS_xoz 会自动添加到工程树的 Radiation 节点下。

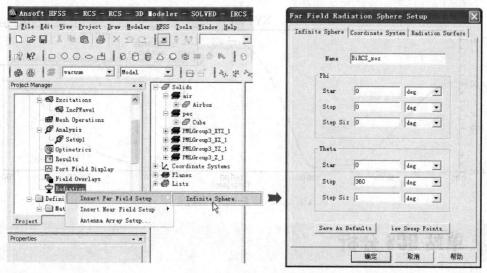

▲图 15.20　定义辐射表面

2. 查看双站 RCS 结果

右键单击工程树下的 **Results** 节点，从弹出菜单中选择【**Create Far Fields Report**】→【**Rectangular Plot**】命令，打开报告设置对话框。在该对话框中，左侧 Geometry 项选择上一步刚添加的辐射表面 BiRCS_xoz，右侧上方的 Primary Sweep 项选择 Theta，右侧下方的 Category、Quantity 和 Function 项分别选择 Bistatic RCS、RCSTotal 和 dB。整个设置操作如图 15.21 所示。最后单击对话框 New Report 按钮，生成如图 15.22 所示的双站 RCS 分析结果。

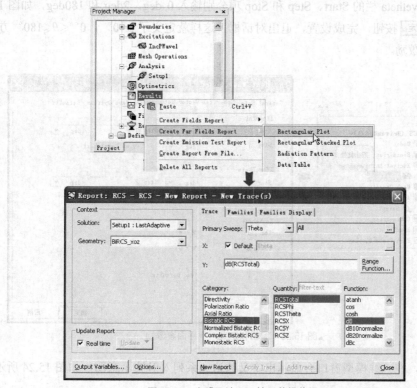

▲图 15.21　生成双站 RCS 结果的操作设置

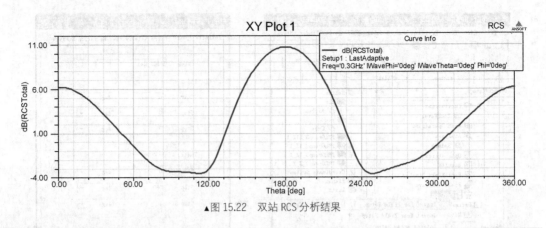

▲图 15.22　双站 RCS 分析结果

15.7 单站 RCS 分析

15.7.1 定义入射波激励

单站 RCS 的定义是收发雷达在同一位置测得的 RCS 值。因为接收和发射在同一个方向，所以如果分析某方向范围内的单站 RCS 值，那么就需要定义在这一方向范围内一系列的入射平面波。此处计划分析在 $\varphi=0°$、θ 在 0 到 180° 范围内的单站 RCS 值，所以首先需要定义这一方向范围内的一系列入射平面波激励。

双击工程树 Excitations 节点下的 IncPWave1，打开 15.6 节定义的入射平面波激励设置对话框。单击对话框的 Spherical Vector Setup 选项卡，在该界面中，IWavePhi 栏的 Start、Step 和 Stop 项都输入 0 deg，IWavetheta 栏的 Start、Step 和 Stop 项分别输入 0 deg，2deg 和 180deg，如图 15.23 所示，然后单击 确定 按钮，完成设置，退出对话框。这样就定义了 $\varphi=0°$，$0°\leqslant\theta\leqslant180°$ 方向上一系列入射平面波激励。

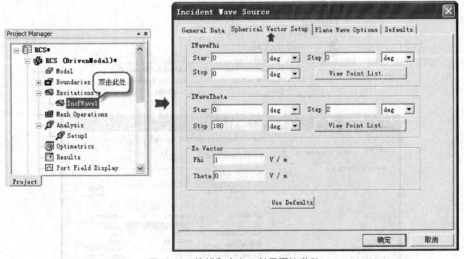

▲图 15.23　编辑和定义入射平面波激励

设置完成后，在三维模型窗口会显示出定义的这一系列入射波示意图，如图 15.24 所示。

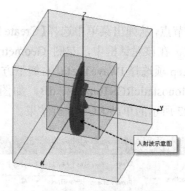

▲图 15.24　入射波示意图

15.7.2　运行仿真分析

右键单击工程树下的 **Analysis** 节点，从弹出菜单中选择【**Analyze All**】命令，或者单击工具栏 按钮，运行仿真计算。

仿真计算过程中，工作界面上的进度条窗口会显示出求解进度，信息管理窗口也会有相应的信息提示，并会在仿真计算完成后，给出完成提示信息。

15.7.3　查看单站 RCS 分析结果

查看单站 RCS 分析结果，首先也是需要添加辐射表面，因为单站 RCS 入射方向和接收方向在同一角度，所以不论查看多大角度范围内的单站 RCS 值，辐射表面只要设定 0°单一方向即可。单站 RCS 的角度范围由前面在定义入射波激励时设置。

1.　添加辐射表面

右键单击工程树下的 **Radiation** 节点，从弹出菜单中选择【**Insert Far Field Setup**】→【**Infinite Sphere**】命令，打开 Far Field Radiation Sphere Setup 对话框，定义辐射表面。在该对话框中，Name 项输入 Mono，Phi 角对应的 **Start**、**Stop** 和 **Step** 项都输入 0deg，theta 角对应的 **Start**、**Stop** 和 **Step** 项也都输入 0deg，如图 15.25 所示。最后单击 确定 按钮，完成辐射表面设置。此时，新定义的辐射表面名称 Mono 也会添加到工程树的 **Radiation** 节点下。

▲图 15.25　定义辐射表面

2. 查看单站 RCS 结果

右键单击工程树下的 Results 节点，从弹出菜单中选择【Create Far Fields Report】→【Rectangular Plot】命令，打开报告设置对话框。在该对话框中，左侧 Geometry 项选择上一步刚添加的辐射表面 Mono，右侧上方的 Primary Sweep 项选择 IWaveTheta，右侧下方的 Category、Quantity 和 Function 项分别选择 Monostatic RCS、MonostaticRCSTotal 和 dB，如图 15.26 所示。最后单击对话框 New Report 按钮，生成如图 15.27 所示的单站 RCS 分析结果。

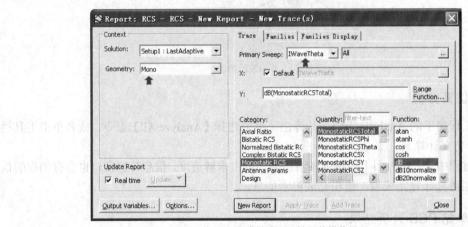

▲图 15.26　生成单站 RCS 结果的操作设置

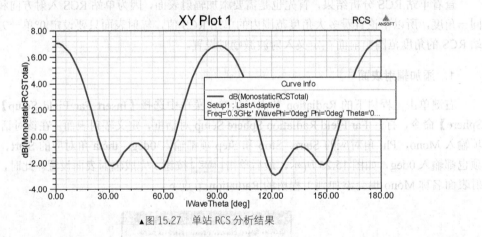

▲图 15.27　单站 RCS 分析结果

至此，就完成金属立方体单站 RCS 和双站 RCS 的仿真分析。最后，单击工具栏的 按钮，保存设计；并从主菜单栏选择【File】→【Exit】命令，退出 HFSS。

15.8 本章小结

本章主要讲解 HFSS 在雷达散射截面分析方面的应用。通过本章的学习，读者可以学会如何使用 HFSS 分析目标物体的单站 RCS 和双站 RCS。同时，在本章读者还可以学习到在 HFSS 中如何定义和设置 PML 边界条件，以及学习到如何定义和设置平面波激励。

第16章　HFSS时域求解器应用实例

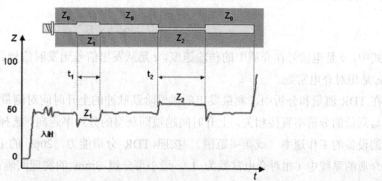

本章通过一段同轴线的阻抗分析实例，讲解HFSS时域瞬态求解器的实际应用，包括阶跃脉冲信号的设置、时域求解器在TDR分析中的具体流程和操作步骤。

通过本章的学习，希望读者能够熟悉HFSS13.0版本中新增加时域求解功能，并掌握时域求解功能在TDR分析方面的实际应用。在本章，读者可以学到以下内容。

- HFSS时域求解器介绍。
- TDR分析介绍。
- 使用时域求解器时波端口激励中Active和Passive模式的设置。
- TDR分析中，阶跃脉冲信号上升沿时间的设置。
- TDR分析阻抗结果的查看。
- 设计建模报错的解决。

16.1　HFSS 时域求解器和 TDR 分析

16.1.1　HFSS 时域求解器简介

HFSS时域求解（HFSS Transient）是在HFSS13.0版本上新增的时域瞬态求解器，它基于间断伽略金法（DGTD）的三维全波电磁场仿真求解器，采用基于共形、四面体有限元技术，能得到和HFSS频域求解器一样的自适应网格剖分精度。借助于HFSS时域仿真器，用户可以仿真分析采用脉冲激励类型的领域——如探地雷达、超宽带天线、瞬态RCS、雷击、静电放电等，短时激励下的瞬态场显示，以及时域反射阻抗分析（TDR）。

16.1.2　TDR 分析介绍

TDR即时域反射分析（Time Domain Reflectometry），它是基于传输线理论，通过测量反射波的电压和测量反射点到发射点的时间值来计算阻抗的变化和传输路径中阻抗变化点的位置。

在传输线理论中，当负载阻抗不匹配时就会发生反射，反射系数 ρ 的大小由式（16-1）来表示，反射电压的大小由式（16-2）来表示：

$$\rho = \frac{Z_L - Z_0}{Z_L + Z_0} \tag{16-1}$$

$$V_r = \rho V_i \tag{16-2}$$

式中，Z_L、Z_0 分别是待测阻抗和参考阻抗；V_r、V_i 分别是反射电压和入射电压。由于入射电压已知，参考阻抗可以由用户自己设置，所以只要测量出反射点的电压值，就可以计算出发射点的待测阻抗值。

同时通过测量被反射信号的传输时延值，然后由式（16-3）就可以计算出发射点的位置：

$$L = \frac{vt}{2} = \frac{ct}{2\sqrt{\varepsilon_r}} \tag{16-3}$$

式中，v 是电信号在介质中的传输速度，t 是从发出信号到发射信号到达出发点的时间，c 是光速，ε_r 是相对介电常数。

在 TDR 测量和分析中，测量发出的激励阶跃脉冲的上升时间对测量结果有很大的影响，上升时间与测量的分辨率直接相关，上升时间越短则获得的分辨率越高。选择多快的上升沿，主要取决于待测设备的工作速率（或频率范围）。按照 TDR 分辨能力，20ps 的上升时间的 TDR 系统在空气为介质的系统中（相对介电常数为 1），最小可分辨 3mm 的物理间隔；对于典型的 PCB 介质材料 FR4（相对介电常数约等于 4），20ps 的 TDR 系统最小可分辨 1.5mm 的物理间隔。对于本身工作速率不高的系统，过快的上升沿会产生额外的过冲和多次反射，不但不会提高测试精度，反而会引入不必要的误差。所以，用户在进行 TDR 测量时，不能单纯地追求过快的上升沿时间，必须综合考虑系统的各个方面，才能达到完成更高质量的测量。

16.2 HFSS 设计概述

本章以一段同轴线的 TDR 分析为例，讲解如何使用 HFSS 的时域瞬态求解器。所要分析的同轴线结构如图 16.1 所示，同轴线的外径截面半径为 2.3mm，同轴线的内芯是半径为 1mm 的铜芯。为了固定同轴线的内芯，在同轴线两侧都有一段 10 毫米长度的特氟龙（Teflon）支架，同轴线内芯和外径之间除特氟龙支架以外的空间填充的是空气介质。因为填充介质的不同会影响到同轴线的特性阻抗，为了尽可能保持特性阻抗的一致性，在特氟龙（Teflon）支架区域的同轴线内芯的半径需要由空气介质处的 1mm 变更为 0.6875mm。

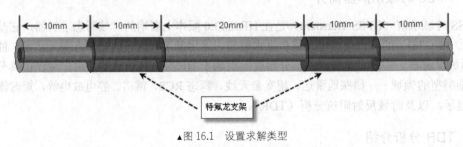

▲图 16.1 设置求解类型

本章主要讲解如何使用 HFSS 的时域瞬态求解器，来分析上述结构同轴线的阻抗特性。涉及的内容包括同轴线的结构建模、时域求解器的设置、TDR 分析时激励信号上升沿时间的设置，以及波端口激励的 Active 和 Passive 模式的选择等。

HFSS 设计环境概述

- 求解类型：时域瞬态求解。
- 建模操作。
  - ➢ 模型原型：圆柱体。
- 边界条件和激励。
  - ➢ 激励方式：波端口激励。
- 求解设置。
  - ➢ 激励信号：TDR 阶跃信号。
  - ➢ 上升时间：15ps。
- 数据后处理。
  - ➢ TDR 分析结果。

下面就来详细介绍具体的设计操作和完整的设计过程。

16.3　新建 HFSS 工程

1. 运行 HFSS 并新建工程

双击桌面上的 HFSS 快捷方式 ，启动 HFSS 软件。HFSS 运行后，会自动新建一个工程文件，选择主菜单【File】→【Save As】命令，把工程文件另存为 Transient.hfss；然后右键单击工程树下的设计文件名称 HFSSDesign1，从弹出菜单中选择【Rename】命令项，把设计文件重新命名为 TDR。

2. 设置求解类型

设置当前设计为时域瞬态求解类型。

从主菜单栏选择【HFSS】→【Solution Type】，打开如图 16.2 所示的 Solution Type 对话框，选中 Transient 单选按钮，同时选中 Network Analysis 复选框，然后单击 OK 按钮，退出对话框，完成设置。

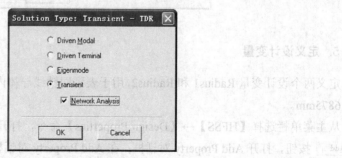

▲图 16.2　设置求解类型

3. 设置默认的长度单位

设置当前设计在创建模型时使用的默认长度单位为毫米。

从主菜单栏选择【Modeler】→【Units】命令，打开如图 16.3 所示的模型长度单位设置对话框。在该对话框中，Select units 项选择长度单位为毫米（mm），然后单击 OK 按钮，退出对话框，完成设置。

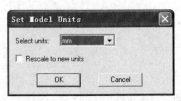

▲图 16.3　长度单位设置对话框

4. 建模相关选项设置

从主菜单栏选择【Tools】→【Options】→【Modeler Options】命令，打开 Modeler Options 对话框，单击对话框 Drawing 选项卡，确认 Drawing 选项卡界面的 Edit properties of new primitive 复选框未选中，如图 16.4 所示。然后单击 确定 按钮，退出对话框，完成设置。

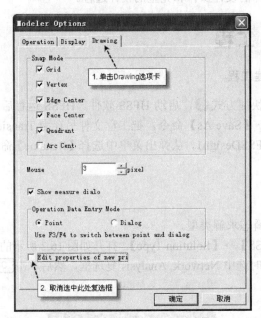

▲图 16.4　Modeler Options 对话框

5. 定义设计变量

定义两个设计变量 Radius1 和 Radius2，用于表示同轴线导体内芯的半径，其初始值分别为 1mm 和 0.6875mm。

从主菜单栏选择【HFSS】→【Design Properties】命令，打开设计属性对话框，单击对话框中的 Add... 按钮，打开 Add Property 对话框；在 Add Property 对话框中，Name 项输入第一个变量名称 Radius1，Value 项输入该变量的初始值 1mm，然后单击 OK 按钮，添加变量 Radius1 到设计属性对话框中。变量定义和添加的过程如图 16.5 所示。

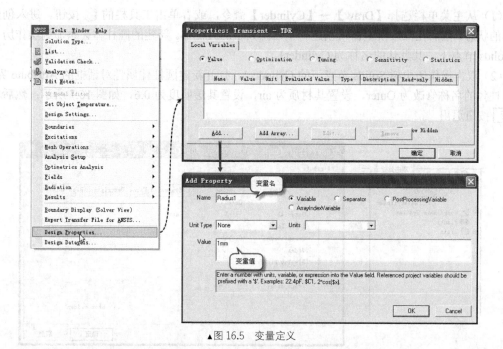

▲图 16.5　变量定义

使用相同的操作步骤，变量 Radius2，其初始值也是 0.6875mm。定义完成后，确认设计属性对话框如图 16.6 所示。

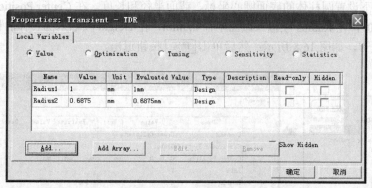

▲图 16.6　完成变量定义后的设计属性对话框

16.4　设计建模

16.4.1　创建同轴线结构模型

1. 设置当前工作平面为 *xz* 面

从主菜单栏选择【Modeler】→【Grid Plane】→【XZ】命令，或单击工具栏快捷按钮 ZX ▼ 3D ▼，从其下拉列表中选择 ZX，设置当前工作平面为 *xz* 面。

2. 创建同轴线的外径

创建一个沿着 *y* 轴方向放置，底面圆心坐标为（0，0，0），半径为 2.3mm，长度为 60mm 的圆柱体作为同轴线的外径，其材质为空气（air），并将该圆柱体命名为 Outer。

（1）从主菜单栏选择【Draw】→【Cylinder】命令，或者单击工具栏的 ⬚ 按钮，进入创建圆柱体的状态，然后在三维模型窗口创建一个任意大小的圆柱体。新建的圆柱体会添加到操作历史树的 Solids 节点下，其默认的名称为 Cylinder1。

（2）双击操作历史树 Solids 节点下的 Cylinder1，打开新建圆柱体属性对话框的 Attribute 界面，把圆柱体的名称修改为 Outer，设置其材质为 air，设置其透明度为 0.6，如图 16.7 所示；然后单击 确定 按钮退出。

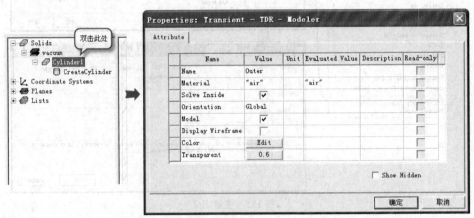

▲图 16.7　圆柱体属性对话框 Attribute 界面

（3）再双击操作历史树 Outer 节点下的 CreateCylinder，打开新建圆柱体属性对话框的 Command 界面，在该界面下设置圆柱体的底面圆心坐标、截面半径和长度。在 Center Position 项输入底面圆心坐标（0，0，0），在 Radius 项输入截面半径 2.3mm，在 Height 项输入圆柱体的长度 60，并确认 Axis 项显示的是 Y，如图 16.8 所示；然后单击 确定 按钮退出。

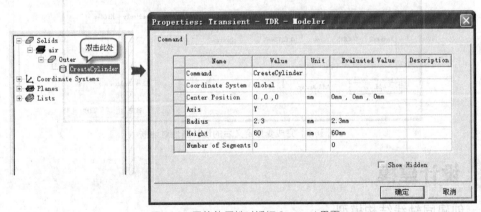

▲图 16.8　圆柱体属性对话框 Command 界面

此时就创建好了名称为 Outer，材质为空气的立方体，然后按下快捷键 Ctrl+D，全屏显示创建的立方体模型。

3. 创建同轴线的内芯 1

创建一个沿着 y 轴方向放置，底面圆心坐标为（0，0，0），半径用变量 Radius1 表示，长度为 10mm 的圆柱体作为同轴线的内芯 1，内芯材质为金属铜（copper），并将该圆柱体命名为 Inner。

（1）从主菜单栏选择【Draw】→【Cylinder】命令，或者单击工具栏的 ⬚ 按钮，进入创建圆柱体的状态，然后在三维模型窗口创建一个任意大小的圆柱体。新建的圆柱体会添加到操作历史树的 Solids 节点下，其默认的名称为 Cylinder1。

（2）双击操作历史树 Solids 节点下的 Cylinder1，打开新建圆柱体属性对话框的 Attribute 界面，把圆柱体的名称修改为 Inner，设置其材质为 copper，设置其颜色为铜黄色，如图 16.9 所示；然后单击 确定 按钮退出。

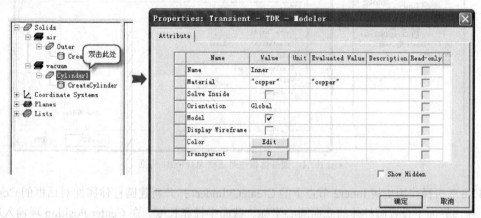

▲图 16.9　圆柱体属性对话框 Attribute 界面

（3）再双击操作历史树 Inner 节点下的 CreateCylinder，打开新建圆柱体属性对话框的 Command 界面，在该界面下设置圆柱体的底面圆心坐标、截面半径和长度。在 Center Position 项输入底面圆心坐标（0，0，0），在 Radius 项输入截面半径 Radius1，在 Height 项输入圆柱体的长度 10，并确认 Axis 项显示的是 Y，如图 16.10 所示；然后单击 确定 按钮退出。

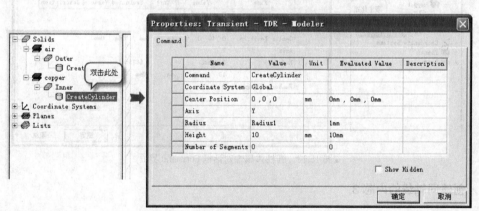

▲图 16.10　圆柱体属性对话框 Command 界面

4. 创建同轴线的内芯 2

使用和前面相同的操作步骤，创建一个沿着 y 轴方向放置，底面圆心坐标为（10mm，0，0），半径用变量 Radius 2 表示，长度为 10mm，材质为金属铜（copper）的圆柱体作为同轴线的内芯 2，并将该圆柱体命名为 Inner2。

（1）从主菜单栏选择【Draw】→【Cylinder】命令，或者单击工具栏的 🛢 按钮，进入创建圆柱体的状态，然后在三维模型窗口创建一个任意大小的圆柱体。新建的圆柱体会添加到操作历史树的 Solids 节点下，其默认的名称为 Cylinder1。

（2）双击操作历史树 Solids 节点下的 Cylinder1，打开新建圆柱体属性对话框的 Attribute 界面，把圆柱体的名称修改为 Inner2，设置其材质为 copper，设置其颜色为铜黄色，如图 16.11 所示；然后单击 确定 按钮退出。

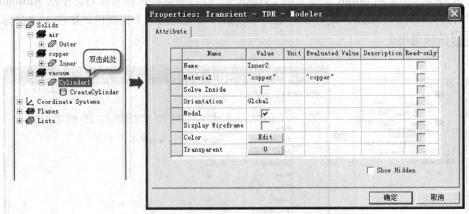

▲图 16.11　圆柱体属性对话框 Attribute 界面

（3）再双击操作历史树 Inner2 节点下的 CreateCylinder，打开新建圆柱体属性对话框的 Command 界面，在该界面下设置圆柱体的底面圆心坐标、截面半径和长度。在 Center Position 项输入底面圆心坐标（0，10，0），在 Radius 项输入截面半径 Radius2，在 Height 项输入圆柱体的长度 10，并确认 Axis 项显示的是 Y，如图 16.12 所示；然后单击 确定 按钮退出。

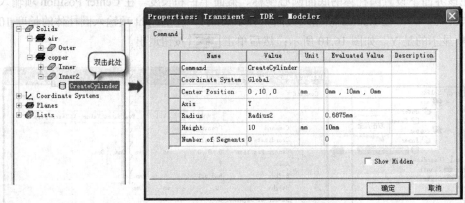

▲图 16.12　圆柱体属性对话框 Command 界面

5.　创建同轴线的内芯 3

使用和前面相同的操作步骤，创建一个沿着 y 轴方向放置，底面圆心坐标为（20mm，0，0），半径用变量 Radius1 表示，长度为 20mm，材质为金属铜（copper）的圆柱体作为同轴线的内芯 3，并将该圆柱体命名为 Inner3。

（1）从主菜单栏选择【Draw】→【Cylinder】命令，或者单击工具栏的 🔲 按钮，进入创建圆柱体的状态，然后在三维模型窗口创建一个任意大小的圆柱体。新建的圆柱体会添加到操作历史树的 Solids 节点下，其默认的名称为 Cylinder1。

（2）双击操作历史树 Solids 节点下的 Cylinder1，打开新建圆柱体属性对话框的 Attribute 界面，把圆柱体的名称修改为 Inner3，设置其材质为 copper，设置其颜色为铜黄色，如图 16.13 所示；然后单击 确定 按钮退出。

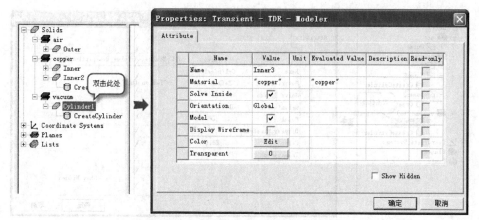

▲图 16.13　圆柱体属性对话框 Attribute 界面

（3）再双击操作历史树 Inner3 节点下的 CreateCylinder，打开新建圆柱体属性对话框的 Command 界面，在该界面下设置圆柱体的底面圆心坐标、截面半径和长度。在 Center Position 项输入底面圆心坐标（0，20，0），在 Radius 项输入截面半径 Radius1，在 Height 项输入圆柱体的长度 20，并确认 Axis 项显示的是 Y，如图 16.14 所示；然后单击 确定 按钮退出。

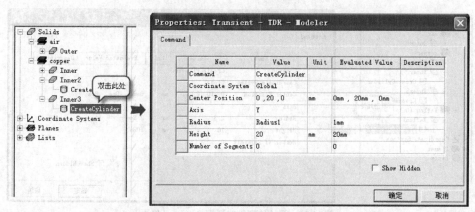

▲图 16.14　圆柱体属性对话框 Command 界面

6. 创建特氟龙圆柱支架 1

使用和前面相同的操作步骤，创建一个沿着 y 轴方向放置，底面圆心坐标为（10mm，0，0），半径为 2.3mm，长度为 10mm，材质为特氟龙（Teflon）的圆柱体作为固定同轴线内芯的支架，并将该圆柱体命名为 Teflon1。

（1）从主菜单栏选择【Draw】→【Cylinder】命令，或者单击工具栏的 按钮，进入创建圆柱体的状态，然后在三维模型窗口创建一个任意大小的圆柱体。新建的圆柱体会添加到操作历史树的 Solids 节点下，其默认的名称为 Cylinder1。

（2）双击操作历史树 Solids 节点下的 Cylinder1，打开新建圆柱体属性对话框的 Attribute 界面，把圆柱体的名称修改为 Teflon1，设置其材质为 Teflon，设置其颜色为铜黄色，设置其透明度为 0.6，如图 16.15 所示；然后单击 确定 按钮退出。

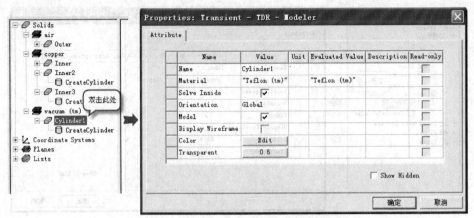

▲图 16.15　圆柱体属性对话框 Attribute 界面

（3）再双击操作历史树 Teflon1 节点下的 CreateCylinder，打开新建圆柱体属性对话框的 Command 界面，在该界面下设置圆柱体的底面圆心坐标、截面半径和长度。在 Center Position 项输入底面圆心坐标（0，10，0），在 Radius 项输入截面半径 2.3，在 Height 项输入圆柱体的长度 10，并确认 Axis 项显示的是 Y，如图 16.16 所示；然后单击 [确定] 按钮退出。

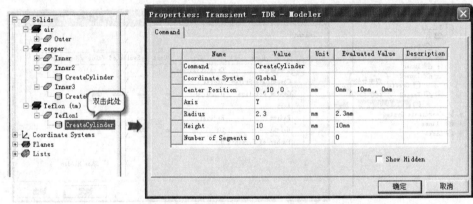

▲图 16.16　圆柱体属性对话框 Command 界面

7.　创建同轴线内芯 4、5 和特氟龙支架 2

选中圆柱体 Inner、Inner2 和 Teflon1，使用镜像复制操作，设置镜像面为 $y=30\text{mm}$ 的平面，复制生成轴线内芯 4、内芯 5 和特氟龙支架 2。

（1）按住 Ctrl 键，按先后顺序依次单击操作历史树下的 Inner、Inner2 和 Teflon1，同时选中这 3 个圆柱体。

（2）从主菜单栏选择【Edit】→【Duplicate】→【Mirror】命令，或者单击工具栏的 按钮，进入镜像复制操作状态。然后，在 HFSS 工作界面右下角状态栏 X、Y、Z 对应的文本框中输入坐标 0、30 和 0，单击回车键确认；接着在状态栏 dX、dY、dZ 对应的文本框中分别输入 0、1 和 0，再次单击回车键确认。此时，即以 $y=30\text{mm}$ 面为镜像面复制选中的物体生成 3 个新的物体。镜像复制操作新生成物体的名称分别为：Inner_1、Inner2_1 和 Teflon1_1。

镜像复制操作前后物体模型的对比如图 16.17 所示。

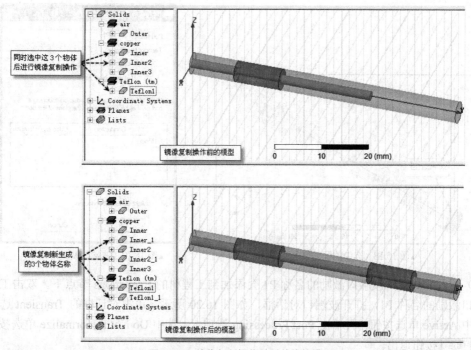

▲图 16.17　镜像复制操作前后的物体模型

8. 合并同轴线内芯

选中圆柱体 Inner、Inner_1、Inner2、Inner2_1 和 Inner3，使用合并操作将合并成一个整体。

（1）按住 **Ctrl** 键，按先后顺序依次单击操作历史树下的 Inner、Inner_1、Inner2、Inner2_1 和 Inner3，同时选中这 5 个圆柱体。

（2）从主菜单栏选择【Modeler】→【Boolean】→【Unite】命令，或者单击工具栏的 ⬛ 按钮，执行合并操作。此时，即把选中的所有物体合并成一个整体，合并生成的新物体的名称为 Inner。

到此，就创建好了同轴线的结构模型，下面设置同轴线两个端口的激励方式。

16.4.2　设置端口激励

设置同轴线两端的端口为波端口激励方式。

1. 切换到选择物体表面模式

按键盘上的快捷键 F，或者在三维模型窗口单击鼠标右键，从右键弹出菜单中单击【Select Faces】命令，进入选择物体表面的模式。

2. 设置同轴线的一侧端口面为波端口激励

（1）旋转同轴线模型，单击选中如图 16.18 所示同轴线端口截面，然后在三维模型窗口单击鼠标右键，从弹出菜单中选择【Assign Excitation】→【Wave Port】命令，打开如图 16.19 所示的波端口设置对话框，在对话框的 Port Name 项输入端口名称 P1，其他项保留默认设置不变，然后单击 OK 按钮，完成波端口激励的设置。

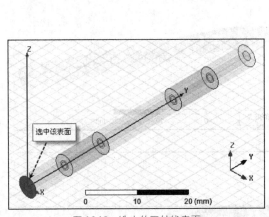

▲图 16.18　选中的同轴线表面

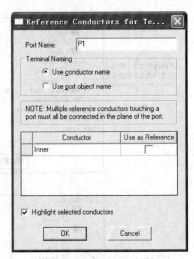

▲图 16.19　波端口设置对话框

（2）设置完成后，波端口激励的名称 P1 会添加到工程树的 Excitations 节点下。双击工程树下的波端口激励的名称 P1，打开波端口对话框，如图 16.20 所示。单击对话框的 Transient 选项卡，确认选中 Active 单选按钮；再单击 Post Processing 选项卡，选中 Do Not Renormalize 单选按钮；然后单击 确定 按钮退出。

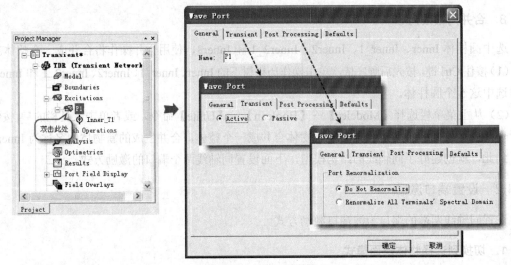

▲图 16.20　波端口对话框

（3）右键单击工程树波端口激励 P1 节点下 Inner_T1，在右键弹出菜单中选择【Rename】命令，将终端线重新命名为 T1。

3. 使用相同的步骤设置同轴线的另一侧端口面为波端口激励

（1）选中如图 16.21 所示同轴线端口截面，然后在三维模型窗口单击鼠标右键，从弹出菜单中选择【Assign Excitation】→【Wave Port】命令，打开如图 16.22 所示的波端口设置对话框，在对话框的 Port Name 项输入端口名称 P2，其他项保留默认设置不变，然后单击 OK 按钮，完成波端口激励的设置。

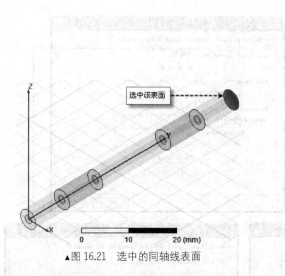
▲图 16.21　选中的同轴线表面

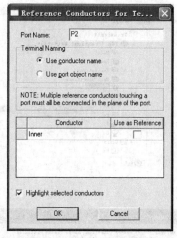
▲图 16.22　波端口设置对话框

（2）设置完成后，波端口激励的名称 P2 也会添加到工程树的 Excitations 节点下。双击工程树下的波端口激励的名称 P2，打开波端口对话框。单击对话框的 Transient 选项卡，确认选中 Passive 单选按钮；再单击 Post Processing 选项卡，选中 Do Not Renormalize 单选按钮；然后单击 确定 按钮退出。

（3）单击鼠标右键工程树波端口激励 P2 节点下 Inner_T2，在右键弹出菜单中选择【Rename】命令，将终端线重新命名为 T2。

此时，就把同轴线两侧端口都设置为波端口激励方式了。其中，一侧端口为正常的 Active 模式，一侧端口为 Passive 模式。设置为 Passive 模式表示在运行仿真分析时，该端口只作为负载，这样可以减少仿真运算的时间。

16.5　求解设置

从第 1 节的介绍中我们知道，阶跃脉冲激励信号的上升时间设置和 TDR 的分析精度直接相关。为了获得足够高的精度，这里激励信号的上升时间设置为 15ps，相当于在空气介质中，能够分辨 2.25mm 的精度。TDR 分析，添加求解设置的步骤如下。

（1）右键单击工程树下的 Analysis 节点，从弹出菜单中选择【Add Solution Setup】命令，打开 Solution Setup 对话框。

（2）在该对话框中，General 选项卡界面下的 Setup Name 项保留默认名称 Setup1， Maximum Number of Passes 项输入 20，Maximum Delta S 项输入 0.02。

（3）然后单击打开 Input Signal 选项卡界面，此处 Function 项从下拉列表中选择 TDR，上升时间即 Rise Time 项设置为 15ps，其他项保留默认设置。

（4）再单击打开 Duration 选项卡界面，此处选中 At most 复选框，并输入 600ps，其他项保留默认设置不变，最后单击 确定 按钮退出，完成设置，如图 16.23 所示。

> **注**　同轴线的总长度为 60mm，其中同轴线内径和外径之间为空气介质的总长度 40mm，根据式（16-3），电磁波来回传输需要时间约为 267 皮秒，内径和外径之间为 Teflon 介质的总长度 20mm，电磁波来回传输需要时间约为 193 皮秒，这样总时间约为 460 皮秒。所以，设置 600 皮秒的时间足够分析了。

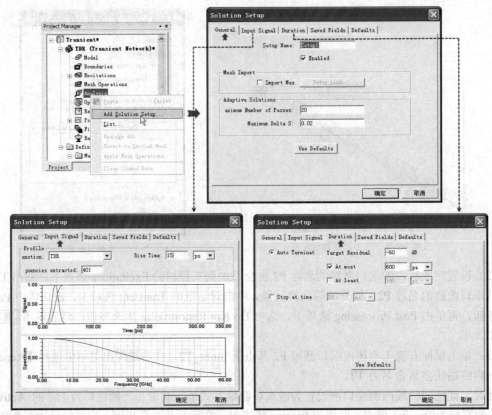

▲图 16.23　TDR 分析的求解设置

设置完成后，求解设置项的名称 Setup1 会添加到工程树的 Analysis 节点下。

16.6　设计检查和运行仿真分析

至此，我们完成了设计建模、激励方式设置和求解设置，接下来进行设计检查，检查设计的完整性和正确性。

从主菜单栏选择【HFSS】→【Validation Check】命令，或者单击工具栏的 按钮，进行设计检查。此时，会弹出如图 16.24 所示的检查结果显示对话框。在该对话框中，3D Model 项前面图标显示为 ，表示设计中的结构模型有错误。接着查看 HFSS 工作界面左下角的信息管理窗口，在该窗口会给出详细的错误提示信息，如图 16.25 所示。根据错误提示信息，可以知道错误在于设计模型中，物体 Inner 和 Teflon1、Inner 和 Teflon1_1 重叠了。

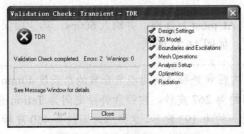

▲图 16.24　检查结果显示对话框图

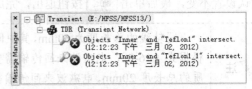

▲图 16.25　信息管理窗口错误提示信息

解决这一错误的方法有两种：一是挖去 Teflon1、Teflon1_1 这两个物体与物体 Inner 重叠的部分，这是对所有物体模型重叠错误适用的解决办法；二是因为该设计中相互重叠的两个物体一个是良导体，一个是介质，所以可以通过 "Enable material override" 设置来解决这一错误。这里采用第二种方法解决这一错误。

从主菜单栏选择【HFSS】→【Design Settings】命令，打开如图 16.26 所示的 Design Settings 对话框，选中该对话框的 Enable material override 复选框，然后单击 确定 按钮退出，完成设置。

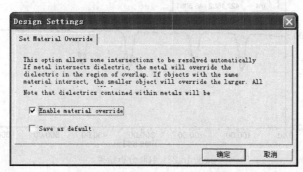

▲图 16.26　Design Settings 对话框

再次单击工具栏的 按钮，进行设计检查。此时检查结果显示对话框每一项都显示图标，表示当前的 HFSS 设计正确、完整。单击 Close 关闭对话框，然后开始运行仿真计算。

右键单击工程树下的 Analysis 节点，从弹出菜单中选择【Analyze All】命令，或者单击工具栏 按钮，运行仿真计算。

整个仿真计算大概要耗时 15 分钟左右，在仿真计算的过程中，HFSS 工作界面的进度条窗口会显示出求解进度，在仿真计算完成后，信息管理窗口会给出完成提示信息。

16.7　查看 TDR 分析结果

仿真运算完成，可以通过 HFSS 后处理功能查看 TDR 分析的结果。右键单击工程树的 Results 节点，从弹出菜单中选择【Create Terminal Solution Data Report】→【Rectangular Plot】命令，打开报告设置对话框。对话框中，Solution 项选择 Setup1:Transient，Primary Sweep 项选择 Time，Category 项选择 Transient，Quantity 项选择 TDRz（T1），Function 选择<none>，如图 16.27 所示。

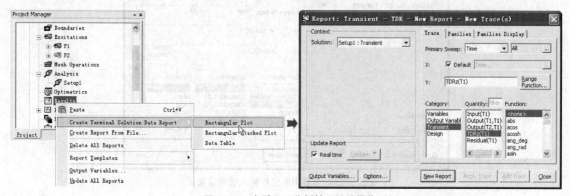

▲图 16.27　查看 TDR 分析结果设置操作

然后单击 New Report 按钮，生成同轴线的 TDR 分析结果，如图 16.28 所示。最后，单击 Close 按钮关闭对话框。

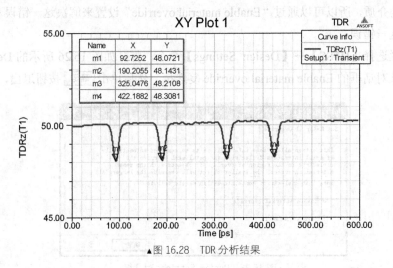

▲图 16.28　TDR 分析结果

TDR 分析结果给出的是阻抗和时间的关系图，且时间坐标和所分析物体结构的位置一一对应。从图 16.28 所示分析结果中可以看出，同轴线的特性阻抗约为 50 欧姆左右。其中，在 t =92.7ps、190.2ps、325ps 和 422.2ps 时，阻抗有轻微的跳变。对比同轴线的结构和输入阶跃脉冲信号的时间，能够更清楚的认识上述分析结果。

首先右键单击工程树的 Results 节点，从弹出菜单中选择【Create Terminal Solution Data Report】→【Rectangular Plot】命令，打开报告设置对话框。在该对话框中，Solution 项选择 Setup1:Transient，Primary Sweep 项选择 Time，Category 项选择 Transient，Quantity 项选择 Input（T1），Function 选择<none>，如图 16.29 所示；然后单击 New Report 按钮，可以生成如图 16.30 所示的输入阶跃脉冲信号时域图，从图 16.30 中可以看出阶跃脉冲信号发出的响应时间约为 25.9ps。

由式（16-3）可以给出激励信号从发出到反射回来的时间 t 与传输距离 L 之间的关系为：

$$t = \frac{2L}{c}\sqrt{\varepsilon_r} \qquad (16\text{-}4)$$

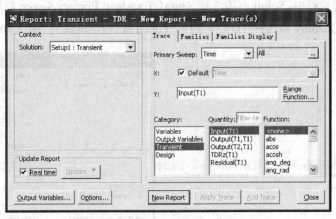

▲图 16.29　查看 TDR 分析输入信号设置

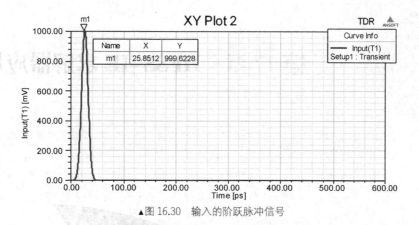

▲图 16.30　输入的阶跃脉冲信号

式中，c 是光速，为 $3×10^8$ 米/秒；表示光速；ε_r 是相对介电常数，空气相对介电常数约为 1，特氟龙介电常数约为 2.1。激励信号在 10 毫米长的空气介质中来回传输时间约为 66.7 皮秒，在 10 毫米长度的特氟龙介质中来回传输时间约为 96.6 皮秒。

把同轴线结构分成图 16.31 所示的①、②、③、④和⑤5 段，再看图 16.28 的分析结果，那么在 t =25.9ps 处则对应同轴线端口面 P1，t =92.6ps（25.9ps+66.7ps）对应同轴线①和②的交界处，t =189.2ps（25.9ps+66.7ps+96.6ps）对应同轴线②和③的交界处等。考虑到分析误差，那么在 TDR 分析结果中，每个阻抗跳变点对应的是从空气介质到特氟龙介质的交界处，如图 16.31 所示。即对于所分析的同轴线结构，由于介质的不连续性，在空气介质和特氟龙交界点处特性阻抗会由 50 欧姆跳变为 48 欧姆左右，其他各个位置特性阻抗都约为 50 欧姆。

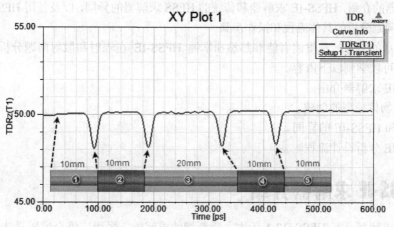

▲图 16.31　TDR 分析结果和同轴线的对应关系

至此，我们就借助于 HFSS 的时域瞬态仿真器完成了同轴线的 TDR 仿真分析。最后，单击工具栏的 💾 按钮，保存设计；并从主菜单栏选择【File】→【Exit】命令，退出 HFSS。

16.8　本章小结

本章主要讲解 HFSS 时域瞬态求解器的实际应用和如何进行 TDR 分析。通过本章的学习，读者可以掌握时域瞬态求解器的设置，以及 TDR 分析的相关应用。同时，在本章还可以学习到设计建模时，报出模型重叠错误的解决方法。

第 17 章　HFSS–IE 求解器应用实例

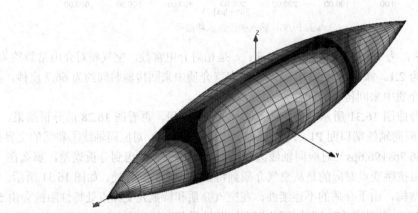

本章通过一个纺锤形金属体的雷达散射截面分析实例，重点讲解 HFSS-IE 求解器的使用，包括 HFSS-IE 求解器的介绍，HFSS-IE 求解器和传统的 HFSS 求解器的异同，以及使用 HFSS-IE 求解器进行辐射和散射问题分析的具体流程和操作步骤。

通过对本章的学习，希望读者能够熟悉和掌握 HFSS-IE 在辐射和散射问题分析方面的应用。在本章，读者可以学到以下内容。

- HFSS-IE 求解器介绍。
- 不规则物体模型的创建。
- HFSS 和 HFSS-IE 的异同。
- HFSS-IE 分析设计流程。

17.1　HFSS-IE 求解器介绍

HFSS-IE 求解器是在 HFSS 12.1 版本之后新增的求解器，采用三维全波矩量法（MoM）的电磁场积分方程（Integral Equation，IE）的算法，计算物体表面的电流，并根据这些电流精确地计算物体的辐射场或者散射场，适合电大尺寸模型的辐射及散射问题仿真计算。

对于电大尺寸的模型，使用传统的 HFSS 求解器需要较多的计算资源。HFSS-IE 求解器采取自动划分和物体共形的网格来保证计算精度，此时使用 IE 求解器会自动应用基于矩阵的自适应交叉近似算法（ACA）来提高求解效率，这种加速算法（ACA）可以最小化仿真计算所需要的内存和时间。

HFSS-IE 求解器选项采用传统经典的 HFSS 工作界面，基于 HFSS-IE 求解器的设计和原有 HFSS 环境之间无缝地共享模型库，包括各种材料库和几何模型库。HFSS-IE 仿真分析的设计流程和 HFSS 也基本相同，建立一个 HFSS IE 仿真计算仅仅需要以下几个步骤：创建设计模型、定义边界条件和激励，定义求解设置；随后的仿真计算过程完全自动进行，基本不需要用户再多输入信息即可得到精准可靠的计算结果。因此，对于以往的 HFSS 用户可以轻松掌握这个全新求解器的使用。

对于习惯了使用 HFSS 求解器的用户需要注意的是，在使用 HFSS-IE 求解器时系统默认设计模型置于真空中，因此使用 HFSS-IE 求解器分析辐射及散射问题时，不需要像传统的 HFSS 求解器那样设置辐射边界条件或者 PML 边界条件。

在 HFSS 工具栏上，通过单击 🏭 按钮可以新建 HFSS 设计，通过单击 🜨 按钮可以新建 HFSS-IE 设计，如图 17.1 所示。

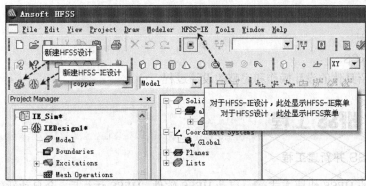

▲图 17.1　HFSS-IE 工作界面

17.2　HFSS 设计及其设计环境概述

本章以一个典型的金属纺锤状模型的 RCS 分析为例，讲解使用 HFSS-IE 求解器仿真分析散射问题的流程和操作。

本章所分析的目标物体是如图 17.2(b)所示的纺锤形金属体，模型的材质为金属铝(aluminum)。在 HFSS 中，无法直接创建这样的物体模型，设计中，首先通过使用方程式创建曲线(Equation Based Curve)的操作，创建一条如图 17.2 (a) 所示的曲线，然后把该曲线绕 x 轴旋转 360° 生成图示设计模型。

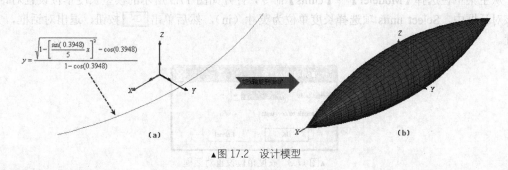

▲图 17.2　设计模型

因为模型的轴对称性，所以在分析其单站 RCS 时，只需要分析设计模型在经过 x 轴的某个截面上的单站 RCS 结果即可。这里，我们分析模型在 xoy 截面 $x>0$ 方向上的单站 RCS 值，所以设计中需要定义平面波激励的入射方向为 $\theta=90°$、$0°\leqslant\varphi\leqslant180°$。设计中，入射波的工作频率为 1.18GHz。

因为使用 HFSS-IE 求解器，设计模型四周默认被真空包围着，可以看做是置于自由空间中，所以分析辐射或散射问题时，不需要再设置辐射边界条件或者 PML 边界条件。这一点，读者在学习过程中，需要注意区别。

HFSS 设计环境概述

- 求解类型：HFSS-IE 求解器。
- 建模操作。
  - ➢ Equation Based Curve。
- 边界条件和激励。
  - ➢ 激励方式：平面波激励。
- 求解设置。
  - ➢ 求解频率：1.18GHz。
- 数据后处理。
  - ➢ 单站 RCS。

下面详细介绍具体的设计操作和完整的设计过程。

17.3 新建 HFSS 工程

1. 运行 HFSS 并新建工程

双击桌面上的 HFSS 快捷方式 ⬤，启动 HFSS 软件。HFSS 运行后，会自动新建一个工程文件，选择主菜单【File】→【Save As】命令，把工程文件另存为 IE_Example.hfss。因为默认新建工程时，默认创建的 HFSS 设计，所以首先右键单击工程树下的设计名称 HFSSDesign1，从弹出的菜单中选择【Delete】命令，删除 HFSS 设计。然后单击工具栏上的 ⬤ 按钮，新建一个 HFSS-IE 设计，新建 IE 设计的默认名称 IEDesign1，添加在工程树下。

右键单击工程树下的 IE 设计名称 IEDesign1，从弹出的菜单中选择【Rename】命令项，把设计文件重新命名为 RCS。

2. 设置默认的长度单位

设置当前设计在创建模型时使用的默认长度单位为米。

从主菜单栏选择【Modeler】→【Units】命令，打开如图 17.3 所示的模型长度单位设置对话框。在该对话框中，Select units 项选择长度单位为英寸（in），然后单击 OK 按钮，退出对话框，完成设置。

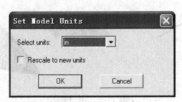

▲图 17.3　长度单位设置对话框

3. 建模相关选项设置

从主菜单栏选择【Tools】→【Options】→【Modeler Options】命令，打开 Modeler Options 对话框，单击对话框 Drawing 选项卡，确认 Drawing 选项卡界面的 Edit properties of new primitive 复选框未选中，如图 17.4 所示。然后单击 确定 按钮，退出对话框，完成设置。

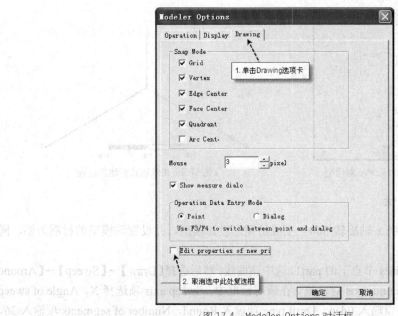

▲图 17.4　Modeler Options 对话框

17.4　设计建模

首先通过使用方程式创建曲线（Equation Based Curve）的操作，在 xoy 面上创建一条曲线，该曲线方程为：

$$y = \frac{\sqrt{1 - \left[\dfrac{\sin(0.3948)}{5} x\right]^2} - \cos(0.3948)}{1 - \cos(0.3948)} \tag{17-1}$$

其中，x 的取值范围为 –5 英寸到 5 英寸。然后把所创建的曲线绕 x 轴旋转 360° 生成纺锤形设计模型。

17.4.1　创建曲线

使用方程式创建曲线（Equation Based Curve）的操作，在 xoy 面上创建一条由式（17-1）定义的曲线。

从主菜单栏选择【Draw】→【Equation Based Curve】命令，打开 Equation Based Curve 对话框，创建由方程式定义的曲线。在该对话框中，X (_t) 项输入 _t*(1in)，Y (_t) 项输入 (sqrt(1-(_t*sin(0.3948)/5)^2)-cos(0.3948))/(1-cos(0.3948))*(1in)，Z (_t) 项输入 0，Start_t 项输入 –5，End_t 项输入 5，Points 项输入 36，如图 17.5 所示。然后单击 OK 按钮，退出对话框。

此时即创建了 Y (_t) 表达式所定义的曲线，新建曲线会添加到操作历史树的 Lines 节点下，其默认名称为 part1。然后按下快捷键 Ctrl+D，在三维模型窗口全屏显示创建的曲线，如图 17.6 所示。

在 Equation Based Curve 对话框中，X (_t) 项和 Y (_t) 项输入的（1in）是强制设置 X (_t) 和 Y (_t) 表达式的单位为英寸，否则 X (_t) 和 Y (_t) 表达式的单位会是默认的国际单位制——米。HFSS-IE 设计中，使用 Equation Based Curve 命令创建的曲线，是通过一小段一小段的直线段拟合曲线的，Points 项就是设置直线段的个数。

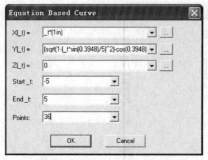

▲图 17.5　Equation Based Curve 对话框

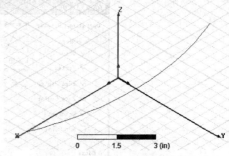

▲图 17.6　由表达式创建的曲线

17.4.2　创建纺锤形金属体

把新创建的曲线 part1 绕 x 轴旋转 360° 生成纺锤形设计模型，并设置该模型的材质为铝，同时把模型命名为 Ogive。

（1）单击操作历史树 Lines 节点下的 part1，选中该曲线。然后选择【Draw】→【Sweep】→【Around Axis】命令，打开 Sweep Around Axis 对话框。在该对话框中，Sweep axis 项选择 X，Angle of sweep 项输入 360deg，Draft angle 项输入 0deg，Draft type 项输入 Round，Number of segments 项输入 36，如图 17.7 所示。然后单击 OK 按钮，退出对话框。

▲图 17.7　Sweep Around Axis 对话框

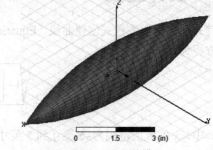

▲图 17.8　纺锤体模型

此时即把曲线 part1 绕 x 轴旋转 360° 生成了如图 17.8 所示的纺锤体模型，模型名称仍为 part1。

（2）双击操作历史树 Solids 节点下的 part1，打开新建模型属性对话框的 Attribute 界面，把模型名称修改为 Ogive，设置其材质为 aluminum，设置其坐标系（Orientation）为 Global，如图 17.9 所示；然后单击 确定 按钮退出。

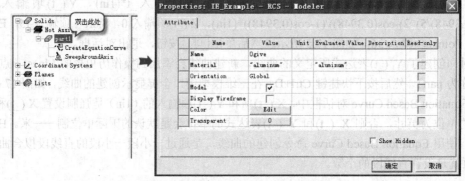

▲图 17.9　模型的属性对话框 Attribute 界面

此时即正确创建了设计所用的纺锤金属体模型。

17.5　设置平面波激励

定义入射方向为 $\theta=90°$、$0°\leqslant\varphi\leqslant180°$ 范围内的一系列平面波激励，用于分析该目标物体在该方向范围内的单站 RCS。

（1）从主菜单栏选择【HFSS】→【Excitations】→【Assign】→【Incident Wave】→【Plane Wave】命令，或者在三维模型窗口单击鼠标右键，从右键弹出的菜单中选择【Assign Excitation】→【Incident Wave】→【Plane Wave】命令，打开如图 17.10 所示的平面波激励设置对话框。

（2）在该对话框中，Name 项是设置入射波激励的名称，这里保留默认名称 IncPWave1 不变；Vector Input Format 项选择 Spherical 单选按钮，即球坐标格式；Excitation Location and/ or Zero Phase Position 项设置入射波零相位位置，这里零相位点设置在坐标原点，即 X、Y、Z 坐标都输入 0。

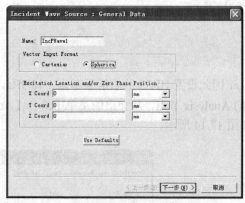

▲图 17.10　平面波激励设置对话框之一

（3）然后单击 下一步(N) 按钮，打开如图 17.11 所示的 Spherical Vector Setup 界面。该界面是设置入射波的传播方向和电场方向，其中 IWavePhi 和 IWaveTheta 项是设置入射波的传播方向，本例中需要定义在 $\theta=90°$、$0°\leqslant\varphi\leqslant180°$ 方向范围内的一系列入射波，所以在 IWavePhi 栏对应的 Start、Stop 和 Step 项分别输入 0deg、180deg 和 1deg，在 IWaveTheta 栏对应的 Start、Stop 和 Step 项分别输入 90deg、90deg 和 0deg。其他项保留默认设置。

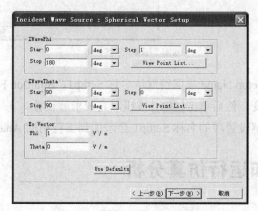

▲图 17.11　平面波激励设置对话框之二

（4）然后再次单击 下一步(N) 按钮，打开如图 17.12 所示的 Plane Wave Options 界面。该界面保留默认设置，即选中 Regular/Propagating 单选按钮；最后单击 ███完成███ 按钮，完成平面波激励的设置。设置完成后，在三维模型窗口会显示出定义的这一系列入射波示意图，如图 17.13 所示。

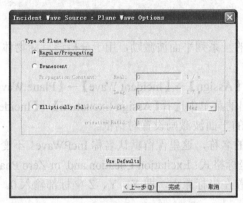

▲图 17.12 平面波激励设置对话框之三

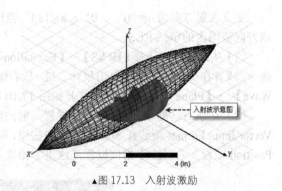

▲图 17.13 入射波激励

17.6 求解设置

入射波的频率为 1.18GHz，因此设置 HFSS 的求解频率为 1.18GHz。添加求解设置的步骤如下。

（1）右键单击工程树下的 Analysis 节点，从弹出的菜单中选择【Add Solution Setup】命令，打开 Solution Setup 对话框，如图 17.14 所示。

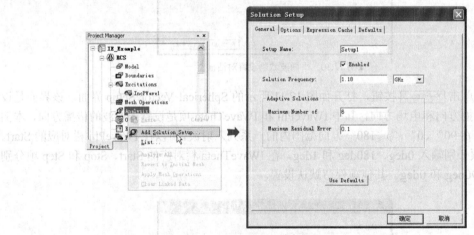

▲图 17.14 求解设置

（2）在该对话框中，Setup Name 项保留默认名称 Setup1，Solution Frequency 项输入 1.18GHz，其他项都保留默认设置不变。然后单击 ██确定██ 按钮，完成求解设置。

（3）设置完成后，求解设置项的名称 Setup1 会添加到工程树的 Analysis 节点下。

17.7 设计检查和运行仿真分析

17.7.1 设计检查

从主菜单栏选择【HFSS】→【Validation Check】命令，或者单击工具栏的 🖋 按钮，进行设计检查。此时，会弹出如图 17.15 所示的检查结果显示对话框，该对话框中的每一项都显示图标✅，表示当前的 HFSS 设计正确、完整。单击 Close 关闭对话框，运行仿真计算。

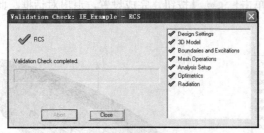

▲图 17.15　检查结果显示对话框

17.7.2　运行仿真分析

右键单击工程树 Analysis 节点下的求解设置项 Setup1，从弹出的菜单中选择【Analyze】命令，或者单击工具栏 按钮，运行仿真计算。

整个仿真计算大概只需 5 分钟即可完成。在仿真计算的过程中，进度条窗口会显示出求解进度，在仿真计算完成后，信息管理窗口会给出完成提示信息。

17.8　查看分析结果

这里首先查看纺锤金属体表面的电流分布，然后再查看单站 RCS 分析结果。在查看单站 RCS 分析结果时，首先需要添加辐射表面。因为要分析的单站 RCS 的角度范围在定义平面波激励时已经设定了，随意对辐射表面只需要设定 0°单一方向即可。

1. 查看表面电流分布

首先单击快捷键 F，或者在三维模型窗口单击鼠标右键，从弹出的菜单中选择【Select Faces】命令，切换到选择物体表面模式；然后按住快捷键 Ctrl+A，选中纺锤金属体的表面。再右键单击工程树 Field Overlays 节点，从弹出的菜单中选择【Fields】→【J】→【Mag_J】命令，打开 Create Filed Plot 对话框，如图 17.16 所示。

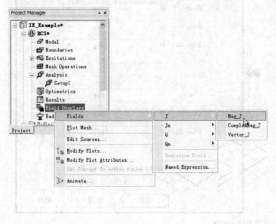
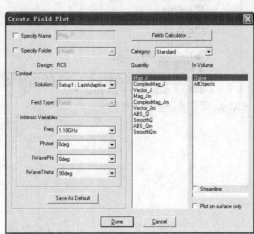

▲图 17.16　查看表面电流设置操作

在该对话框中，IWavePhi 和 IWaveTheta 项是选择平面波激励的入射方向，这里分别选择 0deg 和 90deg，即查看入射波激励的传播方向为 $\varphi=0°$、$\theta=90°$ 时在模型表面产生的电流分布；其他各项都保留默认设置，然后单击 [Done] 按钮，完成设置，退出对话框。此时即生成如图 17.17 所示的表面电流分布。

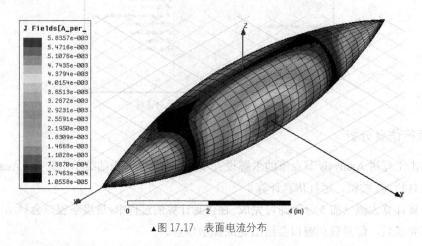

▲图 17.17 表面电流分布

2. 查看单站 RCS 结果

（1）添加辐射表面。

右键单击工程树下的 Radiation 节点，从弹出的菜单中选择【Insert Far Field Setup】→【Infinite Sphere】命令，打开 Far Field Radiation Sphere Setup 对话框，定义辐射表面。在该对话框中，Name 项输入 Mono_RCS，Phi 角对应的 Start、Stop 和 Step 项都输入 0deg，theta 角对应的 Start、Stop 和 Step 项也都输入 0deg，如图 17.18 所示。最后单击 [确定] 按钮，完成辐射表面设置。此时，新定义的辐射表面名称 Mono_RCS 也会添加到工程树的 Radiation 节点下。

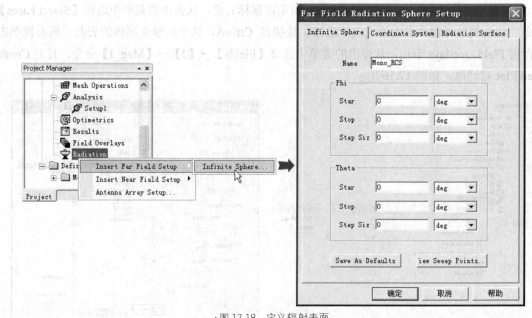

▲图 17.18 定义辐射表面

（2）查看单站 RCS 结果。

右键单击工程树下的 Results 节点，从弹出的菜单中选择【Create Far Fields Report】→
【Rectangular Plot】命令，打开报告设置对话框。在该对话框中，左侧 Geometry 项选择上一步刚添
加的辐射表面 Mono_RCS，右侧上方的 Primary Sweep 项选择 IWavePhi，右侧下方的 Category、
Quantity 和 Function 项分别选择 Monostatic RCS、MonostaticRCSTotal 和 dB，如图 17.19 所示。最
后单击对话框 New Report 按钮，生成如图 17.20 所示的单站 RCS 分析结果。

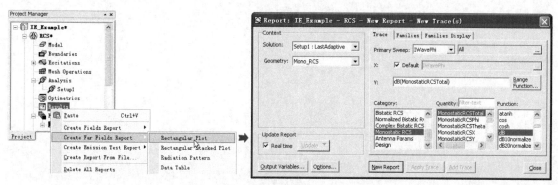

▲图 17.19　生成单站 RCS 结果的操作设置

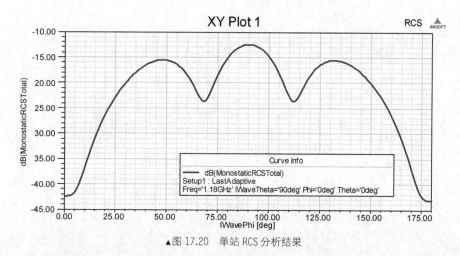

▲图 17.20　单站 RCS 分析结果

至此，我们就使用 HFSS-IE 求解器完成了纺锤金属体单站 RCS 的仿真分析。最后，单击工具
栏的 💾 按钮，保存设计；并从主菜单栏选择【File】→【Exit】命令，退出 HFSS。

17.9　本章小结

本章通过一个纺锤形金属体的雷达散射截面分析实例，主要讲解 HFSS-IE 求解器的使用。通
过对本章的学习，读者可以学习到使用 HFSS-IE 求解器进行辐射和散射问题分析的具体流程和操
作步骤，以及使用 HFSS-IE 求解器和使用传统 HFSS 求解器的不同之处。同时在本章，读者还可以
学习到如何使用表达式来创建物体模型的操作。

和前面《HFSS 雷达散射截面分析实例》一章相比，读者不难发现，使用 HFSS-IE 求解器和使
用 HFSS 求解器在分析散射/辐射问题时，最大的不同有两点：一是 HFSS-IE 求解器不需要定义辐
射边界条件或者 PML 边界条件，二是 HFSS-IE 求解器的分析速度比 HFSS 求解器快很多。